交通运输安全生产管理人员培训教材

安全生产管理基础

本书编写组　编

人民交通出版社股份有限公司
China Communications Press Co.,Ltd.

内 容 提 要

本书为交通运输安全生产管理人员培训教材之一，主要内容包括现代安全生产管理理论和我国交通运输行业安全生产管理现状、生产经营单位安全生产管理的相关知识、风险管控与隐患排查治理的基本方法、应急救援管理的具体要求、职业危害预防与管理的措施和方法，以及生产安全事故调查处理的一般要求和事故的统计分析等。

本书可作为交通运输企业主要负责人、安全生产管理人员以及相关从业人员进行安全生产培训教育的教材。

图书在版编目（CIP）数据

安全生产管理基础/《安全生产管理基础》编写组编. —北京：人民交通出版社股份有限公司，2019.4

ISBN 978-7-114-16121-6

Ⅰ.①安… Ⅱ.①安… Ⅲ.①安全生产—生产管理—安全培训—教材 Ⅳ.①X92

中国版本图书馆 CIP 数据核字(2019)第 292679 号

书　　名：安全生产管理基础
著 作 者：本书编写组
责任编辑：钟　伟
责任校对：张　贺
责任印制：张　凯
出版发行：人民交通出版社股份有限公司
地　　址：(100011)北京市朝阳区安定门外外馆斜街 3 号
网　　址：http://www.ccpress.com.cn
销售电话：(010)59757973
总 经 销：人民交通出版社股份有限公司发行部
经　　销：各地新华书店
印　　刷：北京市密东印刷有限公司
开　　本：787×1092　1/16
印　　张：14.75
字　　数：339 千
版　　次：2019 年 4 月　第 1 版
印　　次：2019 年 4 月　第 1 次印刷
书　　号：ISBN 978-7-114-16121-6
定　　价：50.00 元

前　言

安全生产事关人民群众生命财产安全，事关经济社会协调健康发展，是党和政府践行以人民为中心发展思想的具体体现，是建设人民满意交通的基本要求，是建设交通强国的基础保障。

2016年，《中共中央　国务院关于推进安全生产领域改革发展的意见》印发，中共浙江省委浙江省人民政府、交通运输部也分别出台了关于推进本省、本行业安全生产领域改革发展的实施意见。全面深化交通运输行业安全生产领域改革发展，切实提升安全防范治理能力和安全生产保障能力，首要任务是健全落实安全生产责任。落实安全生产责任制，最根本的要求是强化企业主体责任。企业对本单位安全生产和职业健康工作负全面责任。在此背景下，浙江省交通运输厅决定编写一套旨在指导企业实行全员安全生产责任制度，提高浙江省交通运输企业安全生产管理水平的培训用书，并定名为“交通运输安全生产管理人员培训教材”。在浙江省交通运输厅、各行业局，以及浙江省交通干部学校等各方共同协作努力下，现教材业已编写完成，共分《安全生产管理基础》《道路运输企业安全生产管理实务和典型案例分析》《交通运输安全生产实用法规汇编（道路运输分册）》三册。

参与本套教材编写的人员包括浙江省交通干部学校陈建钢、陈姝娴、曲承佳、韩超、韩霞，浙江交通职业技术学院朱福根、陈哲、鲍婷婷、郭宏伟、吕凤军、龙亚、王洪涛、王征等。《安全生产管理基础》《交通运输安全生产实用法规汇编（道路运输分册）》由浙江省交通干部学校负责编写，陈姝娴负责统稿；《道路运输企业安全生产管理实务和典型案例分析》由浙江交通职业技术学院负责编写，朱福根负责统稿。

本教材如有不足之处，敬请广大读者批评指正。

本书编写组
2019年3月

目 录
MULU

第一章　安全生产管理概论

安全生产是保护人民生命财产安全和发展社会生产力、促进社会和经济持续稳定健康发展的基本条件，是社会文明与进步的重要标志，是保障人民生活质量的体现，是实现全面建设小康社会宏伟目标的重要内容。安全生产管理就是生产经营单位的经营者、生产管理者，为实现安全生产目标，保障安全生产，按照一定的安全生产管理原则，科学地组织、指挥和协调全体员工进行安全生产的活动。

第一节　安全生产管理基本概念

一、安全生产管理的概念

（一）安全生产

安全生产在《辞海》中的解释为：为预防生产过程中发生人身、设备事故，形成良好的劳动环境和工作秩序而采取的一系列措施和活动。《中国大百科全书》将安全生产解释为：安全生产旨在保护劳动者在生产过程中的一项方针，也是企业管理必须遵循的一项原则，要求最大限度地减少劳动者的工伤和职业病，保障劳动者在生产过程中生命安全和身体健康。后者将安全生产解释为企业生产的一项方针、原则和要求，前者则解释为企业生产的一系列措施和活动。根据现代系统安全工程的观点，安全生产一般是指在生产经营活动中，通过人、机、物料、环境的和谐运作，使生产过程中潜在的各类事故风险和危险有害因素始终处于有效控制状态，切实保护劳动者的生命安全和身体健康。

（二）安全生产管理

安全生产管理是生产经营单位管理工作中一个重要的组成部分，直接关系到生产经营单位的兴衰存亡，因此，了解安全生产管理的相关知识、法律法规、管理要求和安全技术等，积极主动解决安全生产过程中存在的各种问题，消除事故隐患，提高安全生产管理水平，有效避免安全生产事故的发生，保障从业人员人身和财产安全，具有重要意义。

安全生产管理是为了实现安全目标而进行有关决策、计划、组织和控制方面的活动，并针对人们在生产过程中存在的安全问题，运用有效的资源和现代安全生产管理原理、手段和方法，分析和研究各种不安全因素，从技术、组织和管理上采取有力的措施，解决和消除各种风险有害因素和事故隐患，实现生产过程中人、机、物料、环境的和谐，防止事故的发生。

安全生产管理的目标是减少和控制危害，预防事故的发生，尽量避免生产过程中由于事故所造成的人身伤害、财产损失、环境污染以及其他损失。安全生产管理包括法制管理、行政管理、技术管理、设备设施管理、作业环境和条件管理等。

（三）安全生产管理的性质

安全生产管理是保证生产经营单位安全生产活动正常进行所做的相关计划、组织与控制工作，它是企业管理基础的重要组成部分。安全生产管理具有如下性质：

(1)长期性。安全生产问题的产生和存在贯穿生产活动的始终。生产经营单位只要存在生产经营活动，就必须做好安全生产管理工作。因此，安全生产管理是一项长期性、持续性的工作。

(2)科学性。安全生产涉及广阔的知识领域，安全生产管理是安全科学的一个分支，其具有自身的系统性和规律性，需要人们不断地进行探索、研究和实践，不断运用科学知识和手段，解决安全生产管理中的存在疑难问题。在安全生产的研究和实践过程中，需要人们尊重客观规律、尊重科学，通过学习和掌握安全生产科学知识，不断积累经验，掌握事故发生的一般性规律，并分析其内在原因，从而做好安全生产管理工作。

(3)层次性。系统的安全生产管理存在横向和纵向的相互联系，横向联系指各个管理部门职责分工明确又相互协作，纵向联系指从决策层到各级管理层再到从业人员，逐级管理，层次明确，具有稳定的层次性的组织架构。

(4)预防性。安全生产管理的首要任务就是保证安全生产，预防事故的发生。《中华人民共和国安全生产法》(以下简称《安全生产法》)明确了我国安全生产的方针为“安全第一、预防为主、综合治理”。安全生产工作，重在预防，安全生产管理所做的各项工作、计划、措施等都是为了防范事故的发生，只有立足事故防范，预防在先，才能最大限度地减少和控制事故的发生。

(5)专业性。安全生产管理具有系统的知识原理和专业的安全技术内容，包括设备设施管理、现场作业管理、风险防控和隐患治理、应急救援、事故处理等，都具备管理系统性和专业性。此外，安全生产管理涉及的行业领域不同，例如矿山、冶金、危险化学品、建筑施工、交通运输以及其他工贸企业等，不同行业领域的安全生产管理又具备行业专业性。

(6)全员性。安全生产是一项与广大职工的行为和切身利益紧密相连的工作，是一项全员参与的工作。安全生产管理不是某一个部门或少数管理人员的责任，必须依靠生产经营单位全员参与，落实全员安全职责，不断提高职工安全责任意识、安全知识和操作技能，使职工自觉遵守安全生产规章制度，自发形成安全意识，全员参与安全生产管理，从而全面保障安全生产工作。

二、安全及本质安全的概念

安全与危险是相对的概念，它们是人们对生产、生活中是否可能遭受健康损害和人身伤亡的综合认识，按照系统安全工程的理论，无论是安全还是危险都是相对的。

（一）安全

安全，泛指没有危险、不出事故的状态。

一般意义上，安全是指不受威胁，没有危险、危害、损失，人类的整体与生存环境资源的和谐相处，互不伤害，不存在危险或危害的隐患，是免除了不可接受的损害风险的状态。安全是在人类生产过程中，将系统的运行状态对人类的生命、财产、环境可能产生的损害控制在人类能接受水平以下的状态。

生产过程中的安全,即安全生产,指的是“不发生工伤事故、职业病、设备或财产损失”。

系统工程中的安全概念认为,世界上没有绝对安全的事物,任何事物中都包含有不安全因素,具有一定的危险性。安全是一个相对的概念,危险性是对安全性的隶属度,当危险性低于某种程度时,人们就认为是安全的。安全工作贯穿系统整个寿命期间。

(二)本质安全

本质安全一词的提出源于20世纪50年代世界宇航技术的发展,这一概念被广泛接受是和人类科学技术的进步以及对安全文化的认识密切相连的,是人类在生产、生活实践的发展过程中,对事故由被动接受到积极事先预防,以实现从源头杜绝事故和人类自身安全保护需要,在安全认识上取得的一大进步。本质安全的狭义概念指的是通过设计手段使生产过程和产品性能本身具有防止危险发生的功能,即使在误操作的情况下来说也不会发生事故。本质安全的广义概念是指通过各种措施(包括教育、设计、优化环境等)从源头上消除事故发生的可能性,即利用科学技术手段使人们生产活动全过程实现安全无危害化,即使出现人为失误或环境恶化也能有效阻止事故发生,使人的安全健康状态得到有效保障。

本质安全,就是通过追求企业生产流程中人、物、系统、制度等诸要素的安全可靠和谐统一,使各种危害因素始终处于受控制状态,进而逐步趋近本质型、恒久型安全目标。

本质安全是珍爱生命的实现形式,它致力于系统追问,本质改进,强调以系统为平台,透过繁复的现象,去把握影响安全目标实现的本质因素,找准可牵动全身的那“一发”所在,纲举目张,通过思想无懈怠、管理无空档、设备无隐患、系统无阻塞,实现质量零缺陷、安全零事故。

人的本质安全相对于物、系统、制度等三方面的本质安全而言,具有先决性、引导性、基础性地位。

人的本质安全包括两方面基础性含义。一是人在本质上有着对安全的需要,二是人通过教育引导和制度约束,可以实现系统及个人岗位的安全生产无事故。

人的本质安全是一个可以不断趋近的目标,同时又是由具体小目标组成的过程。人的本质安全既是过程中的目标,也是诸多目标构成的过程。

本质安全型的员工可通俗地解释为:想安全、会安全、能安全,即具备自主安全理念,具备充分的安全技能,在可靠的安全环境系统保障之下,具有安全结果的生产管理者和作业者。

本质安全型企业指在存在安全隐患的环境条件下能够依靠内部系统和组织保证长效安全生产。该模型建立在对事故致因理论研究的基础上,建立科学的、系统的、主动的、超前的、全面的事故预防安全工程体系。

三、安全生产管理相关术语和定义

1. 风险

风险是指不确定性对目标的影响。

2. 风险管理

风险管理是指在风险方面,指导和控制组织的协调活动。

3. 风险辨识

风险辨识是指发现、确认和描述风险的过程。

4. 风险评估

风险评估是指将风险辨识的结果按照风险评估标准进行评估，以确定风险和(或)其量的大小、级别，以及是否可接受或可容许。

5. 风险等级

风险等级是指单一风险或组合风险的大小，以后果和可能性的组合来表达。

6. 可能性

可能性是指某事件发生的机会。

7. 后果

后果是指事件对目标的影响结果。

8. 风险管控

风险管控是指应对风险的措施。

9. 风险降低

风险降低是指减少风险的消极后果，降低其发生概率或二者兼有的行为。

10. 危险源监测

危险源监测是指在生产过程中对已辨识出的危险源进行监测、检查，并及时向管理部门反馈危险源动态信息的过程。

11. 风险预警

风险预警是指对生产过程中已经暴露或潜伏的各种危险源进行动态监测，并对其风险大小进行预期性评价，及时发出危险预警指示，使管理层可以及时采取相应的措施的活动。

12. 安全生产风险

安全生产风险是指生产经营过程中发生安全生产事故的可能性。

13. 安全生产隐患

安全生产隐患是指生产经营单位违反安全生产法律、法规、规章、标准、规程和安全生产管理制度等规定，或因其他因素在生产经营活动中存在的可能导致安全生产事故发生的人的不安全行为、物的不安全状态、场所的不安全因素和管理上的缺陷。

安全生产隐患分为重大隐患和一般隐患。重大隐患是指极易导致重特大安全生产事故，且整改难度较大，需要全部或者局部停产停业，并经过一定时间整改治理方能消除的隐患，或者因外部因素影响致使生产经营单位自身难以消除的隐患。一般隐患是指除重大隐患外，可能导致安全生产事故发生的隐患。

14. 危险物品

危险物品是指易燃易爆物品、危险化学品、放射性物品等能够危及人身安全和财产安全的物品。

15. 重大危险源

重大危险源是指长期地或者临时地生产、搬运、使用或者储存危险物品，且危险物品的数量等于或者超过临界量的单元(包括场所和设施)。

16. 突发事件

突发事件是指突然发生，造成或者可能造成严重社会危害，需要采取应急处置措施予以应对的自然灾害、事故灾难、公共卫生事件和社会安全事件。

17. 应急预案

应急预案是指为有效预防和控制可能发生的事故，最大程度减少事故及其造成损害而预先制订的工作方案。

18. 应急准备

应急准备是指针对可能发生的事故，为迅速、科学、有序地开展应急行动而预先进行的思想准备、组织准备和物资准备。

19. 应急响应

应急响应是指针对发生的事故，有关组织或人员采取的应急行动。

20. 应急救援

应急救援是指在应急响应过程中，为最大限度地降低事故造成的损失或危害，防止事故扩大，而采取的紧急措施或行动。

21. 应急演练

应急演练是指针对可能发生的事故情景，依据应急预案而模拟开展的应急活动。

22. 相关方

相关方是指工作场所内外与企业安全生产绩效有关或受其影响的个人或单位，如承包商、供应商等。

23. 安全生产绩效

安全生产绩效是指根据安全生产和职业卫生目标，在安全生产、职业卫生等工作方面取得的可测量结果。

第二节　现代安全生产管理理论

人类要生存、要发展，就需要认识自然、改造自然，通过生产活动和科学研究，掌握自然变化规律。科学技术的不断进步，生产力的不断发展，使人类生活越来越丰富，但也产生了威胁人类安全与健康的安全问题。

20 世纪初，现代工业兴起并快速发展，重大生产事故和环境污染相继发生，造成了大量的人员伤亡和巨大的财产损失，给社会带来了极大危害，使人们不得不在一些企业设置专职安全人员，对工人进行安全教育。20 世纪 30 年代，很多国家设立了安全生产管理的政府机构，发布了劳动安全卫生的法律法规，逐步建立了较完善的安全教育、管理、技术体系，呈现了现代安全生产管理雏形。

20 世纪 50 年代，随着经济的快速增长，人们生活水平迅速提高，创造就业机会、改进工作条件、公平分配国民生产总值等问题，引起了越来越多经济学家、管理学家和安全工程专家和政治家的注意。工人强烈要求不仅有工作机会，还要有安全与健康的工作环境。一些工业化国家，进一步加强了安全生产法律法规体系建设，在安全生产方面投入大量的资金进行科学研究，加强企业生产安全生产管理的制度化建设，产生了一些安全生产管理原理、事故致因理论和事故预防原理等风险管理理论，以系统安全理论为核心的现代安全生产管理方法、模式、思想、理论基本形成。到 20 世纪末，随着现代制造业和航空航天技术的飞跃式发展，人们对职业安全卫生问题的认识也发生了很大变化，安全生产成本、环境成本等成为产品成本的重要组成部分,职业安全卫生问题成为非官方贸易壁垒的利器。在这种背景下,"持续改进""以人为本"的安全健康管理理念逐渐被企业管理者所接受,以职业安全健康管理体系为代表的企业安全生产风险管理思想开始形成,现代安全生产管理的内容更加丰富,现代安全生产管理理论、方法、模式以及相应的标准、规范更加成熟。现代安全生产管理理论、方法、模式是20世纪50年代进入我国的。在20世纪60~70年代,我国开始吸收并研究事故致因理论、事故预防理论和现代安全生产管理思想。20世纪80~90年代,我国开始研究企业安全生产风险评价、危险源辨识和监控,一些企业管理者尝试安全生产风险管理。在20世纪末,我国几乎与世界工业化国家同步,研究并推行了职业安全健康管理体系。进入21世纪,我国提出了系统化企业安全生产风险管理的理论雏形,该理论认为企业安全生产管理是风险管理,管理的内容包括:危险源辨识、风险评价、危险预警与监测管理、事故预防与风险控制管理以及应急管理,完全将现代风险管理完全融入安全生产管理之中。

一、安全生产管理的发展

安全生产管理的发展具体分为管理理论、管理模式和管理方法的发展。

(一)安全生产管理理论的发展

第一阶段:在人类工业发展初期,发展了事故学理论。该理论建立在事故致因分析理论基础上,是经验型的管理方式,这一阶段常常被称为传统安全生产管理阶段。

第二阶段:在电气化时代,发展了危险理论。该理论建立在危险分析理论基础上,具有超前预防型的管理特征。这一阶段提出了规范化、标准化管理,常常被称为科学管理的初级阶段。

第三阶段:在信息化时代,发展了风险理论。该理论建立在风险控制理论基础上,具有系统化管理的特征。这一阶段提出了风险管理,是科学管理的高级阶段。

第四阶段:人类对未来的不断追求,需要发展安全原理,以本质安全为管理目标,推进兴文化的人本安全和强科技的物本安全,实现安全生产管理的理想境界。

上述四个阶段的管理理论,相对应具有四种管理方式。

(1)事故型管理方式:以事故为管理对象,管理的模式是事故发生→现场调查→分析原因→找出主要原因→理出整改措施→实施整改→效果评价和反馈。这种管理方式的特点是依赖经验,缺点是事后整改成本高,不符合预防的原则。

(2)缺陷型管理方式:以缺陷或隐患为管理对象,管理的模式是查找隐患→分析成因→关键问题→提出整改方案→实施整改→效果评价。这种管理方式的特点是超前管理、预防型、标本兼治,缺点是系统全面有限、被动式、实时性差、从上而下,缺乏现场参与、无合理分级、复杂动态风险失控等。

(3)风险型管理方式:以风险为管理对象,管理的模式是进行风险全面辨识→风险科学分级评价→制订风险防范方案→风险实时预报→风险适时预警→风险及时预控→风险消除或削减→风险控制在可接受水平。这种管理方式的特点是风险管理类型全面、过程系统、现场主动参与、防范动态实时、科学分级、有效预警预控,缺点是专业化程度高、应用难度大、需要不断改进。

(4)目标型管理方式:以安全系统为管理对象,全面实现安全生产管理目标,管理模式是制定安全目标→分解目标→管理方案设计→管理方案实施→适时评审→管理目标实现→管理目标优化。这种管理方式的特点是它是一种全面性、预防性、系统性、科学性的综合策略，缺点是成本高、技术性强，还处于探索阶段。

（二）安全生产管理模式的发展

安全生产管理模式的发展可分为三个层次：经验式安全生产管理模式、科学式安全生产管理模式、文化式安全生产管理模式。20 世纪 50 年代，人类的工业安全生产管理完成了从经验管理到科学管理的发展，这是人类安全生产管理的第一次飞跃；自 20 世纪 90 年代以来，人类始终在探索从科学管理到文化管理的第二次飞跃。

1. 安全的经验管理

经验安全生产管理是从已发生事故吸取经验教训，加强安全生产管理，防止同类事故再次发生的管理模式。其以事故为研究对象和认识的目标，在认识论上主要是经验论与事后型的安全观，是建立在事故与灾难的经历上来认识安全，是一种逆式思路（从事故后果到原因事件），因而这种解决安全问题的模式亦称为事故型。其根本特征在于被动与滞后，是“亡羊补牢”的模式，突出表现为“头痛医头、脚痛医脚，就事论事”的对策方式，其管理方式的突出特征是事后型、凭感性、靠直觉。

2. 安全的科学管理

科学安全生产管理是以人-机-环境-信息等要素构成的安全系统为研究对象，基于系统科学理论方法而形成的现代安全生产管理模式。其以安全系统为研究对象和认识的目标，在认识论上主要是本质论与预防型的安全观。随着人们对安全问题认识的加深，意识到必须建立一门专门的理论体系——安全科学，并基于此开展安全生产管理活动，才能更好地实现安全目标。科学安全生产管理的主要特征是预防型、本质安全型，其管理方式的主要特征是规范化、标准化、程序化，但是也存在重物轻人、重形式缺灵活性等问题。

3. 安全的文化管理

文化安全生产管理是以人为核心，激发人的主观能动性，树立良好安全观念，培养优异安全行为素养，形成自主学习、良性循环、不断完善、追求卓越的安全体制机制的管理模式。文化安全生产管理是在科学安全生产管理基础上提出的新的管理模式，是现代安全生产管理发展的方向。文化安全生产管理具有五个特点：一切依靠人的人本观点、安全核心价值理念获得一致高度认同；安全第一的原则得到普遍、自觉践行；管理的重点从行为层转到观念层；领导的方式从监督型和指挥型转为育才型；体现出硬管理与软管理的巧妙结合。

（三）安全生产管理技术的发展

安全生产管理也是一门技术。安全生产管理的技术方法科学、合理，是保证安全生产管理效能的重要前提和决定性因素。

从管理对象的角度看，安全生产管理由近代的事故管理，发展到现代的隐患管理。早期，人们把安全生产管理等同于事故管理，显然仅仅围绕事故本身做文章，安全生产管理的效果是有限的，只有强化了对隐患的控制，消除危险，事故的预防才能高效，因此，20 世纪 60 年代发展起来的安全系统工程强调了系统的危险控制，揭示了隐患管理的机理。21 世纪，隐患管理得到推行和普及。

从管理过程的角度看，安全生产管理早期是事故后管理，发展到 20 世纪 60 年代成为强化超前和预防型管理(以安全系统工程为标志)。随着安全生产管理科学的发展,人们逐步认识到,安全生产管理是人类预防事故三大对策之一,科学的管理要协调安全系统中的人-机-环境因素,管理不仅是技术的一种补充,更是对生产人员、生产技术和生产过程的控制与协调。21 世纪,人们逐步完成了这种认识和过程。

从管理技法的角度看,安全生产管理从传统的行政手段、经济手段,以及常规的监督检查,发展到现代的法治手段、科学手段和文化手段;从基本的标准化、规范化管理,发展到以人为本、科学管理的技巧与方法。21 世纪,安全生产管理系统工程、风险评价、风险管理、预期型管理、目标管理、无隐患管理、行为抽样技术、重大危险源评估与监控等现代安全生产管理方法,已经大显身手,未来安全文化管理的手段将成为重要而有效的安全生产管理方法。企业安全生产管理的技术方法首先涉及的是基础或日常安全生产管理,有时也称为传统安全生产管理方法,如安全生产责任制、安全检查、安全设备设施管理、劳动环境及职业卫生条件管理、风险和隐患管理、应急管理、事故管理、三同时和五同时等基础管理,以及“三全”管理、三负责制、“5S”活动、“五不动火”管理、审批动火票[1]的“五信五不信”“四查五整顿”“巡检挂牌制”、防电气误操作“五步操作管理法”、人流及物流定置管理、三点控制、安全班组活动等生产现场安全生产管理方法等。随着现代企业制度的建立和安全科学技术的发展,现代企业更需要发展科学、合理、有效的现代安全生产管理方法和技术。现代安全生产管理是现代社会和现代企业实现现代安全生产和安全生活的必由之路。一个具有现代技术的生产企业必然需要与之相适应的现代安全生产管理科学。目前,现代安全生产管理是安全生产管理工程中最活跃、最前沿的研究和发展领域。

现代安全生产管理的方法主要有:安全科学决策、安全规划、安全系统管理、事故致因管理、安全法制管理、安全目标管理、安全标准化管理、无隐患管理、安全行为抽样技术、安全技术经济可行性论证、HSE 管理体系等综合性的管理理论和方法,以及危险源辨识、风险分级评价、危险预知活动、事故判定技术、系统安全分析、轮流监督制、名誉员工制、四不伤害活动、班组安全“三基”建设等现场安全生产管理方法。

只有不断创新和进步,现代安全生产管理才能满足现代企业安全生产现代管理的需要,才能为降低人类利用技术或工业生产过程的生命、健康、经济、环境的风险代价做出应有的贡献。

二、安全生产管理理论

(一)安全生产管理公理

公理是事物客观存在及不需要证明的命题。安全生产管理公理可理解为“人们在安全生产管理实践活动中,客观面对的、并无可争论的命题或真理”。安全生产管理公理是客观、真实的事实,不需要证明或争辩,能够被人们普遍接受,具有客观真理的意义。

1. 第一公理:生命安全至高无上

第一公理即生命安全在一切事物中,必须置于最高、至上的地位。该公理表明了安全的重要性。“生命安全至高无上”是我们每一个人、每一个企业和整个社会所接受和认可的客

[1] 动火票是工作票的一种,如果需要动火(如进行焊接作业),就需要到相关部门开具动火票。

观真理。对于个人,生命安全为根,没有生命就没有一切;对于企业,生命安全为天,没有生命安全,就没有基本的生产力;对于社会,生命安全为本,没有人的生命安全,社会不复存在。生命安全是个人和家庭生存的根本,是企业和社会发展的基础。无论是自然人和社会人,无论是企业家还是政府管理者,都应该建立安全至上的道义观、珍视生命的情感观和正确的生命价值观,人的生命安全必须高于一切。

2. 第二公理:事故灾难是安全风险的产物

第二公理即事故及公共安全事件的发生取决于安全风险因素的形态及程度,事故灾难是安全风险的产物。该公理表明了安全的本质性或根本性。安全风险是事物所处的一种不安全状态,这种状态将可能导致某种事故或一系列的损害或损失事件的发生。事故的发生是由生产过程或生活活动中,人、机、环境、管理等系统因素控制不当或失效所致,这种不当或失效,就是风险因素。从理论上讲,事故都是来源于技术系统的风险,系统能量的大小决定系统固有风险,系统存在形态和环境决定系统现实的风险。风险因素的发生概率及其状态决定安全程度,安全程度或水平决定避免事故的能力。

该公理表明了安全的本质性或根本性,明确了安全工作的目标,指出了如何实现对事故有效预防的方向。

3. 第三公理:安全是相对的

第三公理即人类创造和实现的安全状态和条件是动态、变化的,安全的程度和水平是相对法规与标准要求、社会与行业需要存在的。安全没有绝对,只有相对;安全没有最好,只有更好;安全没有终点,只有起点。安全的相对性是安全社会属性的具体表现,是安全的基本而重要的特性。这一公理表明了安全的相对性特征。

安全科学是一门交叉科学,既有自然属性,也有社会属性。针对安全的自然属性,从微观和具体的技术对象角度,安全存在着绝对性特征。从安全的社会属性角度,安全不是瞬间的结果,而是对事物某一时期、某一阶段过程状态的描述,安全的相对性是普遍存在的。绝对安全是一种理想化的目标,相对安全是客观现实。相对安全是安全实践中的常态,是普遍存在的,因此,应有相对安全的策略和意识。应对安全的相对性,就需要有如下策略:要建立发展观念、要树立全过程思想、要具有“居安思危”的认知。

4. 第四公理:危险是客观的

第四公理即在社会生活、公共生活和工业生产过程中,来源于技术与自然系统的危险因素是客观存在的。危险因素的客观性决定了安全科学技术需求的必然性、持久性和长远性。该公理反映了安全的客观性属性。人类需要发展安全科学技术,这是因为在人类生产、生活活动过程中,面对各种自然系统和人造系统的客观危险性和危害性,并且随着科学技术的发展,危险性越来越复杂,危害性越来越严重。辨识、认知、分析、控制危险性,消除、降低、减轻其危害性,就是安全科学技术的最基本任务和目标。

根据该公理,首先应充分认识危险或危险源,只有在充分认识危险或危险源的基础上,才能分析危险,进而控制危险,消除危害,避免事故灾难的发生。

5. 第五公理:人人需要安全

第五公理即每一个自然人、社会人,无论地位高低、财富多少,都需要和期望自身的生命安全,都需要安全生存、安全生产、安全发展,安全是人类社会普遍性及基础性的目标。安全是人类生产、生存、生活的基础，也是生命存在和社会发展的前提和条件，人类从事任何活动都需要安全作为保障和基础。无论是自然人还是社会人，生命安全“人人需要”；无论是企业家还是员工，安全生产“人人需要”，因为安全保护生命、安全保障生产。反之，没有安全就没有一切。安全是生命存在的基础。

该公理表明了安全的普遍性或普适性，即人人需要安全、人人参与安全、人人共享安全。

（二）安全生产管理定理

定理是指事物发展的必然要求或必须遵循的规律，定理可基于公理推导得出。安全生产管理定理是基于安全生产管理公理推理证明的安全生产管理活动的规律和准则。安全生产管理定理为安全生产管理科学发展和公共安全生产管理活动提供理论的支持和方向引导，对公共安全生产管理工作或安全科学监管的实践具有指导性，是安全生产管理活动或安全生产管理工作必须遵循的必然规律及基本准则。

1. 第一定理：坚持安全第一的原则

第一定理即人类一切活动过程中，时时处处人人事事必须“优先安全”“强化安全”“保障安全”。对于企业，当安全与生产、安全与效益、安全与效率发生矛盾和冲突时，必须“安全第一”“安全为大”。

“安全第一”这一口号，起源于1901年美国的钢铁工业时代。百年之间，“安全第一”已从口号变为公共安全基本方针，成为人类生产活动，甚至一切活动的基本准则。“安全第一”是人类社会一切活动的最高准则。“安全第一”是一个相对、辩证的概念，它是在人类活动的方式上相对于其他方式或手段而言，并在与之发生矛盾时，必须遵循的重要原则。

该定理要求首先要树立“安全第一”的哲学观；第二，要做到全面的“安全第一”；第三，要正确处理好安全与发展、安全与效益、安全与生产等基本矛盾与关系。

2. 第二定理：秉持事故可预防信念

第二定理即从理论上和客观上讲，任何来自技术系统、人造系统的事故发生是可预防的，其灾难导致的后果是可控的。

对技术系统从设计、制造、运行、检验、维修、改造等环节，从人因、物因、环境、管理等要素出发，甚至对技术系统采取管理、监测、调适等措施，对技术存在条件、状态和过程进行有效控制，从而实现对技术风险的管理和控制，实现对事故的防范。对于来源于自然的灾害，目前我们还不能阻止其发生，但可以预测、预警和应对，规避其后果的严重性。对于人为故意的社会事件灾难，更是可以从社会风险因素出发，消除其发生的基础和原因，从而避免社会突发事件的发生。

在人类社会发展的过程中，事故给人类带来了巨大的灾难，但是，作为社会主宰者的人类，在不断地与事故博弈的过程中，已经取得了很大的进步，在安全科学技术发展的今天，更应该继承前人的智慧，秉持事故可预防的信念，向着“本质安全”以及“零伤害、零事故”的目标迈进。

3. 第三定理：遵循安全发展规律

第三定理即人类对安全的需求是变化和发展的过程，人类的安全标准和规范是不断提高的；人类的社会发展和经济发展要以安全发展为基础，只有安全发展，才能有社会经济的长远发展和持续发展。安全发展是社会文明与社会进步程度的重要标志，社会文明与社会进步程度越高,人们对生活质量和生命与健康保障的要求越加强烈。满足人们不断增长的物质与文化生活水平的要求,必须坚持安全发展,实现安全目标的不断提升。

该定理告诉我们,安全是发展的过程,我们要以发展的眼光去看待安全,看待安全的各个环节:一是要建立“以人为本”的发展理念;二是要实现安全目标的不断提升。

4. 第四定理:把握持续安全方法

第四定理即安全是一个长期发展的、实践的过程,在任何时期从事安全活动,都要注重安全理念和方法的科学性、有效性和寻求安全与资源的最优化匹配组合,把握持续安全的方法。在从事安全活动时,就应该树立持续安全的理念,把握持续安全的方法,来适应发展环境的变化和人们需求的变化。危险是客观的,安全是永恒的。曾经的安全并不代表未来的可靠,不能用过去式状态来肯定当前的状态。安全是在不断发展的,不同的时期以及不同的环境、经济水平条件下,安全的内容是不同的,因此,要注重安全理念和方法的科学性、有效性和系统性,寻求安全与资源的最优化匹配组合,不断完善和改善安全生产管理标准。只有把握持续安全的方法,才能有效地控制系统危险,保证系统安全。

5. 第五定理:遵循安全人人有责的准则

第五定理即安全需要人人参与,人人当责,坚持“安全义务,人人有责”的原则,建立全员安全责任的网络体系,实现安全人人共享。人人需要安全,那么人人就应该参与安全,为安全尽责。这里“责”应当理解为“责任心”“安全职责”“安全思想认识和安全生产管理尽责”等。不论何人,都应该对安全尽责,形成“人人讲安全,事事讲安全,时时讲安全,处处讲安全”,以及“我的安全我负责、他人安全我有责、社会安全我尽责”的安全氛围。安全与我们每个人息息相关,从生活到工作都离不开安全。树立“安全第一”的意识,不小瞧任何细微的疏忽,时时刻刻以“安全无小事,责任大于天”来要求自己,对待周围有可能发生危险的事物采取谨慎科学的态度,以安全为第一原则。

(三)安全生产管理原理与原则

安全生产管理原理是从生产管理的共性出发,对生产管理中的实质内容进行科学分析、综合、抽象与概括所得的安全生产管理规律。

安全生产管理原则是在安全生产管理原理的基础上,指导安全生产活动的通用规则。

1. 系统原理

(1)系统原理的含义。

系统原理是现代管理学的一个最基本原理,它是指人们在从事管理工作时,运用系统理论、观点和方法,对管理活动进行充分的系统分析,以达到管理的优化目标,即用系统论的观点,理论和方法来认识和处理管理中出现的问题。

所谓系统是由相互作用和相互依赖的若干部分组成的有机整体,任何管理对象都可以作为一个系统。系统可以分为若干子系统,子系统可以分为若干个要素,即系统由要素组成。管理系统具有六个特征:集合性、相关性、目的性、整体性、层次性和适应性。

安全生产管理系统是管理系统的一个子系统,包括各级安全生产管理人员、安全防护设备和设施、安全生产管理规章制度、安全操作规范和规程以及安全生产管理信息等。安全贯穿生产活动的方方面面,安全生产管理是全方位、全天候且涉及全体人员的管理。

系统原理包括整体性原理、动态性原理、开放性原理、环境适应性原理、综合性原理等。

整体性原理是指系统要素之间的相互关系及要素与系统之间的关系以整体为主进行协调,局部服从整体,使整体效果为最优。

动态性原理是指系统作为一个运动着的有机体,其稳定状态是相对的,运动状态则是绝对的,系统不仅作为一个功能实体而存在,而且作为一种运动而存在。

开放性原理是指任何有机系统都是耗散结构系统,系统与外界不断交流物质、能量和信息,才能维持其生命。

环境适应性原理是指系统不是孤立存在的,它要与周围发生各种联系。这些与系统发生联系的周围事物的全体,就是系统的环境,环境也是一个更高级的大系统。如果系统与环境进行物质、能量和信息的交流,能够保持最佳适应状态,则说明这是一个有活力的理想系统。否则,一个不能适应环境的系统是无生命力的。

综合性原理是指把系统的各部分、各方面和各种因素联系起来,考察其中的共同性和规律性。

(2)系统原理的运用原则。

①动态相关性原则。构成系统的各个要素是运动和发展的,而且是相互关联的,它们之间相互联系又相互制约,这就是动态相关性原则。该原则是指任何企业管理系统的正常运转,不仅要受到系统本身条件的限制和制约,还要受到其他有关系统的影响和制约,并随着时间、地点以及人们的不同努力程度而发生变化。企业管理系统内部各部分的动态相关性是管理系统向前发展的根本原因。所以,要提高安全生产管理的效果,必须掌握个管理对象要素之间的动态相关特征,充分利用相关因素的作用。对安全生产管理来说,动态相关性原则的应用可以从两个方面考虑:一方面,正是企业内部各要素处于动态之中并且相互影响和制约,才使得事故存在发生的可能。如果各要素都是静止的、无关的,事故也就无从发生。因此,系统要素的动态相关性是事故发生的根本原因。另一方面,为搞好安全生产管理,必须掌握与安全有关的所有对象要素之间的动态相关特征,充分利用相关因素的作用。例如,掌握人与设备之间、人与作业环境之间、人与人之间、资金与设备设施改造之间、安全信息与使用者之间等的动态相关性,是实现有效安全生产管理的前提。

②整分合原则。现代管理活动必须从系统原理出发,把任何管理对象、问题,视为一个复杂的社会目的组织系统。首先,从整体上把握系统的环境,分析系统的整体性质、功能,确定出总体目标;然后围绕着总目标,进行多方面的合理分解、分工,以构成系统的结构与体系;在分工之后,要对各要素、环节、部分及其活动进行系统综合,协调管理,形成合理的系统流通构成,以实现总目标。这种对系统的"整体把握、科学分解、组织综合"的要求,就是整分合原则。概括地说,整分合原则,是指为了实现高效率管理,必须在整体规划下明确分工,在分工基础上进行有效的综合。由于系统的层次性,从整体上看,整分合也是相对的。现代管理活动形成总体上的整分合,就具体某一方面,局部管理活动,也同样体现出许多小的、局部的整分合。

③反馈原则。反馈原则是指管理活动中,利用信息反馈作用进行协调和控制的行为准则,其实质是建立自我调节、自我控制、自我适应的内在机制。其中,反馈作用是指管理系统输出信息,经管理对象系统作用后返回,再作用于输出信息,以实现对系统的调节与控制。成功高效的管理离不开灵活、准确、快速的反馈。生产经营单位内部条件和外部环境在不断

进行变化,必须及时获取、反馈各种安全生产信息,以便制定针对性措施并实施。

④封闭原则。在任何一个管理系统内部,管理手段、管理过程等必须构成一个连续封闭的回路,才能形成有效的管理活动,这就是封闭原则。封闭原则告诉我们,在企业各管理机构、各种管理制度和方法之间,必须形成紧密的联系以及相互制约的回路,才能有效实现安全生产。

2. 人本原理

(1)人本原理的含义。

人本原理是指在管理中必须把人的因素放在首位,体现以人为本的指导思想,这就是人本原理。以人为本有两层含义:其一是一切管理活动都是以人为本展开的,人既是管理的主体,又是管理的客体,每个人都处在一定的管理层面上,离开人就无所谓管理;其二是管理活动中,作为管理对象的要素和管理系统各环节,都是需要人掌管、运作、推动和实施。

(2)人本原理的运用原则。

①动力原则。推动管理活动的基本力量是人,管理必须有能够激发人的工作能力的动力,这就是动力原则。对于管理系统,有三种动力,即物质动力、精神动力和信息动力。

②能级原则。能级原则是指人和其他要素的能量一样都有大小和等级之分,并会随着一定条件而发展变化。它强调知人善任,调动各种积极因素,把人的能量发挥在管理活动相适应的岗位上。现代管理学认为,单位和个人都具有一定的能量,并且可按照能量的大小顺序排列,形成管理的能级,就像原子中电子的能级一样。在管理系统中,建立一套合理能级,根据单位和个人能量的大小安排其工作,才能发挥不同能级的能量,保证结构的稳定性和管理的有效性。

③激励原则。管理中的激励就是利用某种外部诱因的刺激调动人的积极性和创造性。以科学的手段,激发人的内在潜力,使其充分发挥积极性、主动性和创造性,这就是激励原则。人的工作动力来源于内在动力、外部压力和工作吸引力。实行激励机制的最根本目的是正确地诱导员工的工作动机,使他们在实现组织目标的同时实现自身的需要,增加其满意度,从而使他们的积极性和创造性持续地保持和发扬下去。

3. 预防原理

(1)预防原理的含义。

安全生产管理工作应该做到预防为主,通过有效的管理和技术手段,减少和防止人的不安全行为和物的不安全状态,这就是预防原理。在可能发生人身伤害、设备或设施损坏和环境破坏的场合,事先采取措施,防止事故发生。事故或突发事件的发生,除了自然灾害以外,凡是与人类活动有关而造成的,总会存在因果关系,探索事故发生的原因,并有针对性地进行预防和控制,原则上可以预防事故的发生。事故预防是事前工作,其科学性、正确性和有效性尤为重要,事故预防一方面要重视经验的积累,对大量事故数据进行统计分析,发现规律,做到有的放矢,另一方面要采用科学的分析、评价方法和技术,对生产活动中的不安全因素及可能造成的后果作出正确判断,从而实施有效的预防对策和措施。

(2)预防原理的运用原则。

①偶然损失原则。事故后果以及后果的严重程度,都是随机的、难以预测的。反复发生的同类事故,并不一定产生完全相同的后果,这就是事故损失的偶然性。偶然损失原则告诉

我们,无论事故损失大小,都必须做好预防工作。

②因果关系原则。事故的发生是许多因素互为因果连续发生的最终结果,只要事故的因素存在,发生事故就是必然的,只是时间或迟或早而已,这就是因果关系原则。

③3E 原则。造成人的不安全行为和物的不安全状态的原因可归结为四个方面,即技术原因、教育原因、身体和态度原因以及管理原因。针对这四方面的原因,可以采取三种防止对策,即工程技术(Engineering)对策、教育(Education)对策和法制(Enforcement)对策(3E 原则)。

④本质安全化原则。本质安全化原则是指从一开始和从本质上实现安全化,从根本上消除事故发生的可能性,从而达到预防事故发生的目的。本质安全化原则不仅可以应用于设备、设施,还可以应用于建设项目。

4. 强制原理

(1)强制原理的含义。

采取强制管理的手段控制人的意愿和行为,使个人的活动、行为等受到安全生产管理要求的约束,从而实现有效的安全生产管理,这就是强制原理。所谓强制就是绝对服从,不必经被管理者同意便可采取控制行动。一般来说,管理均带有一定的强制性,管理是管理者对被管理者施加作用和影响,并要求被管理者服从其意志,满足其要求,完成其规定的任务,这显然带有强制性。不强制便不能有效地抑制被管理者的无拘束个性,将其调动到符合整体管理利益和目的的轨道上来。

(2)强制原理的运用原则。

①安全第一原则。安全第一就是要求在进行生产和其他活动时把安全工作放在一切工作的首要位置。当生产和其他工作与安全发生矛盾时,要以安全为主,生产和其他工作要服从安全,这就是安全第一原则。安全第一原则可以说是安全生产管理的基本原则,也是我国安全生产方针的重要内容,该原则强调,必须把安全生产工作作为衡量企业工作优劣的一项首要条件,作为“否决项”指标,不具备安全条件不准开展生产经营活动。

②监督原则。监督原则是指在安全工作中,为了使安全生产法律规律、标准规范和规章制度得到有效落实,必须授权专门的部门和人员实施监督、检查和惩处的职能,对生产经营活动中安全工作情况进行监督,以揭露存在的问题和不足,追究、惩戒并督促解决。

三、事故致因理论

事故致因理论是人们通过长期对事故进行研究,不断总结、归纳出的对事故发生的原因、演变规律和事故发生的模式的认识,是用来阐明事故的成因、始末过程和事故后果,以便对事故现象的发生、发展进行明确的分析。事故致因理论就是人们长期生产经验和智慧的结晶之一,是系统安全科学的基石。事故致因理论始于 20 世纪初期,是从最早的单因素理论发展到不断增多的复杂因素的系统理论。

事故致因理论的发展经历了三个阶段:

第一阶段:以事故频发倾向理论和海因里希因果连锁理论为代表的早期事故致因理论;

第二阶段:以能量意外释放理论为主要代表的第二次世界大战后的事故致因理论;

第三阶段:现代的系统安全理论。

（一）事故频发倾向理论

1919 年，英国的格林伍德和伍兹把许多伤亡事故发生次数按照泊松分布、偏倚分布和非均等分布进行了统计分析发现，当发生事故的概率不存在个体差异时，一定时间内事故发生次数服从泊松分布。一些工人由于存在精神或心理方面的问题，如果在生产操作过程中发生过一次事故，当再继续操作时，就有重复发生第二次、第三次事故的倾向，符合这种统计分布的主要是少数有精神或心理缺陷的工人，服从偏倚分布。当工厂中存在许多特别容易发生事故的人时，发生不同次数事故的人数服从非均等分布。

在此研究基础上，1939 年，法默和查姆勃等人提出了事故频发倾向理论。事故频发倾向是指个别容易发生事故的稳定的个人内在倾向。事故频发倾向者的存在是工业事故发生的主要原因，即少数具有事故频发倾向的工人是事故频发倾向者，他们的存在是工业事故发生的原因。如果企业中事故频发倾向者的数量得以减少，就可以减少工业事故。

尽管事故频发倾向理论把工业事故的原因归因于少数事故频发倾向者的观点是错误的，然而从职业适合性的角度来看，关于事故频发倾向的认识也有一定可取之处。

（二）海因里希因果连锁理论

1931 年，美国的海因里希在《工业事故预防》一书中，阐述了工业安全理论，该书的主要内容之一就是提出了事故发生的因果连锁理论，阐述导致事故各种原因因素之间及与伤害者之间的关系，认为伤害事故的发生不是一个孤立的事件，尽管伤害可能在瞬间突然发生，却是一系列原因事件相继发生的结果。后人称这一理论为海因里希因果连锁理论。

海因里希把工业伤害事故的发生发展过程描述为具有一定因果关系事件的连锁：

（1）人员伤亡的发生是事故的结果；

（2）事故的发生原因是人的不安全行为或物的不安全状态；

（3）人的不安全行为或物的不安全状态是由于人的缺点造成的；

（4）人的缺点是由于不良环境诱发或者是由先天的遗传因素造成的。

海因里希将事故因果连锁过程概括为以下五个因素：遗传及社会环境、人的缺点、人的不安全行为或物的不安全状态、事故、伤害。海因里希用多米诺骨牌来形象地描述这种事故因果连锁关系。在多米诺骨牌系列中，一颗骨牌被碰倒了，则将发生连锁反应，其余的几颗骨牌相继被碰倒。如果移去中间的一颗骨牌，则连锁被破坏，事故过程被中止。他认为，企业安全工作的中心就是防止人的不安全行为，消除机械或物的不安全状态，中断事故连锁的进程，从而避免事故的发生。

事故因果连锁中一个最重要的因素是管理。大多数企业，由于各种原因，完全依靠工程技术上的改进来预防事故是不现实的，需要完善的安全生产管理工作，才能防止事故的发生。如果在管理上出现欠缺，就会使得导致事故的基本原因出现。

（三）能量意外释放理论

1. 能量意外释放理论概述

能量意外释放理论从事故发生的物理本质出发，阐述了事故的连锁过程：由于管理失误引发的人的不安全行为和物的不安全状态及其相互作用，使不正常的或不希望的危险物质和能量释放，并转移于人体、设施，造成人员伤亡和（或）财产损失，事故可以通过减少能量和加强屏蔽来预防。人类在生产、生活中不可缺少的各种能量,如因某种原因失去控制,就会发生能量违背人的意愿而意外释放或逸出,使进行中的活动中止而发生事故,导致人员伤害或财产损失。

1961 年,吉布森提出事故是一种不正常的或不希望的能量释放,意外释放的各种形式的能量是构成伤害的直接原因。因此,应该通过控制能量或控制作为能量达及人体媒介的能量载体来预防伤害事故。

在吉布森的研究基础上,1966 年,美国运输部安全局局长哈登完善了能量意外释放理论,提出"人受伤害的原因只能是某种能量的转移",并提出了能量逆流于人体造成伤害的分类方法,将伤害分为两类:第一类伤害是由于施加了局部或全身性损伤阈值的能量引起的;第二类伤害是由影响了局部或全身性能量交换引起的,主要指中毒窒息和冻伤。哈登认为,在一定条件下某种形式的能量能否产生伤害造成人员伤亡事故取决于能量大小、接触能量时间长短和频率以及力的集中程度。根据能量意外释放论,可以利用各种屏蔽来防止意外的能量转移,从而防止事故的发生。

能量在生产过程中是不可缺少的,人类利用能量做功以实现生产目的。人类为了利用能量做功,必须控制能量。在正常生产过程中,能量受到种种约束和限制,按照人们的意志流动、转换和做功。如果由于某种原因,能量失去了控制,超越了人们设置的约束或限制而意外地逸出或释放,必然造成事故。如果失去控制的、意外释放的能量达及人体,并且能量的作用超过了人们的承受能力,人体必将受到伤害。

2. 事故致因

根据能量意外释放理论,伤害事故原因主要包括两方面:

(1)接触了超过机体组织(或结构)抵抗力的某种形式的过量的能量;

(2)有机体与周围环境的正常能量交换受到了干扰(如窒息、淹溺等)。

因而,各种形式的能量是构成伤害的直接原因。同时,也常常通过控制能量,或控制能量载体(能量达及人体的媒介)来预防伤害事故。

机械能(动能和势能统称为机械能)、电能、热能、化学能、电离及非电离辐射、声能和生物能等形式的能量,都可能导致人员伤害,其中以前四种形式的能量的意外释放引起的伤害最为常见。意外释放的机械能是造成工业伤害事故的主要能量形式。处于高处的人员或物体具有较高的势能,当人员具有的势能意外释放时,发生坠落或跌落事故;当物体具有的势能意外释放时,将发生物体打击等事故。除了势能外,动能是另一种形式的机械能,各种运输车辆和各种机械设备的运动部分都具有较大的动能,工作人员一旦与之接触,将发生车辆伤害或机械伤害事故。

现代化工业生产中广泛利用电能,当人们意外地接近或接触带电体时,可能发生触电事故而受到伤害。

工业生产中广泛利用热能,生产中利用的电能、机械能或化学能可以转变为热能,可燃物燃烧时释放出大量的热能,人体在热能的作用下,可能遭受烧灼或发生烫伤。

有毒有害的化学物质使人员中毒,是化学能意外释放引起的典型伤害事故。

3. 防范措施

从能量意外释放理论出发,预防伤害事故就是防止能量或危险物质的意外释放,防止人体与过量的能量或危险物质接触。

在生产经营过程中,常用的防止能量意外释放的屏蔽措施主要有以下几种:

(1)用安全的能源代替不安全的能源;

(2)限制能量;

(3)防止能量蓄积;

(4)控制能量释放;

(5)延缓释放能量;

(6)开辟释放能量的渠道;

(7)设置屏蔽措施;

(8)在人、物与能源之间设置屏障;

(9)提高防护标准;

(10)改变工艺流程;

(11)修复或急救。

(四)轨迹交叉理论

1. 轨迹交叉理论概述

轨迹交叉理论是一种研究事故致因的理论,可以概括为设备故障(或缺陷)与人为失误,两事件链的轨迹交叉就会构成事故。

随着生产技术的提高以及事故致因理论的发展完善,人们对人和物两种因素在事故致因中地位的认识发生了很大变化。一方面是由于在生产技术进步的同时,生产装置、生产条件不安全的问题越来越引起了人们的重视;另一方面是随着人们对人的因素研究的深入,能够正确地区分人的不安全行为和物的不安全状态。

约翰逊认为,判断到底是不安全行为还是不安全状态,受研究者主观因素的影响,取决于他认识问题的深刻程度。许多人由于缺乏有关失误方面的知识,把由于人失误造成的不安全状态看作是不安全行为。一起伤亡事故的发生,除了人的不安全行为之外,一定存在着某种不安全状态,并且不安全状态对事故发生作用更大些。

斯奇巴提出,生产操作人员与机械设备两种因素都对事故的发生有影响,并且机械设备的危险状态对事故的发生作用更大些,只有当两种因素同时出现,才能发生事故。

上述理论被称为轨迹交叉理论,该理论的主要观点是,在事故发展进程中,人的因素运动轨迹与物的因素运动轨迹的交点就是事故发生的时间和空间,即人的不安全行为和物的不安全状态发生于同一时间、同一空间,或者说人的不安全行为与物的不安全状态相通,则将在此时间、此空间发生事故。

轨迹交叉理论作为一种事故致因理论,强调人的因素和物的因素在事故致因中占有同样重要的地位。按照该理论,可以通过避免人与物两种因素运动轨迹交叉,即避免人的不安全行为和物的不安全状态同时、同地出现,来预防事故的发生。

2. 作用原理

轨迹交叉理论将事故的发生发展过程描述为:基本原因→间接原因→直接原因→事故→伤害。从事故发展运动的角度,这样的过程被形容为事故致因因素导致事故的运动轨迹,具体包括人的因素运动轨迹和物的因素运动轨迹。

(1)人的因素运动轨迹。

人的不安全行为基于生理、心理、环境、行为几个方面而产生:

①生理、先天身心缺陷;

②社会环境、企业管理上的缺陷;

③后天的心理缺陷;

④视、听、嗅、味、触等感官能量分配上的差异;

⑤行为失误。

(2)物的因素运动轨迹。

在物的因素运动轨迹中,在生产过程各阶段都可能产生不安全状态:

①设计上的缺陷,如用材不当,强度计算错误、结构完整性差、采矿方法不适应矿床围岩性质等;

②制造、工艺流程上的缺陷;

③维护与修理上的缺陷,降低了可靠性;

④使用上的缺陷;

⑤作业场所环境上的缺陷。

在生产过程中,人的因素运动轨迹按其①→②→③→④→⑤的方向顺序进行,物的因素运动轨迹按其①→②→③→④→⑤的方向顺序进行。人、物两轨迹相交的时间与地点,就是发生伤亡事故"时空",也就导致了事故的发生。

值得注意的是,许多情况下人与物又互为因果。例如,有时物的不安全状态诱发了人的不安全行为,而人的不安全行为又促进了物的不安全状态的发展或导致新的不安全状态出现。因而,实际的事故并非简单地按照上述的人、物两条轨迹进行,而是呈现非常复杂的因果关系。

若设法排除机械设备或处理危险物质过程中的隐患或者消除人为失误和不安全行为,使两事件链连锁中断,则两系列运动轨迹不能相交,危险就不会出现,就可避免事故发生。

对人的因素而言,强调工种考核,加强安全教育和技术培训,进行科学的安全生产管理,从生理、心理和操作管理上控制人的不安全行为的产生,就等于斩断了事故产生的人的因素轨迹。但是,对自由度很大且身心性格气质差异较大的人是难以控制的,偶然失误很难避免。

在多数情况下,由于企业管理不善,使工人缺乏教育和训练或者机械设备缺乏维护检修以及安全装置不完备,导致了人的不安全行为或物的不安全状态。

轨迹交叉理论突出强调的是斩断物的事件链,提倡采用可靠性高、结构完整性强的系统和设备,大力推广保险系统、防护系统和信号系统及高度自动化和遥控装置。这样,即使人为失误,构成人的因素①~⑤系列,也会因安全闭锁等可靠性高的安全系统的作用,控制住物的因素①~⑤系列的发展,可完全避免伤亡事故的发生。

一些企业负责人和管理人员总是错误地把一切伤亡事故归咎于操作人员"违章作业";实际上,人的不安全行为也是由于教育培训不足等管理欠缺造成的。管理的重点应放在控制物的不安全状态上,即消除"起因物",当然就不会出现"施害物",斩断物的因素运动轨迹,使人与物的轨迹不相交叉,事故即可避免。

实践证明，消除生产作业中物的不安全状态，可以大幅降低伤亡事故的发生概率。

（五）系统安全理论

系统安全是指在系统生命周期内应用系统安全工程和系统安全生产管理方法，辨识系统中的隐患，并采取有效的控制措施使其危险性最小，从而使系统在规定的性能、时间和成本范围内达到最佳的安全程度。系统安全是人们为解决复杂系统的安全性问题而开发、研究出来的安全理论、方法体系，是系统工程与安全工程结合的完美体现。系统安全的基本原则就是在一个新系统的构思阶段就必须考虑其安全性的问题，制定并执行安全工作规划（系统安全活动），属于事前分析和预先的防护，与传统的事后分析并积累事故经验的思路截然不同。系统安全活动贯穿生命整个系统生命周期，直到系统报废为止。

在20世纪50～60年代，美国研制洲际导弹的过程中，系统安全理论应运而生。在洲际导弹实验开始的头一年半里就发生了四次爆炸，造成惨重的损失，于是，美国开始了针对系统安全理论的研究。多年来，人们不断研究和开发防止系统事故的新概念和新方法，在保留工业安全原有的概念和方法中的合理部分的前提下，吸收其他领域科学技术和管理方法，逐步形成了系统安全理论。

系统安全理论包括很多区别于传统安全理论的创新概念：

(1)在事故致因理论方面，改变了人们只注重操作人员的不安全行为，而忽略硬件的故障在事故致因中作用的传统观念，开始考虑如何通过改善物的系统可靠性来提高复杂系统的安全性，从而避免事故。

(2)没有任何一种事物是绝对安全的，任何事物中都潜伏着危险因素，通常所说的安全或危险只不过是一种主观的判断。

(3)不可能根除一切危险源，可以减少来自现有危险源的危险性，宁可减少总的危险性而不是只彻底去消除几种选定的风险。

(4)由于人的认识能力有限，有时不能完全认识危险源及其风险，即使认识了现有的危险源，随着生产技术的发展，新技术、新工艺、新材料和新能源的出现，又会产生新的危险源。安全工作的目标就是控制危险源，努力将事故发生概率降至最低，即使万一发生事故，也要将伤害和损失控制在尽可能轻的程度上。

第三节　我国安全生产管理概论

一、安全生产方针

安全生产方针对安全生产工作总的要求，它是安全生产工作的方向。我国安全生产方针随着社会发展，大体可以归纳为三次变化，即：“生产必须安全、安全为了生产”“安全第一、预防为主”“安全第一、预防为主、综合治理”。

1952年12月，劳动部召开了第二次全国劳动保护工作会议，在这次会议上，明确提出了“生产必须安全、安全为了生产”的安全生产统一方针。会议还提出了“要从思想上、设备上、制度上和组织上加强劳动保护工作，达到劳动保护工作的计划化、制度化、群众化和纪律化”的目标和任务。这次会议，明确了劳动保护工作的指导思想、方针、原则、目标、任务，对以后工作的开展起到巨大的推动作用，产生了比较深远的影响。

1984 年，主管安全生产的劳动人事部在呈报给国务院成立全国安全生产委员会的报告中把“安全第一、预防为主”作为安全生产方针写进了报告，并得到国务院的正式认可。1987 年 1 月 26 日，劳动人事部在杭州召开会议，把“安全第一、预防为主”作为劳动保护工作方针写进了我国第一部《劳动法（草案）》。从此，“安全第一、预防为主”便作为安全生产的基本方针而确立下来。2002 年，《安全生产法》由第九届全国人民代表大会常务委员会第二十八次会议于 2002 年 6 月 29 日通过，自 2002 年 11 月 1 日起施行。“安全第一、预防为主”方针被列入《安全生产法》。

2014 年 8 月 31 日，第十二届全国人民代表大会常务委员会第十次会议通过全国人民代表大会常务委员会关于修改《中华人民共和国安全生产法》的决定，自 2014 年 12 月 1 日起施行。修订后的《安全生产法》第三条规定：安全生产工作应当以人为本，坚持安全发展，坚持安全第一、预防为主、综合治理的方针，强化和落实生产经营单位的主体责任，建立生产经营单位负责、职工参与、政府监管、行业自律和社会监督的机制。

我国目前的安全生产工作的基本方针是“安全第一、预防为主、综合治理”。

“安全第一”，就是在生产经营活动中，在处理保证安全与生产经营活动的关系上，要始终把安全放在首要位置，优先考虑从业人员和其他人员的人身安全，实行“安全优先”的原则。在确保安全的前提下，努力实现生产的其他目标。

“预防为主”，就是按照系统化、科学化的管理思想，按照事故发生的规律和特点，千方百计预防事故的发生，做到防患于未然，将事故消灭在萌芽状态。虽然人类在生产活动中还不可能完全杜绝事故的发生，但只要思想重视，预防措施得当，事故是可以减少的。

“综合治理”，就是标本兼治，重在治本，在采取断然措施遏制重特大事故，实现治标的同时，积极探索和实施治本之策，综合运用科技手段、法律手段、经济手段和必要的行政手段，从发展规划、行业管理、安全投入、科技进步、经济政策、教育培训、安全立法、激励约束、企业管理、监管体制、社会监督以及追究事故责任、查处违法违纪等方面着手，解决影响制约我国安全生产的历史性、深层次问题，做到思想认识上警钟长鸣，制度保证上严密有效，技术支撑上坚强有力，监督检查上严格细致，事故处理上严肃认真。

二、以人为本、安全发展理念

《安全生产法》规定：“安全生产工作应当以人为本，坚持安全发展，坚持安全第一、预防为主、综合治理的方针，强化和落实生产经营单位的主体责任，建立生产经营单位负责、职工参与、政府监管、行业自律和社会监督的机制。”

（1）以人为本。安全发展强调“以人为本”，首先是以人的生命和健康为本，在保障广大人民群众生命财产健康及财产安全的前提下，实现快速稳定发展。

（2）坚持安全发展。《中共中央　国务院关于推进安全生产领域改革发展的意见》规定：“坚持安全发展。贯彻以人民为中心的发展思想，始终把人的生命安全放在首位，正确处理安全与发展的关系，大力实施安全发展战略，为经济社会发展提供强有力的安全保障。”

安全发展的核心目的是无论在任何时候、任何情况下都要将人民群众的生命健康安全放在首位，把安全生产工作纳入重要工作议程和各级人民政府经济社会发展总体规划以及企业中长期发展规划之中,同步规划、同步部署、同步实施、同步考核、同步推进。《安全生产法》第八条规定:“国务院和县级以上地方各级人民政府应当根据国民经济和社会发展规划制定安全生产规划,并组织实施。安全生产规划应当与城乡规划相衔接。”

“以人为本、安全发展”重点包含三层含义:

(1)“以人为本”必须要以人的生命为本。人的生命最宝贵,生命安全权益是最大的权益。发展不能以牺牲人的生命为代价,不能损害劳动者的安全和健康权益。

(2)经济社会发展必须以安全为基础、前提和保障。做到安全生产与经济社会发展各项工作同步规划、同步部署、同步推进,实现可持续发展。

(3)构建社会主义和谐社会必须解决安全生产问题。安全生产既是人民群众关注的热点、难点,也是和谐社会建设的切入点、着力点。

坚持安全发展,就是最大限度地提高发展效益,降低发展风险,实现社会又好又快地发展。实现安全发展的根本和落脚点是认真切实地贯彻落实好安全生产法规、制度和措施。

三、安全生产责任体系

2016 年 12 月,《中共中央　国务院关于推进安全生产领域改革发展的意见》规定,应健全落实安全生产责任制,明确地方党委和政府领导责任。坚持党政同责、一岗双责、齐抓共管、失职追责,完善安全生产责任体系。地方各级党委和政府要始终把安全生产摆在重要位置,加强组织领导。党政主要负责人是本地区安全生产第一责任人,班子其他成员对分管范围内的安全生产工作负领导责任。地方各级安全生产委员会主任由政府主要负责人担任,成员由同级党委和政府及相关部门负责人组成。

(1)明确部门监管责任。按照“管行业必须管安全、管业务必须管安全、管生产经营必须管安全”和“谁主管谁负责”的原则,厘清安全生产综合监管与行业监管的关系,明确各有关部门安全生产和职业健康工作职责,并落实到部门工作职责规定中。安全生产监督管理部门负责安全生产法规标准和政策规划制定修订、执法监督、事故调查处理、应急救援管理、统计分析、宣传教育培训等综合性工作,承担职责范围内行业领域安全生产和职业健康监管执法职责。负有安全生产监督管理职责的有关部门依法依规履行相关行业领域安全生产和职业健康监管职责,强化监管执法,严厉查处违法违规行为。其他行业领域主管部门负有安全生产管理责任,要将安全生产工作作为行业领域管理的重要内容,从行业规划、产业政策、法规标准、行政许可等方面加强行业安全生产工作,指导督促企事业单位加强安全生产管理。党委和政府其他有关部门要在职责范围内为安全生产工作提供支持保障,共同推进安全发展。

(2)严格落实企业主体责任。企业对本单位安全生产和职业健康工作负全面责任,要严格履行安全生产法定责任,建立健全自我约束、持续改进的内生机制。企业实行全员安全生产责任制度,法定代表人和实际控制人同为安全生产第一责任人,主要技术负责人负有安全生产技术决策和指挥权,强化部门安全生产职责,落实一岗双责。完善落实混合所有制企业以及跨地区、多层级和境外中资企业投资主体的安全生产责任。建立企业全过程安全生产和职业健康管理制度,做到安全责任、管理、投入、培训和应急救援“五到位”。国有企业要发挥安全生产工作示范带头作用,自觉接受属地监管。

(3)健全责任考核机制。建立与全面建成小康社会相适应和体现安全发展水平的考核评价体系。完善考核制度,统筹整合、科学设定安全生产考核指标,加大安全生产在社会治安综合治理、精神文明建设等考核中的权重。各级政府要对同级安全生产委员会成员单位和下级政府实施严格的安全生产工作责任考核,实行过程考核与结果考核相结合。各地区各单位要建立安全生产绩效与履职评定、职务晋升、奖励惩处挂钩制度,严格落实安全生产"一票否决"制度。

(4)严格责任追究制度。实行党政领导干部任期安全生产责任制,日常工作依责尽职、发生事故依责追究。依法依规制定各有关部门安全生产权力和责任清单,尽职照单免责、失职照单问责。建立企业生产经营全过程安全责任追溯制度。严肃查处安全生产领域项目审批、行政许可、监管执法中的失职渎职和权钱交易等腐败行为。严格事故直报制度,对瞒报、谎报、漏报、迟报事故的单位和个人依法依规追责。对被追究刑事责任的生产经营者依法实施相应的职业禁入,对事故发生负有重大责任的社会服务机构和人员依法严肃追究法律责任,并依法实施相应的行业禁入。

四、安全生产监管监察体系

我国目前实行的是国家监察、地方监管、企业负责的安全工作体制。在国家与行政管理部门之间,实行的是综合监管和行业监管。在中央政府与地方政府之间,实行的是国家监管与地方监管。在政府与企业之间,实行的是政府监管与企业管理。

在国务院领导下,国务院安全生产委员会负责全面统筹协调安全生产工作,应急管理部对全国安全生产工作实施综合监管,并负责煤矿安全监察和非煤矿山、危险化学品、烟花爆竹等行业领域的安全生产监督管理工作。工业和信息化部、住房和城乡建设部、农业农村部、交通运输部、公安部、水利部等职能部门分别负责本系统、本领域的安全工作。

《中共中央 国务院关于推进安全生产领域改革发展的意见》提出应改革安全监管监察体制。

(1)完善监督管理体制。加强各级安全生产委员会组织领导,充分发挥其统筹协调作用,切实解决突出矛盾和问题。各级安全生产监督管理部门承担本级安全生产委员会日常工作,负责指导协调、监督检查、巡查考核本级政府有关部门和下级政府安全生产工作,履行综合监管职责。负有安全生产监督管理职责的部门,依照有关法律法规和部门职责,健全安全生产监管体制,严格落实监管职责。相关部门按照各自职责建立完善安全生产工作机制,形成齐抓共管格局。坚持管安全生产必须管职业健康,建立安全生产和职业健康一体化监管执法体制。

(2)改革重点行业领域安全监管监察体制。依托国家煤矿安全监察体制,加强非煤矿山安全生产监管监察,优化安全监察机构布局,将国家煤矿安全监察机构负责的安全生产行政许可事项移交给地方政府承担。着重加强危险化学品安全监管体制改革和力量建设,明确和落实危险化学品建设项目立项、规划、设计、施工及生产、储存、使用、销售、运输、废弃处置等环节的法定安全监管责任,建立有力的协调联动机制,消除监管空白。完善海洋石油安全生产监督管理体制机制,实行政企分开。理顺民航、铁路、电力等行业跨区域监管体制,明确行业监管、区域监管与地方监管职责。

(3)进一步完善地方监管执法体制。地方各级党委和政府要将安全生产监督管理部门作为政府工作部门和行政执法机构,加强安全生产执法队伍建设,强化行政执法职能。统筹加强安全监管力量,重点充实市、县两级安全生产监管执法人员,强化乡镇(街道)安全生产监管力量建设。完善各类开发区、工业园区、港区、风景区等功能区安全生产监管体制,明确负责安全生产监督管理的机构,以及港区安全生产地方监管和部门监管责任。

(4)健全应急救援管理体制。按照政事分开原则,推进安全生产应急救援管理体制改革,强化行政管理职能,提高组织协调能力和现场救援时效。健全省、市、县三级安全生产应急救援管理工作机制,建设联动互通的应急救援指挥平台。依托公安消防、大型企业、工业园区等应急救援力量,加强矿山和危险化学品等应急救援基地和队伍建设,实行区域化应急救援资源共享。

五、安全生产科技保障体系

科学技术是第一生产力,安全科技是安全生产的重要支撑和保障。安全科技按照研究领域、功能作用可划分为安全生产基本理论(方针、政策、基础理论和软科学)研究、安全生产应用基础研究、安全生产应用技术研究和安全生产成果工程转化(将成果转化为行业共性技术、装备,甚至上升为技术标准、法规,加以推广应用)四个大类。

安全生产科技对安全生产的保障作用主要体现在为政府安全生产监管监察和企业安全生产实践活动提供技术支撑。

安全生产科技保障体系主要包括政府引导推动、技术装备研发转化、专家智力支持、中介技术服务、企业推广应用和技术标准转化等组成部分。

(1)建立安全科技支撑体系。优化整合国家科技计划,统筹支持安全生产和职业健康领域科研项目,加强研发基地和博士后科研工作站建设。开展事故预防理论研究和关键技术装备研发,加快成果转化和推广应用。推动工业机器人、智能装备在危险工序和环节广泛应用。提升现代信息技术与安全生产融合度,统一标准规范,加快安全生产信息化建设,构建安全生产与职业健康信息化全国“一张网”。加强安全生产理论和政策研究,运用大数据技术开展安全生产规律性、关联性特征分析,提高安全生产决策科学化水平。

(2)发挥市场机制推动作用。建立交通运输企业增加安全投入的激励约束机制,鼓励企业购买和运用安全生产管理和技术服务。交通运输管理部门应建立和完善购买安全生产服务制度,支持和引导第三方机构开展安全生产评价等技术服务。积极推进实施安全生产责任保险制度,切实发挥保险机构参与风险评估管控和事故预防功能。积极推进交通运输企业安全生产诚信体系建设,实现与交通运输信用体系相对接,建立安全生产违法违规行为信息库,研究建立交通运输企业安全生产不良记录“黑名单”制度,完善失信惩戒和守信激励机制。

六、安全生产教育培训体系

安全生产教育培训是安全生产工作的重要组成部分,是通过提高全体劳动者安全生产素质、安全生产技能,从而保证安全生产的一项重要手段。以贯彻落实安全生产相关法律法规为主线,以预防和减少各类伤亡事故和伤残人数、坚决遏制重特大事故为目的,以提高从业人员特别是农民工安全意识和自我保护能力为重点,坚决依法开展安全生产教育培训,积极构建安全生产教育培训体系。

《安全生产法》规定,生产经营单位的主要负责人和安全生产管理人员必须具备与本单位所从事的生产经营活动相应的安全生产知识和管理能力。危险物品的生产、经营、储存单位以及矿山、金属冶炼、建筑施工、道路运输单位的主要负责人和安全生产管理人员,应当由主管的负有安全生产监督管理职责的部门对其安全生产知识和管理能力考核合格。生产经营单位应当对从业人员进行安全生产教育和培训,保证从业人员具备必要的安全生产知识,熟悉有关的安全生产规章制度和安全操作规程,掌握本岗位的安全操作技能,了解事故应急处理措施,知悉自身在安全生产方面的权利和义务。未经安全生产教育和培训合格的从业人员,不得上岗作业。生产经营单位使用被派遣劳动者的,应当将被派遣劳动者纳入本单位从业人员统一管理,对被派遣劳动者进行岗位安全操作规程和安全操作技能的教育和培训。劳务派遣单位应当对被派遣劳动者进行必要的安全生产教育和培训。生产经营单位接收中等职业学校、高等学校学生实习的,应当对实习学生进行相应的安全生产教育和培训,提供必要的劳动防护用品。学校应当协助生产经营单位对实习学生进行安全生产教育和培训。生产经营单位应当建立安全生产教育和培训档案,如实记录安全生产教育和培训的时间、内容、参加人员以及考核结果等情况。生产经营单位采用新工艺、新技术、新材料或者使用新设备,必须了解、掌握其安全技术特性,采取有效的安全防护措施,并对从业人员进行专门的安全生产教育和培训。生产经营单位的特种作业人员必须按照国家有关规定经专门的安全作业培训,取得相应资格,方可上岗作业。

《安全生产培训管理办法》(国家安全生产监督管理总局令第 80 号)、《生产经营单位安全培训规定》(国家安全生产监督管理总局令第 80 号)、《特种作业人员安全技术培训考核管理规定》(国家安全生产监督管理总局令第 80 号)、《公路水运工程施工企业主要负责人和安全生产管理人员考核管理办法》(交安监〔2016〕65 号)、《注册安全工程师管理规定》(国家安全生产监督管理总局令第 11 号)等部门规章对各类从业人员安全培训教育作出了具体规定和要求。

七、安全生产应急救援体系

全国安全生产应急管理体系主要由组织体系、运行机制、法律法规体系以及支持保障系统等部分构成。

(1)组织体系是全国安全生产应急管理体系的基础,主要包括应急管理的领导决策层、管理与协调指挥系统以及应急救援队伍。

(2)运行机制是全国安全生产应急管理体系的重要保障,目标是实现统一领导、分级管理,条块结合、以块为主,分级响应、统一指挥,资源共享、协同作战,一专多能、专兼结合,防救结合、平战结合,以及动员公众参与,以切实加强安全生产应急管理体系内部的应急管理,明确和规范响应程序。

(3)法律法规体系是应急体系的法制基础和保障,也是开展各项应急活动的依据。与应急有关的法律法规主要包括由立法机关通过的法律,政府和有关部门颁布的规章、规定,以及与应急救援活动直接有关的标准或管理办法等。

(4)支持保障系统是安全生产应急管理体系的有机组成部分,是体系运转的物质条件和手段,主要包括通信信息系统、培训演练系统、技术支持系统、物资与装备保障系统等。同时,应急管理体系还包括与其建设相关的资金、政策支持等,以保障应急管理体系建设和体系正常运行。

《中华人民共和国突发事件应对法》(以下简称《突发事件应对法》)明确了突发事件的预防与应急准备、监测与预警、应急处置与救援、事后恢复与重建等应对活动的具体要求。

国家建立统一领导、综合协调、分类管理、分级负责、属地管理为主的应急管理体制。突发事件应对工作实行预防为主、预防与应急相结合的原则。

所有单位应当建立健全安全管理制度,定期检查本单位各项安全防范措施的落实情况,及时消除事故隐患;掌握并及时处理本单位存在的可能引发社会安全事件的问题,防止矛盾激化和事态扩大;对本单位可能发生的突发事件和采取安全防范措施的情况,应当按照规定及时向所在地人民政府或者人民政府有关部门报告。

矿山、建筑施工单位和易燃易爆物品、危险化学品、放射性物品等危险物品的生产、经营、储运、使用单位,应当制定具体应急预案,并对生产经营场所、有危险物品的建筑物、构筑物及周边环境开展隐患排查,及时采取措施消除隐患,防止发生突发事件。公共交通工具、公共场所和其他人员密集场所的经营单位或者管理单位应当制定具体应急预案,为交通工具和有关场所配备报警装置和必要的应急救援设备、设施,注明其使用方法,并显著标明安全撤离的通道、路线,保证安全通道、出口的畅通。有关单位应当定期检测、维护其报警装置和应急救援设备、设施,使其处于良好状态,确保正常使用。

《生产安全事故应急预案管理办法》(国家安全生产监督管理总局令第88号)明确了应急救援预案编制、评审、公布、备案、宣传、教育、培训、演练、评估、修订及监督管理工作的具体要求。

应急预案的管理实行属地为主、分级负责、分类指导、综合协调、动态管理的原则。

生产经营单位应急预案分为综合应急预案、专项应急预案和现场处置方案。生产经营单位主要负责人负责组织编制和实施本单位的应急预案,并对应急预案的真实性和实用性负责;各分管负责人应当按照职责分工落实应急预案规定的职责。应急预案的编制应当遵循以人为本、依法依规、符合实际、注重实效的原则,以应急处置为核心,明确应急职责、规范应急程序、细化保障措施。

地方各级安全生产监督管理部门的应急预案,应当报同级人民政府备案,并抄送上一级安全生产监督管理部门。其他负有安全生产监督管理职责的部门的应急预案,应当抄送同级安全生产监督管理部门。生产经营单位应当在应急预案公布之日起20个工作日内,按照分级属地原则,向安全生产监督管理部门和有关部门进行告知性备案。

生产经营单位应当组织开展本单位的应急预案、应急知识、自救互救和避险逃生技能的培训活动,使有关人员了解应急预案内容,熟悉应急职责、应急处置程序和措施。

八、安全生产目标指标体系

目前我国安全生产控制考核指标体系,主要由事故死亡人数总量控制指标、绝对指标、相对指标、重大和特大事故起数控制考核指标4类、26个具体指标构成。

（1）总量控制指标是事故总死亡人数。

（2）绝对指标包括了工矿商贸企业（煤矿、矿山、危险化学品、烟花爆竹、建筑施工、民爆器材等）、道路交通、火灾、水上交通、铁路、农机和渔业死亡人数7项。

（3）相对指标包括了亿元国内生产总值死亡率、工矿商贸十万从业人员死亡率、煤矿百万吨死亡率、道路交通万车死亡率、水上交通百万吨吞吐量死亡率、铁路交通百万公里死亡率、火灾十万人口死亡率、特种设备万台死亡率8项。

（4）重特大事故起数控制指标分为一次死亡3～9人和10人以上两项指标。

《国务院办公厅关于印发安全生产"十三五"规划的通知》（国办发〔2017〕3号）明确规划了安全生产工作的目标：到2020年，安全生产理论体系更加完善，安全生产责任体系更加严密，安全监管体制机制基本成熟，安全生产法律法规标准体系更加健全，全社会安全文明程度明显提升，事故总量显著减少，重特大事故得到有效遏制，职业病危害防治取得积极进展，安全生产总体水平与全面建成小康社会目标相适应。具体指标见表1-1。

国务院安全生产"十三五"安全生产指标 表1-1

序号	指标名称	降幅
1	安全生产事故起数	10%
2	生产安全事故死亡人数	10%
3	重特大事故起数	20%
4	重特大事故死亡人数	22%
5	亿元国内生产总值生产安全事故死亡率	30%
6	工矿商贸就业人员十万人生产安全事故死亡率	19%
7	煤矿百万吨死亡率	15%
8	营运车辆万车死亡率	6%
9	万台特种设备死亡人数	20%

注：降幅为2020年末较2015年末下降的幅度。

《中共中央　国务院关于推进安全生产领域改革发展的意见》明确了未来一个阶段的安全目标任务：到2020年，安全生产监管体制机制基本成熟，法律制度基本完善，全国生产安全事故总量明显减少，职业病危害防治取得积极进展，重特大生产安全事故频发势头得到有效遏制，安全生产整体水平与全面建成小康社会目标相适应。到2030年，实现安全生产治理体系和治理能力现代化，全民安全文明素质全面提升，安全生产保障能力显著增强，为实现中华民族伟大复兴的中国梦奠定稳固可靠的安全生产基础。

第四节　交通运输行业安全生产管理概论

交通运输行业按交通运输企业经营性质的不同，又分为多个具体的行业领域，主要包括道路运输、水路运输、港口营运、交通运输工程建设等类型（本书不含铁路运输和民航安全生产管理内容）。交通运输行业安全生产管理按管理内容和性质不同，可分为综合安全生产管理和行业安全生产管理，行业安全生产管理按行业类型不同可分为道路运输安全生产管理、水路运输安全生产管理、港口营运管理和公路水运工程建设安全生产管理。

本节主要从行业安全生产管理角度，简述交通运输各行业领域安全生产管理内容和要求。

一、道路运输安全生产管理

道路运输安全生产管理主要包括从业人员管理、车辆管理、运营管理、动态监控管理等内容。

（一）从业人员管理

1. 从业人员范围

道路运输从业人员是指经营性道路客货运输驾驶员、道路危险货物运输从业人员、机动车维修技术人员、机动车驾驶培训教练员、道路运输经理人和其他道路运输从业人员。

经营性道路客货运输驾驶员包括经营性道路旅客运输驾驶员和经营性道路货物运输驾驶员。

道路危险货物运输从业人员包括道路危险货物运输驾驶员、装卸管理人员和押运人员。

机动车维修技术人员包括机动车维修技术负责人员、质量检验人员以及从事机修、电器、钣金、涂漆、车辆技术评估（含检测）作业的技术人员。

机动车驾驶培训教练员包括理论教练员、驾驶操作教练员、道路客货运输驾驶员从业资格培训教练员和道路危险货物运输驾驶员从业资格培训教练员。

道路运输经理人包括道路客货运输企业、道路客货运输站（场）、机动车驾驶员培训机构、机动车维修企业的管理人员。

其他道路运输从业人员是指除上述人员以外的道路运输从业人员，包括道路客运乘务员、机动车驾驶员培训机构教学负责人及结业考核人员、机动车维修企业价格结算员及业务接待员。

2. 资格管理

国家对经营性道路客货运输驾驶员、道路危险货物运输从业人员实行从业资格考试制度，其他已实施国家职业资格制度的道路运输从业人员，按照国家职业资格的有关规定执行。从业资格是对道路运输从业人员所从事的特定岗位职业素质的基本评价。经营性道路客货运输驾驶员和道路危险货物运输从业人员必须取得相应从业资格，方可从事相应的道路运输活动。鼓励机动车维修企业、机动车驾驶员培训机构优先聘用取得国家职业资格的从业人员从事机动车维修和机动车驾驶员培训工作。

经营性道路客货运输驾驶员从业资格考试由设区的市级道路运输管理机构组织实施，每月组织一次考试。道路危险货物运输从业人员从业资格考试由设区的市级人民政府交通运输主管部门组织实施，每季度组织一次考试。

申请参加经营性道路客货运输驾驶员从业资格考试的人员，应当向其户籍地或者暂住地设区的市级道路运输管理机构提出申请，并提供下列材料：

（1）身份证明及复印件；

（2）机动车驾驶证及复印件；

（3）申请参加道路旅客运输驾驶员从业资格考试的，还应当提供道路交通安全主管部门出具的 3 年内无重大以上交通责任事故记录证明。

申请参加道路危险货物运输驾驶员从业资格考试的,应当向其户籍地或者暂住地设区的市级交通运输主管部门提出申请,并提供下列材料:

(1)身份证明及复印件;

(2)机动车驾驶证及复印件;

(3)道路旅客运输驾驶员从业资格证件或者道路货物运输驾驶员从业资格证件及复印件或者全日制驾驶职业教育学籍证明;

(4)相关培训证明及复印件;

(5)道路交通安全主管部门出具的3年内无重大以上交通责任事故记录证明。

申请参加道路危险货物运输装卸管理人员和押运人员从业资格考试的,应当向其户籍地或者暂住地设区的市级交通运输主管部门提出申请,并提供下列材料:

(1)身份证明及复印件;

(2)学历证明及复印件;

(3)相关培训证明及复印件。

经营性道路客货运输驾驶员、道路危险货物运输从业人员经考试合格后,取得《中华人民共和国道路运输从业人员从业资格证》,道路运输从业人员从业资格证件全国通用。已获得从业资格证件的人员需要增加相应从业资格类别的,应当向原发证机关提出申请,并按照规定参加相应培训和考试。道路运输从业人员从业资格证件有效期为6年。道路运输从业人员应当在从业资格证件有效期届满30日前到原发证机关办理换证手续。

3.从业人员行为管理

从业人员从事道路运输运营,应遵守如下规定:

(1)经营性道路客货运输驾驶员以及道路危险货物运输从业人员应当在从业资格证件许可的范围内从事道路运输活动。道路危险货物运输驾驶员除可以驾驶道路危险货物运输车辆外,还可以驾驶原从业资格证件许可的道路旅客运输车辆或者道路货物运输车辆。

(2)道路运输从业人员在从事道路运输活动时,应当携带相应的从业资格证件,并应当遵守国家相关法规和道路运输安全操作规程,不得违法经营、违章作业。

(3)道路运输从业人员应当按照规定参加国家相关法规、职业道德及业务知识培训。经营性道路客货运输驾驶员和道路危险货物运输驾驶员在岗从业期间,应当按照规定参加继续教育。

(4)经营性道路客货运输驾驶员和道路危险货物运输驾驶员不得超限、超载运输,连续驾驶时间不得超过4h。

(5)经营性道路旅客运输驾驶员和道路危险货物运输驾驶员应当按照规定填写行车日志。行车日志式样由省级道路运输管理机构统一制定。

(6)经营性道路旅客运输驾驶员应当采取必要措施保证旅客的人身和财产安全,发生紧急情况时,应当积极进行救护。经营性道路货物运输驾驶员应当采取必要措施防止货物脱落、扬撒等。

(7)严禁驾驶道路货物运输车辆从事经营性道路旅客运输活动。

(8)道路危险货物运输驾驶员应当按照道路交通安全主管部门指定的行车时间和路线运输危险货物。

(9)道路危险货物运输装卸管理人员应当按照安全作业规程对道路危险货物装卸作业进行现场监督,确保装卸安全。道路危险货物运输押运人员应当对道路危险货物运输进行全程监管。

(10)道路危险货物运输从业人员应当严格按照相关操作规程操作,不得违章作业。

(11)在道路危险货物运输过程中发生燃烧、爆炸、污染、中毒或者被盗、丢失、流散、泄漏等事故,道路危险货物运输驾驶员、押运人员应当立即向当地公安部门和所在运输企业或者单位报告,说明事故情况、危险货物品名和特性,并采取一切可能的警示措施和应急措施,积极配合有关部门进行处置。

(12)机动车维修技术人员应当按照维修规范和程序作业,不得擅自扩大维修项目,不得使用假冒伪劣配件,不得擅自改装机动车,不得承修已报废的机动车,不得利用配件拼装机动车。

(二)车辆管理

道路运输车辆包括道路旅客运输车辆(以下简称客车)、道路普通货物运输车辆(以下简称货车)、道路危险货物运输车辆(以下简称危货运输车)。

1. 车辆技术条件

从事道路运输经营的车辆应当符合下列技术要求:

(1)车辆的外廓尺寸、轴荷和最大允许总质量应当符合《汽车、挂车及汽车列车外廓尺寸、轴荷及质量限值》(GB 1589—2016)的要求。

(2)车辆的技术性能应当符合《道路运输车辆综合性能要求和检验方法》(GB 18565—2016)的要求。

(3)车型的燃料消耗量限值应当符合《营运客车燃料消耗量限值及测量方法》(JT/T 711—2016)、《营运货车燃料消耗量限值及测量方法》(JT/T 719—2016)的要求。

(4)车辆技术等级应当达到二级以上。危货运输车、国际道路运输车辆、从事高速公路客运以及营运线路长度在800km以上的客车,技术等级应当达到一级。技术等级评定方法应当符合国家有关道路运输车辆技术等级划分和评定的要求。

(5)从事高速公路客运、包车客运、国际道路旅客运输,以及营运线路长度在800km以上客车的类型等级应当达到中级以上。其类型划分和等级评定应当符合国家有关营运客车类型划分及等级评定的要求。

(6)危货运输车应当符合《危险货物道路运输规则》(JT/T 617—2018)的要求。

2. 车辆技术管理

道路运输经营者应当遵守有关法律法规、标准和规范,认真履行车辆技术管理的主体责任,建立健全管理制度,加强车辆技术管理。禁止使用报废、擅自改装、拼装、检测不合格以及其他不符合国家规定的车辆从事道路运输经营活动。

《道路运输车辆技术管理规定》(交通运输部令2016年第1号)规定,鼓励道路运输经营者设置相应的部门负责车辆技术管理工作,并根据车辆数量和经营类别配备车辆技术管理人员,对车辆实施有效的技术管理。道路运输经营者应加强车辆维护、使用、安全和节能等方面的业务培训,提升从业人员的业务素质和技能,确保车辆处于良好的技术状况。鼓励道路运输经营者依据相关标准要求,制定车辆使用技术管理规范,科学设置车辆经济、技术定额指标并定期考核,提升车辆技术管理水平。

道路运输经营者应当建立车辆技术档案制度,实行"一车一档"。档案内容应当主要包括车辆基本信息,车辆技术等级评定、客车类型等级评定或者年度类型等级评定复核、车辆维护和修理(含《机动车维修竣工出厂合格证》)、车辆主要零部件更换、车辆变更、行驶里程、对车辆造成损伤的交通事故等记录。档案内容应当准确、翔实。车辆所有权转移、转籍时,车辆技术档案应当随车移交。

3. 车辆的维护与修理

道路运输经营者应当建立车辆维护制度。车辆维护分为日常维护、一级维护和二级维护。日常维护由驾驶员实施,一级维护和二级维护由道路运输经营者组织实施,并做好记录。

道路运输经营者应依据国家有关标准和车辆维修手册、使用说明书等,结合车辆类别、车辆运行状况、行驶里程、道路条件、使用年限等因素,自行确定车辆维护周期,确保车辆正常维护。车辆维护作业项目应当按照国家关于汽车维护的技术规范要求确定。

道路运输经营者可以对自有车辆进行二级维护作业,保证投入运营的车辆符合技术管理要求,无须进行二级维护竣工质量检测。道路运输经营者不具备二级维护作业能力的,可以委托二类以上机动车维修经营者进行二级维护作业。机动车维修经营者完成二级维护作业后,应当向委托方出具二级维护出厂合格证。

道路运输经营者应当遵循视情修理的原则,根据实际情况对车辆进行及时修理。道路运输经营者用于运输剧毒化学品、爆炸品的专用车辆及罐式专用车辆(含罐式挂车),应当到具备道路危险货物运输车辆维修条件的企业进行维修。

4. 车辆检测管理

道路运输经营者应当定期到机动车综合性能检测机构,对道路运输车辆进行综合性能检测。道路运输经营者应当自道路运输车辆首次取得《道路运输证》当月起,按照下列周期和频次,委托汽车综合性能检测机构进行综合性能检测和技术等级评定:

(1)客车、危货运输车自首次经国家机动车辆注册登记主管部门登记注册不满 60 个月的,每 12 个月进行 1 次检测和评定;超过 60 个月的,每 6 个月进行 1 次检测和评定。

(2)其他运输车辆自首次经国家机动车辆注册登记主管部门登记注册的,每 12 个月进行 1 次检测和评定。

客车、危货运输车的综合性能检测应当委托车籍所在地汽车综合性能检测机构进行。货车的综合性能检测可以委托运输驻所地汽车综合性能检测机构进行。

汽车综合性能检测机构对新进入道路运输市场车辆,应当按照《道路运输车辆燃料消耗量达标车型表》进行比对。对达标的新车和在用车辆,应当按照《道路运输车辆综合性能要求和检验方法》(GB 18565—2016)、《道路运输车辆技术等级划分和评定要求》(JT/T 198—2016)实施检测和评定,出具全国统一式样的道路运输车辆综合性能检测报告,评定车辆技术等级,并在报告单上标注。车籍所在地县级以上道路运输管理机构应当将车辆技术等级在《道路运输证》上标明。汽车综合性能检测机构应当建立车辆检测档案,档案内容主要包括:车辆综合性能检测报告(含车辆基本信息、车辆技术等级)、客车类型等级评定记录,车辆检测档案保存期不少于两年。

道路运输管理机构和受其委托承担客车类型等级评定工作的汽车综合性能检测机构，应当按照《营运客车类型划分及等级评定》(JT/T 325—2018)进行营运客车类型等级评定或者年度类型等级评定复核，出具统一式样的客车类型等级评定报告。

二、运营管理

(一)客运经营安全生产管理

客运经营者应当按照道路运输管理机构决定的许可事项从事客运经营活动，不得转让、出租道路运输经营许可证件。客运经营者经营过程中应遵守以下相关规定：

(1)客运班车应当按照许可的线路、班次、站点运行，在规定的途经站点进站上下旅客，无正当理由不得改变行驶线路，不得站外上客或者沿途揽客。经许可机关同意，在农村客运班线上运营的班车可采取区域经营、循环运行、设置临时发车点等灵活的方式运营。

(2)不得强迫旅客乘车，不得中途将旅客交给他人运输或者甩客，不得敲诈旅客，不得擅自更换客运车辆，不得阻碍其他经营者的正常经营活动。

(3)严禁客运车辆超载运行，在载客人数已满的情况下，允许再搭乘不超过核定载客人数10%的免票儿童。

(4)客运车辆不得违反规定载货。

(5)应当在客运车辆外部的适当位置喷印企业名称或者标识，在车厢内显著位置公示道路运输管理机构监督电话、票价和里程表。

(6)应当为旅客提供良好的乘车环境，确保车辆设备、设施齐全有效，保持车辆清洁、卫生，并采取必要的措施防止在运输过程中发生侵害旅客人身、财产安全的违法行为。当运输过程中发生侵害旅客人身、财产安全的治安违法行为时，客运经营者在自身能力许可的情况下，应当及时向公安机关报告并配合公安机关及时终止治安违法行为。客运经营者不得在客运车辆上从事播放淫秽录像等不健康的活动。

(7)没有下置行李舱或者行李舱容积不能满足需要的客车车辆，可在客车车厢内设立专门的行李堆放区，但行李堆放区和乘客区必须隔离，并采取相应的安全措施。严禁行李堆放区载客。

(8)应当加强对从业人员的安全、职业道德教育和业务知识、操作规程培训，并采取有效措施，防止驾驶人员连续驾驶时间超过4h。

(9)客运车辆驾驶人员应当随车携带《道路运输证》、从业资格证等有关证件，在规定位置放置客运标志牌。客运班车驾驶人员还应当随车携带《道路客运班线经营许可证明》。

(10)应当制定突发公共事件的道路运输应急预案。应急预案应当包括报告程序、应急指挥、应急车辆和设备的储备以及处置措施等内容。

(11)应当建立和完善各类台账和档案，并按要求及时报送有关资料和信息。

(二)危险货物运输安全生产管理

道路危险货物运输企业或者单位应当严格按照道路运输管理机构决定的许可事项从事道路危险货物运输活动，不得转让、出租道路危险货物运输许可证件。

运输道路危险货物应遵守以下规定：

(1)严禁非经营性道路危险货物运输单位从事道路危险货物运输经营活动。

(2)危险货物托运人应当委托具有道路危险货物运输资质的企业承运。危险货物托运人应当对托运的危险货物种类、数量和承运人等相关信息予以记录,记录的保存期限不得少于1年。

(3)危险货物托运人应当严格按照国家有关规定妥善包装并在外包装设置标志,并向承运人说明危险货物的品名、数量、危害、应急措施等情况。需要添加抑制剂或者稳定剂的,托运人应当按照规定添加,并告知承运人相关注意事项。

(4)危险货物托运人托运危险化学品的,还应当提交与托运的危险化学品完全一致的安全技术说明书和安全标签。

(5)不得使用罐式专用车辆或者运输有毒、感染性、腐蚀性危险货物的专用车辆运输普通货物。其他专用车辆可以从事食品、生活用品、药品、医疗器具以外的普通货物运输,但应当由运输企业对专用车辆进行消除危害处理,确保不对普通货物造成污染、损害。

(6)不得将危险货物与普通货物混装运输。

(7)专用车辆应当按照《道路运输危险货物车辆标志》(GB 13392—2005)的要求悬挂标志。

(8)运输剧毒化学品、爆炸品的企业或者单位,应当配备专用停车区域,并设立明显的警示标牌。

(9)专用车辆应当配备符合有关国家标准以及与所载运的危险货物相适应的应急处理器材和安全防护设备。

(10)道路危险货物运输企业或者单位不得运输法律、行政法规禁止运输的货物。

(11)道路危险货物运输企业或者单位应当采取必要措施,防止危险货物脱落、扬撒、丢失以及燃烧、爆炸、泄漏等。

(12)驾驶人员或者押运人员应当随车携带符合《危险货物道路运输规则　第5部分:托运要求》(JT/T 617.5—2018)的《道路运输危险货物安全卡》。

(13)在道路危险货物运输过程中,除驾驶人员外,还应当在专用车辆上配备押运人员,确保危险货物处于押运人员监管之下。

(14)道路危险货物运输途中,驾驶人员不得随意停车。因住宿或者发生影响正常运输的情况需要较长时间停车的,驾驶人员、押运人员应当设置警戒带,并采取相应的安全防范措施。运输剧毒化学品或者易制爆危险化学品需要较长时间停车的,驾驶人员或者押运人员应当向当地公安机关报告。

(15)危险货物的装卸作业应当遵守安全作业标准、规程和制度,并在装卸管理人员的现场指挥或者监控下进行。危险货物运输托运人和承运人应当按照合同约定指派装卸管理人员;若合同未予约定,则由负责装卸作业的一方指派装卸管理人员。

(16)驾驶人员、装卸管理人员和押运人员上岗时应当随身携带从业资格证。

(17)严禁专用车辆违反国家有关规定超载、超限运输。

(18)道路危险货物运输企业或者单位使用罐式专用车辆运输货物时,罐体载货后的总质量应当和专用车辆核定载质量相匹配;使用牵引车运输货物时,挂车载货后的总质量应当与牵引车的准牵引总质量相匹配。

(19)道路危险货物运输企业或者单位应当要求驾驶人员和押运人员在运输危险货物

时,严格遵守有关部门关于危险货物运输线路、时间、速度方面的有关规定,并遵守有关部门关于剧毒、爆炸危险品道路运输车辆在重大节假日通行高速公路的相关规定。

(20)道路危险货物运输从业人员必须熟悉有关安全生产的法规、技术标准和安全生产规章制度、安全操作规程,了解所装运危险货物的性质、危害特性、包装物或者容器的使用要求和发生意外事故时的处置措施,并严格执行《危险货物道路运输规则》(JT/T 617—2018),不得违章作业。

(21)危险货物道路运输企业组织开展的从业人员培训,应当满足《危险货物道路运输规则　第1部分:通则》(JT/T 617.1—2018)的要求。

(22)道路危险货物运输企业或者单位应当加强安全生产管理,制定突发事件应急预案,配备应急救援人员和必要的应急救援器材、设备,并定期组织应急救援演练,严格落实各项安全制度。

(23)在危险货物运输过程中发生燃烧、爆炸、污染、中毒或者被盗、丢失、流散、泄漏等事故,驾驶人员、押运人员应当立即根据应急预案和《道路运输危险货物安全卡》的要求采取应急处置措施,并向事故发生地公安部门、交通运输主管部门和本运输企业或者单位报告。运输企业或者单位接到事故报告后,应当按照本单位危险货物应急预案组织救援,并向事故发生地安全生产监督管理部门和环境保护、卫生主管部门报告。

(24)在危险货物装卸过程中,应当根据危险货物的性质,轻装轻卸,堆码整齐,防止混杂、撒漏、破损,不得与普通货物混合堆放。

(25)道路危险货物运输企业或者单位应当为其承运的危险货物投保承运人责任险。

(26)道路危险货物运输企业异地经营(运输线路起讫点均不在企业注册地市域内)累计3个月以上的,应当向经营地设区的市级道路运输管理机构备案并接受其监管。

(三)动态监控管理

1.动态监控平台

道路旅客运输企业、道路危险货物运输企业和拥有50辆及以上重型载货汽车或者牵引车的道路货物运输企业应当按照标准建设道路运输车辆动态监控平台,或者使用符合条件的社会化卫星定位系统监控平台(以下统称监控平台),对所属道路运输车辆和驾驶员运行过程进行实时监控和管理。

动态监控平台建设应符合下列要求:

(1)道路运输车辆卫星定位系统平台和车载终端应当通过有关专业机构的标准符合性技术审查。

(2)道路运输经营者应当选购安装符合标准的卫星定位装置的车辆,并接入符合要求的监控平台。

(3)道路运输企业应当在监控平台中完整、准确地录入所属道路运输车辆和驾驶人员的基础资料等信息,并及时更新。

(4)道路旅客运输企业和道路危险货物运输企业监控平台应当接入全国重点营运车辆联网联控系统(以下简称联网联控系统),并按照要求将车辆行驶的动态信息和企业、驾驶人员、车辆的相关信息逐级上传至全国道路运输车辆动态信息公共交换平台。道路货运企业监控平台应当与道路货运车辆公共平台对接,按照要求将企业、驾驶人员、车辆的相关信息上传至道路货运车辆公共平台，并接收道路货运车辆公共平台转发的货运车辆行驶的动态信息。

(5)对新出厂车辆已安装的卫星定位装置，任何单位和个人不得随意拆卸。除危险货物运输车辆接入联网联控系统监控平台时按照有关标准要求进行相应设置以外，不得改变货运车辆车载终端监控中心的域名设置。

道路运输管理机构在办理营运手续时，应当对道路运输车辆安装卫星定位装置及接入系统平台的情况进行审核。道路运输管理机构负责建设和维护道路运输车辆动态信息公共服务平台，落实维护经费，向地方人民政府争取纳入年度预算。道路运输管理机构应当建立逐级考核和通报制度，保证联网联控系统长期稳定运行。

2. 动态监控

道路旅客运输企业、道路危险货物运输企业和拥有50辆及以上重型载货汽车或牵引车的道路货物运输企业应当配备专职监控人员。专职监控人员配置原则上按照监控平台每接入100辆车设1人的标准配备，最低不少于2人。监控人员应当掌握国家相关法规和政策，经运输企业培训、考试合格后上岗。

道路货运车辆公共平台负责对个体货运车辆和小型道路货物运输企业(拥有50辆以下重型载货汽车或牵引车)的货运车辆进行动态监控。道路货运车辆公共平台设置监控超速行驶和疲劳驾驶的限值，自动提醒驾驶员纠正超速行驶、疲劳驾驶等违法行为。

道路运输企业应当建立健全动态监控管理相关制度，规范动态监控工作：

(1)系统平台的建设、维护及管理制度；

(2)车载终端安装、使用及维护制度；

(3)监控人员岗位职责及管理制度；

(4)交通违法动态信息处理和统计分析制度；

(5)其他需要建立的制度。

道路运输企业应当根据法律法规的相关规定以及车辆行驶道路的实际情况，按照规定设置监控超速行驶和疲劳驾驶的限值，以及核定运营线路、区域及夜间行驶时间等，在所属车辆运行期间对车辆和驾驶员进行实时监控和管理。设置超速行驶和疲劳驾驶的限值，应当符合客运驾驶员24h累计驾驶时间原则上不超过8h，日间连续驾驶不超过4h，夜间连续驾驶不超过2h，每次停车休息时间不少于20min，客运车辆夜间行驶速度不得超过日间限速80%的要求。

监控人员应当实时分析、处理车辆行驶动态信息，及时提醒驾驶员纠正超速行驶、疲劳驾驶等违法行为，并记录存档至动态监控台账；对经提醒仍然继续违法驾驶的驾驶员，应当及时向企业安全生产管理机构报告，安全生产管理机构应当立即采取措施制止；对拒不执行制止措施仍然继续违法驾驶的，道路运输企业应当及时报告公安机关交通管理部门，并在事后解聘驾驶员。动态监控数据应当至少保存6个月，违法驾驶信息及处理情况应当至少保存3年。对存在交通违法信息的驾驶员，道路运输企业在事后应当及时给予处理。

道路运输经营者应当确保卫星定位装置正常使用，保持车辆运行实时在线。卫星定位装置出现故障不能保持在线的道路运输车辆，道路运输经营者不得安排其从事道路运输经营活动。任何单位和个人不得破坏卫星定位装置以及恶意人为干扰、屏蔽卫星定位装置信号,不得篡改卫星定位装置数据。

三、水路运输安全生产管理

水路运输按照经营区域不同可分为沿海运输和内河运输,按照业务种类不同可分为货物运输和旅客运输。

货物运输分为普通货物运输和危险货物运输。危险货物运输分为包装、散装固体和散装液体危险货物运输。散装液体危险货物运输包括液化气体船运输、化学品船运输、成品油船运输和原油船运输。普通货物运输包含拖航。旅客运输包括普通客船运输、客货船运输和滚装客船运输。

水路运输经营应符合下列规定:

(1)水路运输经营者应当保持相应的经营资质条件,按照《国内水路运输经营许可证》核定的经营范围从事水路运输经营活动。已取得省际水路运输经营资格的水路运输经营者和船舶,可凭省际水路运输经营资格从事相应种类的省内水路运输,但旅客班轮运输除外。已取得沿海水路运输经营资格的水路运输经营者和船舶,可在满足航行条件的情况下,凭沿海水路运输经营资格从事相应种类的内河运输。

(2)水路运输经营者不得出租、出借水路运输经营许可证件,或者以其他形式非法转让水路运输经营资格。

(3)从事水路运输的船舶应当随船携带《船舶营业运输证》,不得转让、出租、出借或者涂改。《船舶营业运输证》遗失或者损毁的,应当及时向原配发机关申请补发。

(4)水路运输经营者应该按照《船舶营业运输证》标定的载客定额、载货定额和经营范围从事旅客和货物运输,不得超载。

(5)水路运输经营者使用客货船或者滚装客船载运危险货物时,不得载运旅客,但按照相关规定随船押运货物的人员和滚装车辆的驾驶员除外。

(6)水路运输经营者不得擅自改装客船、危险品船增加载客定额、载货定额或者变更从事散装液体危险货物运输的种类。

(7)水路运输经营者应当使用规范的、符合有关法律法规和交通运输部规定的客票和运输单证。

(8)水路旅客运输业务经营者应当拒绝携带国家规定的危险物品及其他禁止携带的物品的旅客乘船。船舶开航后发现旅客随船携带有危险物品及其他禁止携带的物品的,应当妥善处理,旅客应当予以配合。

(9)货物班轮运输应当按照公布的班期、班次运行;变更班期、班次、运价或者停止经营部分或者全部班轮航线的,水路货物班轮运输业务经营者应当在变更或者停止经营的7日前向社会公布,并报原许可机关备案。

(10)水路旅客运输业务经营者应当就运输服务中的下列事项,以明示的方式向旅客作出说明或者警示:

①不适宜乘坐客船的群体;

②正确使用相关设施、设备的方法;

③必要的安全防范和应急措施；

④未向旅客开放的经营、服务场所和设施、设备；

⑤可能危及旅客人身、财产安全的其他情形。

(11)水路运输经营者应当依照法律、行政法规和国家有关规定,优先运送处置突发事件所需物资、设备、工具、应急救援人员和受到突发事件危害的人员,重点保障紧急、重要的军事运输。

(12)水路运输经营者应当按照交通运输主管部门的要求建立运输保障预案,并建立应急运输、军事运输和紧急运输的运力储备。

四、港口运营安全生产管理

港口运营安全生产管理主要有港口经营安全管理和港口危险货物管理。

1.港口经营安全管理

从事港口经营,应当申请取得港口经营许可。港口经营人必须依照《安全生产法》等有关法律、法规和国务院交通运输主管部门有关港口安全作业规则的规定,加强安全生产管理,建立健全安全生产责任制等规章制度,完善安全生产条件,采取保障安全生产的有效措施,确保安全生产。

从事港口经营(港口理货、港口拖轮经营除外),应当具备下列条件：

(1)有固定的经营场所。

(2)有与经营范围、规模相适应的港口设施、设备,其中：

①码头、客运站、库场、储罐、污水处理设施等固定设施应当符合港口总体规划和法律、法规及有关技术标准的要求；

②为旅客提供上、下船服务的,应当具备至少能遮蔽风、雨、雪的候船和上、下船设施,并按相关规定配备无障碍设施；

③为船舶提供码头、过驳锚地、浮筒等设施的,应当有相应的船舶污染物、废弃物接收能力和相应污染应急处理能力,包括必要的设施、设备和器材。

(3)有与经营规模、范围相适应的专业技术人员、管理人员。

(4)有健全的经营管理制度和安全管理制度以及生产安全事故应急预案,应急预案经专家审查通过;依法设置安全生产管理机构或者配备专职安全管理人员。

港口安全经营应符合下列规定：

(1)港口经营人应当按照核定的功能使用和维护港口经营设施、设备,并使其保持正常状态。

(2)港口经营人变更或者改造码头、堆场、仓库、储罐和污水垃圾处理设施等固定经营设施,应当依照有关法律、法规和规章的规定履行相应手续。依照有关规定无需经港口行政管理部门审批的,港口经营人应当向港口行政管理部门备案。

(3)从事港口旅客运输服务的经营人,应当采取必要措施保证旅客运输的安全、快捷、便利,保证旅客基本生活用品的供应,保持良好的候船条件和环境。

(4)港口经营人应当依照有关法律、法规和交通运输部有关港口安全作业的规定,加强安全生产管理,完善安全生产条件,建立健全安全生产责任制等规章制度,确保安全生产。

(5)港口经营人应当依法制定本单位的危险货物事故应急预案、重大生产安全事故的旅客紧急疏散和救援预案以及预防自然灾害预案,并保障组织实施。

(6)港口经营人制定的各项预案应当报送港口行政管理部门和港口所在地海事管理机构备案。

(7)港口经营人从事港口经营业务,应当遵守有关法律、法规和规章的规定,依法履行合同约定的义务,为客户提供公平、良好的服务。

(8)港口经营人应当按照国家有关规定,及时向港口行政管理部门如实提供港口统计资料及有关信息。

2. 港口危险货物管理

港口危险货物安全生产管理坚持安全第一、预防为主、综合治理的方针,强化和落实危险货物港口建设项目的建设单位和港口经营人安全生产主体责任。

新建、改建、扩建储存、装卸危险货物的港口建设项目(以下简称危险货物港口建设项目),应当由港口行政管理部门进行安全条件审查。未通过安全条件审查,危险货物港口建设项目不得开工建设。

危险货物港口经营应符合下列要求:

(1)危险货物港口经营人应当根据《港口危险货物作业附证》上载明的危险货物品名,依据其危险特性,在作业场所设置相应的监测、监控、通风、防晒、调温、防火、灭火、防爆、泄压、防毒、中和、防潮、防雷、防静电、防腐、防泄漏以及防护围堤或者隔离操作等安全设施、设备,并保持正常、正确使用。

(2)危险货物港口经营人应当按照国家标准、行业标准对其危险货物作业场所的安全设施、设备进行经常性维护,并定期进行检测、检验,及时更新不合格的设施、设备,保证正常运转。维护、检测、检验应当做好记录,并由有关人员签字。

(3)危险货物港口经营人应当在其作业场所和安全设施、设备上设置明显的安全警示标志;同时还应当在其作业场所设置通信、报警装置,并保证其处于适用状态。

(4)危险货物专用库场、储罐应当符合国家标准和行业标准,设置明显标志,并依据相关标准定期安全检测维护。

(5)危险货物港口作业使用特种设备的,应当符合国家特种设备管理的有关规定,并按要求进行检验。

(6)危险货物港口经营人使用管道输送危险货物的,应当建立输送管道安全技术档案,具备管道分布图,并对输送管道定期进行检查、检测,设置明显标志。

(7)危险货物港口作业委托人应当向危险货物港口经营人提供委托人身份信息和完整准确的危险货物品名、联合国编号、危险性分类、包装、数量、应急措施及安全技术说明书等资料;危险性质不明的危险货物,应当提供具有相应资质的专业机构出具的危险货物危险特性鉴定技术报告。法律、行政法规规定必须办理有关手续后方可进行水路运输的危险货物,还应当办理相关手续,并向港口经营人提供相关证明材料。危险货物港口作业委托人不得在委托作业的普通货物中夹带危险货物,不得匿报、谎报危险货物。

(8)危险货物港口经营人不得装卸、储存未按《港口危险货物安全管理规定》(交通运输部令 2017 年第 27 号)第三十六条规定提交相关资料的危险货物。对涉嫌在普通货物中夹带危险货物,或者将危险货物匿报或者谎报为普通货物的,所在地港口行政管理部门或者海事管理机构可以依法开拆查验,危险货物港口经营人应当予以配合。港口行政管理部门和海事管理机构应当将查验情况相互通报,避免重复开拆。

(9)发生下列情形之一的,危险货物港口经营人应当及时处理并报告所在地港口行政管理部门:

①发现未申报或者申报不实、申报有误的危险货物;

②在普通货物或者集装箱中发现夹带危险货物;

③在危险货物中发现性质相抵触的危险货物,且不满足国家标准及行业标准中有关积载、隔离、堆码要求。

(10)对涉及船舶航行、作业安全的相关信息,港口行政管理部门应当及时通报所在地海事管理机构。

(11)在港口作业的包装危险货物应当妥善包装,并在外包装上设置相应的标志。包装物、容器的材质以及包装的型式、规格、方法应当与所包装的货物性质、运输装卸要求相适应。材质、型式、规格、方法以及包装标志应当符合我国加入并已生效的有关国际条约、国家标准和相关规定的要求。

(12)危险货物港口经营人应当对危险货物包装和标志进行检查,发现包装和标志不符合国家有关规定的,不得予以作业,并应当及时通知或者退回作业委托人处理。

(13)船舶载运危险货物进出港口,应当按照有关规定向海事管理机构办理申报手续。海事管理机构应当及时将有关申报信息通报所在地港口行政管理部门。

(14)船舶危险货物装卸作业前,危险货物港口经营人应当与作业船舶按照有关规定进行安全检查,确认作业的安全状况和应急措施。

(15)不得在港口装卸国家禁止通过水路运输的危险货物。

(16)在港口内从事危险货物添加抑制剂或者稳定剂作业的单位,作业前应当将有关情况告知相关危险货物港口经营人和作业船舶。

(17)危险货物港口经营人在危险货物港口装卸、过驳作业开始24h前,应当将作业委托人以及危险货物品名、数量、理化性质、作业地点和时间、安全防范措施等事项向所在地港口行政管理部门报告。所在地港口行政管理部门应当在接到报告后24h内作出是否同意作业的决定,通知报告人,并及时将有关信息通报海事管理机构。报告人在取得作业批准后72h内未开始作业的,应当重新报告。未经所在地港口行政管理部门批准的,不得进行危险货物港口作业。时间、内容和方式固定的危险货物港口装卸、过驳作业,经所在地港口行政管理部门同意,可以实行定期申报。

(18)危险货物港口作业应当符合有关安全作业标准、规程和制度,并在具有从业资格的装卸管理人员现场指挥或者监控下进行。

(19)两个以上危险货物港口经营人在同一港口作业区内进行危险货物港口作业,可能危及对方生产安全的,应当签订安全生产管理协议,明确各自的安全生产管理职责和应当采取的安全措施,并指定专职安全生产管理人员进行安全检查与协调。

(20)危险货物港口经营人进行爆炸品、气体、易燃液体、易燃固体、易于自燃的物质、遇水放出易燃气体的物质、氧化性物质、有机过氧化物、毒性物质、感染性物质、放射性物质、腐蚀性物质的港口作业，应当划定作业区域，明确责任人并实行封闭式管理。作业区域应当设置明显标志，禁止无关人员进入和无关船舶停靠。

(21)危险货物应当储存在港区专用的库场、储罐，并由专人负责管理；剧毒化学品以及储存数量构成重大危险源的其他危险货物，应当单独存放，并实行双人收发、双人保管制度。危险货物的储存方式、方法以及储存数量，包括危险货物集装箱直装直取和限时限量存放，应当符合国家标准、行业标准或者国家有关规定。

(22)危险货物港口经营人经营仓储业务的，应当建立危险货物出入库核查、登记制度。

(23)对储存剧毒化学品以及储存数量构成重大危险源的其他危险货物的，危险货物港口经营人应当将其储存数量、储存地点以及管理措施、管理人员等情况，依法报所在地港口行政管理部门和相关部门备案。

(24)危险货物港口经营人应当建立危险货物作业信息系统，实时记录危险货物作业基础数据，包括作业的危险货物种类及数量、储存地点、理化特性、货主信息、安全和应急措施等，并在作业场所外异地备份。有关危险货物作业信息应当按要求及时准确提供相关管理部门。

(25)危险货物港口经营人应当建立安全生产风险预防控制体系，开展安全生产风险辨识、评估，针对不同风险，制定具体的管控措施，落实管控责任。

(26)危险货物港口经营人应当根据有关规定，进行重大危险源辨识，确定重大危险源级别，实施分级管理，并登记建档。危险货物港口经营人应当建立健全重大危险源安全生产管理规章制度，制定实施危险货物重大危险源安全生产管理与监控方案，制定应急预案，告知相关人员在紧急情况下应当采取的应急措施，定期对重大危险源进行安全评估。

(27)危险货物港口经营人应当将本单位的重大危险源及有关安全措施、应急措施依法报送所在地港口行政管理部门和相关部门备案。

(28)危险货物港口经营人应当制定事故隐患排查制度，定期开展事故隐患排查，及时消除隐患，事故隐患排查治理情况应当如实记录，并向从业人员通报。危险货物港口经营人应当将重大事故隐患的排查和处理情况及时向所在地港口行政管理部门备案。

五、公路水运工程建设安全生产管理

(一)安全生产条件

从业单位从事公路水运工程建设活动，应当具备法律、法规、规章和工程建设强制性标准规定的安全生产条件。任何单位和个人不得降低安全生产条件。

施工单位从事公路水运工程建设活动，应当取得安全生产许可证及相应等级的资质证书。施工单位的主要负责人和安全生产管理人员应当经交通运输主管部门对其安全生产知识和管理能力考核合格。

(二)从业人员

施工单位应当设置安全生产管理机构或者配备专职安全生产管理人员。施工单位应当根据工程施工作业特点、安全风险以及施工组织难度，按照年度施工产值配备专职安全生产管理人员，不足5000万元的至少配备1名；5000万元以上不足2亿元的按每5000万元不少于1名的比例配备；2亿元以上的不少于5名，且按专业配备。

施工单位与从业人员订立的劳动合同，应当载明有关保障从业人员劳动安全、防止职业危害等事项。施工单位还应当向从业人员书面告知危险岗位的操作规程。

施工单位应当向作业人员提供符合标准的安全防护用品，监督、教育从业人员按照使用规则佩戴、使用。

从业单位应当依法对从业人员进行安全生产教育和培训。未经安全生产教育和培训合格的从业人员，不得上岗作业。

公路水运工程从业人员中的特种作业人员应当按照国家有关规定取得相应资格，方可上岗作业。

从业单位应当依法参加工伤保险，为从业人员缴纳保险费。鼓励从业单位投保安全生产责任保险和意外伤害保险。

作业人员应当遵守安全施工的规章制度和操作规程，正确使用安全防护用具、机械设备。发现安全事故隐患或者其他不安全因素，应当向现场专（兼）职安全生产管理人员或者本单位项目负责人报告。作业人员有权了解其作业场所和工作岗位存在的风险因素、防范措施及事故应急措施，有权对施工现场存在的安全问题提出检举和控告，有权拒绝违章指挥和强令冒险作业。在施工中发生可能危及人身安全的紧急情况时，作业人员有权立即停止作业或者在采取可能的应急措施后撤离危险区域。

（三）设备设施

施工中使用的施工机械、设施、机具以及安全防护用品、用具和配件等应当具有生产（制造）许可证、产品合格证或者法定检验检测合格证明，并设立专人查验、定期检查和更新，建立相应的资料档案。无查验合格记录的不得投入使用。

特种设备使用单位应当依法取得特种设备使用登记证书，建立特种设备安全技术档案，并将登记标志置于该特种设备的显著位置。

翻模、滑（爬）模等自升式架设设施，以及自行设计、组装或者改装的施工挂（吊）篮、移动模架等设施在投入使用前，施工单位应当组织有关单位进行验收，或者委托具有相应资质的检验检测机构进行验收，验收合格后方可使用。

对严重危及公路水运工程生产安全的工艺、设备和材料，应当依法予以淘汰。交通运输主管部门可以会同安全生产监督管理部门联合制定严重危及公路水运工程施工安全的工艺、设备和材料的淘汰目录并对外公布。

从业单位不得使用已淘汰的危及生产安全的工艺、设备和材料。

（四）安全投入保障

从业单位应当保证本单位所应具备的安全生产条件必需的资金投入。建设单位在编制工程招标文件及项目概预算时，应当确定保障安全作业环境及安全施工措施所需的安全生产费用，并不得低于国家规定的标准。施工单位在工程投标报价中应当包含安全生产费用并单独计提，不得作为竞争性报价。安全生产费用应当经监理工程师审核签认，并经建设单位同意后，在项目建设成本中据实列支，严禁挪用。

（五）施工现场

公路水运工程施工现场的办公、生活区与作业区应当分开设置，并保持安全距离。办公、生活区的选址应当符合安全性要求，严禁在已发现的泥石流影响区、滑坡体等危险区域设置施工驻地。

施工作业区应当根据施工安全风险辨识结果,确定不同风险等级的管理要求,合理布设。在风险等级较高的区域应当设置警戒区和风险告知牌。

施工作业点应当设置明显的安全警示标志,按规定设置安全防护设施。施工便道便桥、临时码头应当满足通行和安全作业要求,施工便桥和临时码头还应当提供临边防护和水上救生等设施。

（六）风险管理

公路水运工程建设应当实施安全生产风险管理,按规定开展设计、施工安全风险评估。设计单位应当依据风险评估结论,对设计方案进行修改完善。

施工单位应当依据风险评估结论,对风险等级较高的分部分项工程编制专项施工方案,并附安全验算结果,经施工单位技术负责人签字后报监理工程师批准执行。必要时,施工单位应当组织专家对专项施工方案进行论证、审核。

（七）应急救援

建设、施工等单位应当针对工程项目特点和风险评估情况分别制定项目综合应急预案、合同段施工专项应急预案和现场处置方案,告知相关人员紧急避险措施,并定期组织演练。

施工单位应当依法建立应急救援组织或者指定工程现场兼职的、具有一定专业能力的应急救援人员,配备必要的应急救援器材、设备和物资,并进行经常性维护。

（八）安全生产责任

从业单位应当建立健全安全生产责任制,明确各岗位的责任人员、责任范围和考核标准等内容。从业单位应当建立相应的机制,加强对安全生产责任制落实情况的监督考核。

建设单位对公路水运工程安全生产负管理责任。依法开展项目安全生产条件审核,按规定组织风险评估和安全生产检查。根据项目风险评估等级,在工程沿线受影响区域作出相应风险提示。

勘察单位应当按照法律、法规、规章、工程建设强制性标准和合同文件进行实地勘察,针对不良地质、特殊性岩土、有毒有害气体等不良情形或者其他可能引发工程生产安全事故的情形加以说明并提出防治建议。勘察单位提交的勘察文件必须真实、准确,满足公路水运工程安全生产的需要。勘察单位及勘察人员对勘察结论负责。

设计单位应当按照法律、法规、规章、工程建设强制性标准和合同文件进行设计,防止因设计不合理导致生产安全事故的发生。

监理单位应当按照法律、法规、规章、工程建设强制性标准和合同文件进行监理,对工程安全生产承担监理责任。

施工单位应当按照法律、法规、规章、工程建设强制性标准和合同文件组织施工,保障项目施工安全生产条件,对施工现场的安全生产负主体责任。施工单位主要负责人依法对项目安全生产工作全面负责。

建设工程实行施工总承包的,由总承包单位对施工现场的安全生产负总责。分包单位应当服从总承包单位的安全生产管理,分包单位不服从管理导致生产安全事故的,由分包单位承担主要责任。施工单位应履行下列安全职责:

(1)施工单位应当书面明确本单位的项目负责人,代表本单位组织实施项目施工生产。

(2)施工单位应当推进本企业承接项目的施工场地布置、现场安全防护、施工工艺操作、施工安全生产管理活动记录等方面的安全生产标准化建设,并加强对安全生产标准化实施情况的自查自纠。

(3)施工单位应当根据施工规模和现场消防重点建立施工现场消防安全责任制度,确定消防安全责任人,制定消防管理制度和操作规程,设置消防通道,配备相应的消防设施、物资和器材。施工单位对施工现场临时用火、用电的重点部位及爆破作业各环节应当加强消防安全检查。

(4)施工单位应当将专业分包单位、劳务合作单位的作业人员及实习人员纳入本单位统一管理。

(5)施工单位应当建立健全安全生产技术分级交底制度,明确安全技术分级交底的原则、内容、方法及确认手续。

(6)施工单位应当按规定开展安全事故隐患排查治理,建立职工参与的工作机制,对隐患排查、登记、治理等全过程闭合管理情况予以记录。事故隐患排查治理情况应当向从业人员通报,重大事故隐患还应当按规定上报和专项治理。

(7)发生生产安全事故,施工单位负责人接到事故报告后,应当迅速组织抢救,减少人员伤亡,防止事故扩大。组织抢救时,应当妥善保护现场,不得故意破坏事故现场、毁灭有关证据。事故调查处置期间,事故发生单位的负责人、项目主要负责人和有关人员应当配合事故调查,不得擅离职守。

第二章　生产经营单位安全生产管理

第一节　安全生产管理的基本内容

安全生产管理主要是通过遵守相关法律法规,建立规章制度,落实主体责任,建立健全安全生产责任制,全员全过程参与,运用各种管理手段,规范生产经营各个环节,避免人的不安全行为、物的不安全状态、作业环境危险有害因素的产生以及安全生产管理缺陷等不安全因素,有效预防安全生产事故的发生,保障人民群众生命健康和财产安全。

一、安全生产法律法规与规章制度管理

1. 安全生产法律法规的识别更新、宣传培训和贯彻落实

生产经营单位应识别获取适用的安全生产法律法规、标准规范,并将法律法规、标准规范进行宣传贯彻和培训教育,遵守法律法规的相关规定规范安全生产管理,提高法律法规的掌握能力和责任意识。

2. 建立健全安全生产责任制

生产经营单位应当建立健全安全生产责任制。《安全生产法》规定,生产经营单位的主要负责人应建立健全本单位安全生产责任制,生产经营单位的安全生产责任制应当明确各岗位的责任人员、责任范围和考核标准等内容。生产经营单位应当建立相应的机制,加强对安全生产责任制落实情况的监督考核,保证安全生产责任制的落实。生产经营单位安全生产责任制应横向到边、纵向到底,以“一岗双责”为核心,覆盖各级部门、基层单位和人员,并逐级签订安全生产责任书,明确安全职责并履行,定期开展对各部门、单位和人员安全生产责任制落实情况的考核,并针对考核情况实施奖惩。

3. 安全生产规章制度的制定和落实

编制有针对性的、适用的安全生产规章制度、操作规程和应急救援预案,将评审发布后的规章制度、操作规程和应急救援预案下发到各基层单位和部门、人员,并对从业人员进行宣传贯彻和培训教育,严格按照各规章制度和规程的要求执行落实。

4. 安全生产档案管理

生产经营单位应完善本单位安全生产档案管理,规范管理各类规章制度、台账、记录和档案资料,档案管理应具有良好的存档、查询、统计、更新机制,文件收发应明确时间、渠道、对象、流程等,并做好收、发文记录。

二、从业人员安全生产管理

1. 主要负责人和安全生产管理人员

生产经营单位的主要负责人是本单位安全生产第一责任人,对本单位安全生产工作全

面负责。《安全生产法》规定,生产经营单位的主要负责人对本单位安全生产工作负有下列职责:

(1)建立健全本单位安全生产责任制;

(2)组织制定本单位安全生产规章制度和操作规程;

(3)组织制定并实施本单位安全生产教育和培训计划;

(4)保证本单位安全生产投入的有效实施;

(5)督促、检查本单位的安全生产工作,及时消除生产安全事故隐患;

(6)组织制定并实施本单位的生产安全事故应急救援预案;

(7)及时、如实报告生产安全事故。

矿山、金属冶炼、建筑施工、道路运输单位和危险物品的生产、经营、储存单位,应当设置安全生产管理机构或者配备专职安全生产管理人员。其他生产经营单位,从业人员超过100人的,应当设置安全生产管理机构或者配备专职安全生产管理人员;从业人员在100人以下的,应当配备专职或者兼职的安全生产管理人员。

《公路水运工程安全生产监督管理办法》(交通运输部令2017年第25号)第十四条规定,施工单位的主要负责人和安全生产管理人员应当经交通运输主管部门对其安全生产知识和管理能力考核合格。施工单位应当设置安全生产管理机构或者配备专职安全生产管理人员。施工单位应当根据工程施工作业特点、安全风险以及施工组织难度,按照年度施工产值配备专职安全生产管理人员,不足5000万元的至少配备1名;5000万元以上不足2亿元的按每5000万元不少于1名的比例配备;2亿元以上的不少于5名,且按专业配备。

《建筑施工企业安全生产管理机构设置及专职安全生产管理人员配备办法》(建质〔2008〕91号)第八条规定,建筑施工企业安全生产管理机构专职安全生产管理人员的配备应满足下列要求,并应根据企业经营规模、设备管理和生产需要予以增加:

(1)建筑施工总承包资质序列企业:特级资质企业不少于6人;一级资质企业不少于4人;二级和二级以下资质企业不少于3人。

(2)建筑施工专业承包资质序列企业:一级资质企业不少于3人;二级和二级以下资质企业不少于2人。

(3)建筑施工劳务分包资质序列企业:不少于2人。

(4)建筑施工企业的分公司、区域公司等较大的分支机构(以下简称分支机构)应依据实际生产情况配备不少于2位专职安全生产管理人员。

《公路水运工程施工企业主要负责人和安全生产管理人员考核管理办法》规定:“施工企业主要负责人是指对本企业生产经营活动、安全生产工作具有决策权的负责人,以及具体分管安全生产工作的负责人、企业技术负责人。施工企业安全生产管理人员是指企业授权的工程项目负责人、具体分管项目安全生产工作的负责人、项目技术负责人;企业或工程项目专职从事安全生产工作的管理人员。”

《道路旅客运输企业安全管理规范》(交运发〔2018〕55号)规定,拥有20辆(含)以上客运车辆的客运企业应当设置安全生产管理机构,配备专职安全管理人员,并提供必要的工作条件。拥有20辆以下客运车辆的客运企业应当配备专职安全管理人员,并提供必要的工作条件。专职安全管理人员配备数量原则上按照以下标准确定：对于300辆(含)以下客运车辆的，按照每30辆车1人的标准配备，最低不少于1人；对于300辆以上客运车辆的，按照每增加100辆增加1人的标准配备。

《安全生产法》规定，生产经营单位的安全生产管理机构以及安全生产管理人员履行下列职责：

(1)组织或者参与拟订本单位安全生产规章制度、操作规程和生产安全事故应急救援预案；

(2)组织或者参与本单位安全生产教育和培训，如实记录安全生产教育和培训情况；

(3)督促落实本单位重大危险源的安全管理措施；

(4)组织或者参与本单位应急救援演练；

(5)检查本单位的安全生产状况，及时排查生产安全事故隐患，提出改进安全生产管理的建议；

(6)制止和纠正违章指挥、强令冒险作业、违反操作规程的行为；

(7)督促落实本单位安全生产整改措施。

《安全生产法》规定，生产经营单位的主要负责人和安全生产管理人员必须具备与本单位所从事的生产经营活动相应的安全生产知识和管理能力。

危险物品的生产、经营、储存单位以及矿山、金属冶炼、建筑施工、道路运输单位的主要负责人和安全生产管理人员，应当由主管的负有安全生产监督管理职责的部门对其安全生产知识和管理能力考核合格。

2. 特种作业人员和特种设备作业人员管理

特种作业，是指容易发生事故，对操作者本人、他人的安全健康及设备、设施的安全可能造成重大危害的作业。特种作业的范围由特种作业目录规定。特种作业人员，是指直接从事特种作业的从业人员。

特种作业人员应当符合下列条件：

(1)年满18周岁，且不超过国家法定退休年龄；

(2)经社区或者县级以上医疗机构体检健康合格，并无妨碍从事相应特种作业的器质性心脏病、癫痫病、美尼尔氏症、眩晕症、癔症、帕金森症、精神病、痴呆症以及其他疾病和生理缺陷；

(3)具有初中及以上文化程度；

(4)具备必要的安全技术知识与技能；

(5)相应特种作业规定的其他条件。

特种作业人员必须经专门的安全技术培训并考核合格，取得《中华人民共和国特种作业操作证》后，方可上岗作业。特种作业人员应当接受与其所从事的特种作业相应的安全技术理论培训和实际操作培训。已经取得职业高中、技工学校及中专以上学历的毕业生从事与其所学专业相应的特种作业，持学历证明经考核发证机关同意，可以免予相关专业的培训。跨省(自治区、直辖市)从业的特种作业人员，可以在户籍所在地或者从业所在地参加培训。

3. 其他从业人员管理

生产经营单位与从业人员订立的劳动合同，应当载明有关保障从业人员劳动安全、防止职业危害的事项，以及依法为从业人员办理工伤保险的事项；生产经营单位不得以任何形式与从业人员订立协议，免除或者减轻其对从业人员因生产安全事故伤亡依法应承担的责任；生产经营单位不得因从业人员对本单位安全生产工作提出批评、检举、控告或者拒绝违章指挥、强令冒险作业而降低其工资、福利等待遇或者解除与其订立的劳动合同。

从业人员有权了解其作业场所和工作岗位存在的危险因素、防范措施及事故应急措施，有权对本单位的安全生产工作提出建议；对本单位安全生产工作中存在的问题提出批评、检举、控告；有权拒绝违章指挥和强令冒险作业。从业人员在作业过程中，应当严格遵守本单位的安全生产规章制度和操作规程，服从管理，正确佩戴和使用劳动防护用品。从业人员应当接受安全生产教育和培训，掌握本职工作所需的安全生产知识，提高安全生产技能，增强事故预防和应急处理能力。从业人员发现事故隐患或者其他不安全因素，应当立即向现场安全生产管理人员或者本单位负责人报告；接到报告的人员应当及时予以处理。

三、安全技术管理

1. 设备设施安全技术管理

设备设施安全技术管理包括生产设备设施、安全设备设施、器具和特种设备的安全技术管理。

生产经营单位应使用安全性能可靠的，满足安全生产条件的设备设施。设备设施进场前应验收合格，安全、技术性能良好，有出厂合格证和检验合格证明。生产经营单位应对设备设施进行定期的检测检验和日常维护和修理，确保设备设施状况良好。

特种设备是指涉及生命安全、危险性较大的锅炉、压力容器（含气瓶，下同）、压力管道、电梯、起重机械、客运索道、大型游乐设施和场（厂）内专用机动车辆。特种设备的使用应严格按照《中华人民共和国特种设备安全法》（以下简称《特种设备安全法》）和《特种设备安全监察条例》的要求进行规范管理。

2. 道路运输车辆技术管理

道路运输车辆包括道路旅客运输车辆、道路普通货物运输车辆、道路危险货物运输车辆。道路运输车辆技术管理，是指对道路运输车辆在保证符合规定的技术条件和按要求进行维护、修理、综合性能检测方面所做的技术性管理。道路运输车辆技术管理应当坚持分类管理、预防为主、安全高效、节能环保的原则。

1）道路运输经营者车辆技术管理要求

（1）禁止使用报废、擅自改装、拼装、检测不合格以及其他不符合国家规定的车辆从事道路运输经营活动。

（2）遵守有关法律法规、标准和规范，认真履行车辆技术管理的主体责任，建立健全管理制度，加强车辆技术管理。

（3）加强车辆维护、使用、安全和节能等方面的业务培训，提升从业人员的业务素质和技能，确保车辆处于良好的技术状况。

（4）根据有关道路运输企业车辆技术管理标准，结合车辆技术状况和运行条件，正确使用车辆。

（5）建立车辆技术档案制度，实行“一车一档”。档案内容应当主要包括车辆基本信息、车辆技术等级评定、客车类型等级评定或者年度类型等级评定复核、车辆维护和修理(含《机动车维修竣工出厂合格证》)、车辆主要零部件更换、车辆变更、行驶里程、对车辆造成损伤的交通事故等记录。档案内容应当准确、翔实。车辆所有权转移、转籍时,车辆技术档案应当随车移交。应当运用信息化技术做好道路运输车辆技术档案管理工作。

2)车辆维护与修理的相关要求

(1)道路运输经营者应当建立车辆维护制度。车辆维护分为日常维护、一级维护和二级维护。日常维护由驾驶员实施,一级维护和二级维护由道路运输经营者组织实施,并做好记录。

(2)道路运输经营者应当依据国家有关标准和车辆维修手册、使用说明书等,结合车辆类别、车辆运行状况、行驶里程、道路条件、使用年限等因素,自行确定车辆维护周期,确保车辆正常维护。车辆维护作业项目应当按照国家关于汽车维护的技术规范要求确定。

(3)道路运输经营者可以对自有车辆进行二级维护作业,保证投入运营的车辆符合技术管理要求,无须进行二级维护竣工质量检测。道路运输经营者不具备二级维护作业能力的,可以委托二类以上机动车维修经营者进行二级维护作业。机动车维修经营者完成二级维护作业后,应当向委托方出具二级维护出厂合格证。

(4)道路运输经营者应当遵循视情修理的原则,根据实际情况对车辆进行及时修理。

(5)道路运输经营者用于运输剧毒化学品、爆炸品的专用车辆及罐式专用车辆(含罐式挂车),应当到具备道路危险货物运输车辆维修资质的企业进行维修。运输剧毒化学品、爆炸品的专用车辆及罐式专用车辆(含罐式挂车)的牵引车和其他运输危险货物的车辆由道路运输经营者消除危险货物的危害后,可以到具备一般车辆维修资质的企业进行维修。

3)道路危险货物运输车辆安全技术管理要求

(1)道路危险货物运输企业或者单位应当按照《道路运输车辆技术管理规定》中有关车辆管理的规定,维护、检测、使用和管理专用车辆,确保专用车辆技术状况良好。

(2)设区的市级道路运输管理机构应当定期对专用车辆进行审验,每年审验一次。审验按照《道路运输车辆技术管理规定》进行,并增加以下审验项目:

①专用车辆投保危险货物承运人责任险情况;

②必需的应急处理器材、安全防护设施设备和专用车辆标志的配备情况;

③具有行驶记录功能的卫星定位装置的配备情况。

(3)禁止使用报废的、擅自改装的、检测不合格的、车辆技术等级达不到一级的和其他不符合国家规定的车辆从事道路危险货物运输。除铰接列车、具有特殊装置的大型物件运输专用车辆外,严禁使用货车列车从事危险货物运输;倾卸式车辆只能运输散装硫黄、萘饼、粗蒽、煤焦沥青等危险货物。禁止使用移动罐体(罐式集装箱除外)从事危险货物运输。

(4)罐式专用车辆的常压罐体应当符合《道路运输液体危险货物罐式车辆　第1部分:金属常压罐体技术要求》(GB 18564.1—2006)、《道路运输液体危险货物罐式车辆　第2部分:非金属常压罐体技术要求》(GB 18564.2—2008)等有关技术要求。使用压力容器运输危险货物的,应当符合国家特种设备安全监督管理部门制定并公布的《移动式压力容器安全技术监察规程》(TSG R0005—2011)等有关技术要求。压力容器和罐式专用车辆应当在质量检验部门出具的压力容器或者罐体检验合格的有效期内承运危险货物。

(5)道路危险货物运输企业或者单位应当到具有污染物处理能力的机构对常压罐体进行清洗(置换)作业,将废气、污水等污染物集中收集,消除污染,不得随意排放,污染环境。

4)客运车辆安全技术管理

(1)企业应当建立客运车辆选用管理制度。企业应当按照相关法规和标准要求,统一选型、统一车身标识、统一购置符合道路旅客运输技术要求的车辆从事运营。鼓励道路旅客运输企业选用安全、节能、环保型客车。

(2)企业不得使用已达到报废标准、检测不合格、非法拼(改)装等不符合运行安全技术条件的客运车辆以及其他不符合国家规定的车辆从事道路旅客运输经营。

(3)拥有20辆(含)以上客运车辆的道路旅客运输企业应当设置车辆技术管理机构,配备专业车辆技术管理人员,提供必要的工作条件。拥有20辆以下客运车辆的企业应当配备专业车辆技术管理人员,提供必要的工作条件。专业车辆技术管理人员原则上按照每50辆车1人的标准配备,最低不少于1人。

(4)企业应当建立客运车辆技术档案管理制度。按照规定建立客运车辆技术档案,实行"一车一档",实现车辆从购置到退出运输市场的全过程管理。客运车辆技术档案应当包括车辆基本信息,车辆技术等级评定、客车类型等级评定或者年度类型等级评定复核、车辆维护和修理(含《机动车维修竣工出厂合格证》)、车辆主要零部件更换、车辆变更、行驶里程、对车辆造成损伤的交通事故等。客运企业应当逐步建立客运车辆技术信息化管理系统,完善对客运车辆的技术管理。

(5)企业应当建立客运车辆维护制度。企业应当依据国家有关标准和车辆维修手册、使用说明书等,结合车辆运行状况、行驶里程、道路条件、使用年限等因素,科学合理制定客运车辆维护计划,保证客运车辆按照有关规定、技术规范以及企业的相关规定进行维护。客运车辆日常维护由客运驾驶员实施,一级维护和二级维护由客运企业按照相关规定组织实施,并做好记录。

(6)企业应当建立客运车辆技术状况检查制度。应当配合客运站做好车辆安全例检,对未按规定进行安全例检或安全例检不合格的车辆不得安排运输任务。对于不在客运站进行安全例检的客运车辆,企业应当安排专业技术人员在每日出车前或收车后按照相关规定对客运车辆的技术状况进行检查。对于一个趟次超过1日的运输任务,途中的车辆技术状况检查由客运驾驶员具体实施。

(7)企业应主动排查并及时消除车辆安全隐患,每月检查车内安全带、应急锤、灭火器、三角警告牌以及应急门、应急窗、安全顶窗的开启装置等是否齐全、有效,安全出口通道是否畅通,确保客运车辆应急装置和安全设施处于良好的技术状况。

(8)企业应当按照有关规定建立车辆安全技术状况检测和年度审验、检验制度。严格执行道路运输车辆安全技术状况检验、综合性能检测和技术等级评定制度,确保车辆符合安全技术条件。逾期未年审、年检或年审、年检不合格的车辆禁止从事道路旅客运输经营。

(9)企业应当建立客运车辆改型和报废管理制度。客运车辆改型与报废应当严格执行国家有关规定。对达到国家报废标准或者检测不符合国家强制性要求的客运车辆,不得继续从事客运经营。企业应当按规定将报废车辆交售给机动车回收企业,并及时办理车辆注销登记。车辆报废相关材料应至少保存 24 个月。

3. 电气安全管理

生产经营单位应对电气安全进行严格管理,建立完善的电气安全管理制度和相应的操作规范。电气作业应严格按照操作规程执行。电工必须取得操作资格证方可上岗作业,并严格遵守特种作业相关规定。对电气工作人员应定期进行安全技术培训、考核。新从事电气工作的工人、工程技术人员和管理员都必须进行三级安全教育和电气安全技术培训,见习或学徒期满,经考试合格发给操作证后才能操作。电气设施应有可靠的接地、过电压保护和防雷装置。施工现场的临时用电应严格按照《施工现场临时用电安全技术规范》(JGJ 46—2005)的要求实施电气管理。施工现场临时用电应符合下列要求:

(1)严禁非电工作业人员私自乱拉、乱接电线。挪动电箱、电气设备时必须有且至少有一名电工在场。

(2)施工现场内的所有电器设备的金属外壳必须与专用保护零线连接。

(3)保护零线应单独敷设,不作他用。重复接地线应与保护零线相连接。与电气设备相连接的保护零线应为截面不小于 2.5mm^2 的绝缘多股铜线。保护零线的统一标志为绿/黄双色线。任何情况下不准使用绿/黄双色线做负荷线。

(4)正常情况下,电机、变压器、电器、照明器具、手持电动工具的金属外壳,电气设备传动装置的金属外壳,配电柜的金属外壳等电气设备不带电的外露导电部分,应做保护接零。

(5)发电机、柴油空压机的排烟管道必须伸出室外,发电机、柴油空压机及其控制配电室内严禁存放油桶。

(6)架空线必须采用绝缘铜线或绝缘铝线。

(7)架空线必须设在专用电杆上,严禁架设在树木、脚手架上。

(8)电缆干线应采用埋地或架空敷设,严禁沿地面明设,并应避免机械损伤和介质腐蚀。

(9)橡皮电缆架空敷设时,应沿墙壁或电杆设置,并用绝缘子固定,严禁使用金属裸线作绑线。固定点间距应保证橡皮电缆能承受自重所带来的荷载。橡皮电缆的最大弧垂距地不得小于 2.5m。

(10)潮湿场所或埋地非电缆配线必须穿管敷设,管口应密封。采用金属管敷设时必须作保护接零。

(11)动力配电箱与照明配电箱宜分别设置,如设置在同一配电箱内,动力和照明线路应分路设置。

(12)配电箱、开关箱应装设端正、牢固、移动式配电箱、开关箱应装设在坚固的支架上。

(13)配电箱、开关箱必须防雨、防尘。箱内的电器必须可靠完好,不准使用破损、不合格的电器。

(14)每台用电设备应有各自专用的开关箱,必须实行“一机一闸”制,严禁用同一个开关电器直接控制两台及两台以上用电设备(含插座)。

(15)开关箱内的漏电保护器其额定漏电动作电流应不大于 30mA,额定漏电动作时间应小于0.1s。使用于水泵等潮湿场所的漏电开关,其额定动作电流应不大于15mA,额定漏电动作时间应小于0.1s。

(16)手动开关电器只许用于直接控制照明电路和容量不大于5.5kW的动力电路。容量大于5.5kW的动力电路应采用自动开关电器或降压起动装置控制。

(17)配电箱、开关箱中导线的进线口和出线口应设在箱体的下底面,严禁设在箱体的上顶面、侧面、后面或箱门处。移动式配电箱和开关箱的进、出线必须采用橡皮绝缘电缆。

(18)进入开关箱的电源线,严禁用插销连接。

(19)所有配电箱均应标明其名称、用途,并做出分路标记。

(20)所有配电箱门应配锁,配电箱和开关箱应由专人负责。

(21)所有配电箱、开关箱应每月进行检查和维修一次。检查、维修人员必须是专业电工。检查、维修时必须按规定穿、戴绝缘鞋、手套,必须使用电工绝缘工具。

(22)对配电箱、开关箱进行检查、维修时,必须将其前一级相应的电源开关分闸断电,并悬挂停电标志牌,严禁带电作业。

(23)施工现场停止作业1h以上时,应将动力开关箱断电上锁。

(24)配电箱、开关箱内不得放置任何杂物,并应经常保持整洁。

(25)配电箱、开关箱内不得挂接其他临时用电设备。

(26)熔断器的熔体更换时,严禁用不符合原规格的熔体代替。

(27)配电箱、开关箱的进线和出线不得承受外力。严禁与金属尖锐断口和强腐蚀介质接触。

(28)现场照明禁止使用碘钨灯,现场选用额定电压为220V的照明器。

4.现场作业管理

现场作业管理包括现场作业人员管理、危险作业管理和特种作业管理,现场作业人员应严格按照操作规程规范作业,严禁“三违”行为。危险作业包括高处作业、受限空间作业、低压带电作业、动火作业、吊装作业、动土作业等,危险作业管理应实行作业许可制度,实施危险作业前应进行危险作业审批,办理审批手续,经批准后方可作业。危险作业现场应有专人负责监督,确保安全防护措施落实到位。

特种作业包括电工作业、焊接与热切割作业、高处作业、制冷与空调作业、煤矿安全作业、金属非金属矿山安全作业、石油天然气安全作业、冶金(有色)生产安全作业、危险化学品安全作业、烟花爆竹安全作业、工地升降货梯升降作业、应急管理部认定的其他作业。生产经营单位的特种作业人员必须按照国家有关规定经专门的安全作业培训,取得相应资格,方可上岗作业。特种作业人员必须接受与本工种相适应的、专门的安全技术培训、经安全技术理论考核和实际操作技能考核合格,取得特种作业操作证后,方可上岗作业;未经培训,或培训考核不合格者,不得上岗作业。

四、安全生产措施管理

1.安全生产目标管理

安全生产目标是企业为实现其安全生产使命所确定的行动方向和标准。安全生产目标能够使各级领导及从业人员明确要重点防范的生产安全事故或安全生产工作的努力方向,有利于统一思想、统一调动各类资源，同时也是企业向社会及从业人员作出的承诺，是社会责任的一种重要体现。企业根据自身安全生产实际，制定包括防止事故灾害和财产损失、保障人身安全与健康、保证生产安全运行的总体目标、中长期目标和年度目标。企业制定安全生产目标时必须关注三点：一是明确企业安全目标的来源和作用；二是构建一个树状结构的安全目标体系，它应包括企业层面的结果、导向型目标、要素层面的结果，并构建出一个企业的安全目标体系；三是建立较为完善的安全目标管理制度。

安全生产目标制定要做到以下五点：一是要突出重点，分清主次，不能平均分配、面面俱到。安全生产目标应突出重大事故、负伤频率、施工环境标准合格率等方面指标，同时注意次要目标对重点目标的有效配合。二是要具有先进性，即目标的适用性和挑战性，制定的目标一般略高于实施者的能力和水平。三是要使目标的预期结果做到具体化、定量化、数据化，如负伤率比去年降低百分之几，以利于进行同期比较，易于检查和评价。四是要有综合性，制定的企业安全生产管理目标，既要保证上级下达指标的完成，又要考虑企业各部门、各项目部及每个职工的承担工作内容。五是要坚持安全目标与保证目标实现措施的统一，在制定目标时必须有保证目标实现的措施，使措施为目标服务，以利于目标的实现。

2. 安全生产责任体系保障

《安全生产法》规定，应强化和落实生产经营单位的主体责任，生产经营单位的主要负责人应建立、健全本单位安全生产责任制，安全生产责任制应当明确各岗位的责任人员、责任范围和考核标准等内容，应当建立相应的机制，加强对安全生产责任制落实情况的监督考核，保证安全生产责任制的落实。安全生产工作应“全员参与，人人有责”，以“一岗双责”为核心，建立安全生产责任体系，明确各部门和岗位安全生产职责，以逐级签订安全生产责任书的形式，要求各岗位从业人员履行本岗位安全职责，并建立监督考核机制，对各岗位安全职责落实情况进行考核，并落实奖惩。通过落实安全生产责任制，使全员参与安全生产工作，各项安全职责落实到位，从而规范安全生产作业行为，提高安全生产管理水平，保障安全生产经营。

3. 安全生产经费投入保障

安全生产管理需足够的安全生产经费投入的保障，例如开展安全生产检查，安全生产培训教育，安全生产防护设备设施的购买、维护和检修，特种设备的检测，开展应急预案演练等均需投入安全生产费用。企业应严格按照《企业安全生产费用提取和使用管理办法》（财企〔2012〕16 号）的要求，足额提取本单位安全生产经费，并按规定将安全生产经费专项用于安全生产，专款专用，不得违规使用或挪作他用。安全生产经费应及时投入和使用，以确保满足和改善本单位安全生产条件。应建立安全生产经费使用的监督机制，定期对安全生产经费的使用情况进行监督核查，确保专款专用，无违规使用情况。

4. 安全生产培训教育管理

安全生产管理和核心是人的管理，企业安全生产管理重点是对从业人员管理，从业人员的安全生产知识水平、作业技能和个人素质能力等方面是影响本单位安全生产管理的重要因素。因此，开展安全生产培训教育，提高从业人员的安全生产知识能力和素质，是提高安全生产管理水平的一项重要措施。

《安全生产法》第二十五条规定："生产经营单位应当对从业人员进行安全生产教育和培训,保证从业人员具备必要的安全生产知识,熟悉有关的安全生产规章制度和安全操作规程,掌握本岗位的安全操作技能,了解事故应急处理措施,知悉自身在安全生产方面的权利和义务。未经安全生产教育和培训合格的从业人员,不得上岗作业。生产经营单位使用被派遣劳动者的,应当将被派遣劳动者纳入本单位从业人员统一管理,对被派遣劳动者进行岗位安全操作规程和安全操作技能的教育和培训。劳务派遣单位应当对被派遣劳动者进行必要的安全生产教育和培训。生产经营单位接收中等职业学校、高等学校学生实习的,应当对实习学生进行相应的安全生产教育和培训,提供必要的劳动防护用品。学校应当协助生产经营单位对实习学生进行安全生产教育和培训。生产经营单位应当建立安全生产教育和培训档案,如实记录安全生产教育和培训的时间、内容、参加人员以及考核结果等情况。"《安全生产法》第五十五条规定："从业人员应当接受安全生产教育和培训,掌握本职工作所需的安全生产知识,提高安全生产技能,增强事故预防和应急处理能力。"

5. 安全生产风险管控

安全生产风险管控是从源头上将可能导致事故发生的危险有害因素和风险进行管控,将其消除或控制在可接受的范围内。《公路水路行业安全生产风险管理暂行办法》(交安监发〔2017〕60 号)规定："生产经营单位应针对本单位生产经营活动范围及其生产经营环节,按照相关法规标准要求,编制风险辨识手册,明确风险辨识范围、方式和程序。生产经营单位安全生产风险辨识分为全面辨识和专项辨识。"全面辨识是生产经营单位为全面掌握地本单位安全生产风险,全面、系统对本单位生产经营活动开展的风险辨识;专项辨识是生产经营单位为及时掌握本单位重点业务、工作环节或重点部位、管理对象的安全生产风险,对本单位生产经营活动范围内部分领域开展的安全生产风险辨识。生产经营单位应依据风险的等级、性质等因素,科学制定管控措施。生产经营单位应严格落实风险管控措施,保障必要的投入,将风险控制在可接受范围内。

6. 安全生产隐患排查治理

安全生产隐患排查治理是最直接有效的安全生产管理措施,安全生产事故的发生,是由于存在安全生产隐患,且未得到有效的治理和消除,在一定的危险环境条件下,引发事故的发生。《公路水路行业安全生产隐患治理暂行办法》(交安监发〔2017〕60 号)规定："生产经营单位是隐患治理的责任主体,生产经营单位主要负责人对本单位隐患治理工作全面负责,应当部署、督促、检查本单位或本单位职责范围内的隐患治理工作,及时消除隐患。生产经营单位应当建立健全隐患排查、告知(预警)、整改、评估验收、报备、奖惩考核、建档等制度,逐级明确隐患治理责任,落实到具体岗位和人员。生产经营单位应当保障隐患治理投入,做到责任、措施、资金、时限、预案'五到位'。生产经营单位应当建立隐患日常排查、定期排查和专项排查工作机制,明确隐患排查的责任部门和人员、排查范围、程序、频次、统计分析、效果评价和评估改进等要求,及时发现并消除隐患。生产经营单位应指定专门机构负责本单位安全生产隐患治理工作,定期检查本单位的安全生产状况,及时组织排查隐患,提出改进安全生产管理的建议。从业人员发现隐患,应当立即向现场安全生产管理人员或者本单位负责人报告;接到报告的人员应当及时予以处理。生产经营单位应对排查出的隐患立即组织整改,隐患整改情况应当依法如实记录,并向从业人员通报。一般隐患整改完成后,应由生产经营单位组织验收,出具整改验收结论,并由验收主要负责人签字确认。生产经营单位在隐患整改过程中,应当采取相应的安全防范措施,防范发生安全生产事故。”

第二节　安全生产法律法规体系

一、法的概念和特征

1. 法的概念

法有狭义和广义之分,从广义上讲,国家按照统治阶级利益和意志制定或者认可的,并由国家强制力保证其实施的行为规范的总和即为法;而狭义上的法,包括宪法、法律、行政法规、地方性法规、行政规章等各种成文法在内具体的法律规范。

2. 法的本质

法的最本质的属性是统治阶级的意志,而不是任何个人的意志,更不是超阶级的共同意志。统治阶级的意志决定于统治阶级的物质生活条件,这种物质生活条件构成法的基础。法作为统治阶级的意志可以体现在3个方面:

(1)意志内容的一般性;

(2)意志内容的客观性;

(3)意志内容的统一性。

3. 法的特征

法所表现的意志首先是一种社会意识形态,但又不单纯是意识形态,而是一种社会规范。它为人们规定一定的行为规则,指示人们在特定的条件下可以做什么,必须做什么,禁止做什么,即规定人们享有的权利和应当履行的义务,从而调整人们在社会生活中的相互关系。法作为一种社会规范,在其发生作用的范围内具有普遍性、稳定性和约束力。社会规范很多,诸如道德、风俗习惯、宗教教规,以及各种社会团体的规章等。法与上述社会规范不同,法是一种特殊的社会规范,这表现在法具有如下特征:

(1)法是由特定的国家机关制定的;

(2)法是依照特定的程序制定的;

(3)法具有国家强制性;

(4)法是调整人们行为的社会规范。

二、安全生产法律法规体系

我国安全生产法律法规体系,是指我国全部现行的、不同的安全生产法律规范形成的有机联系的统一整体,是国家法律法规体系的一部分。按照其法律地位和法律效力的层级不同,划分为安全生产法律、安全生产法规、安全生产规章以及安全生产标准,如图2-1所示。

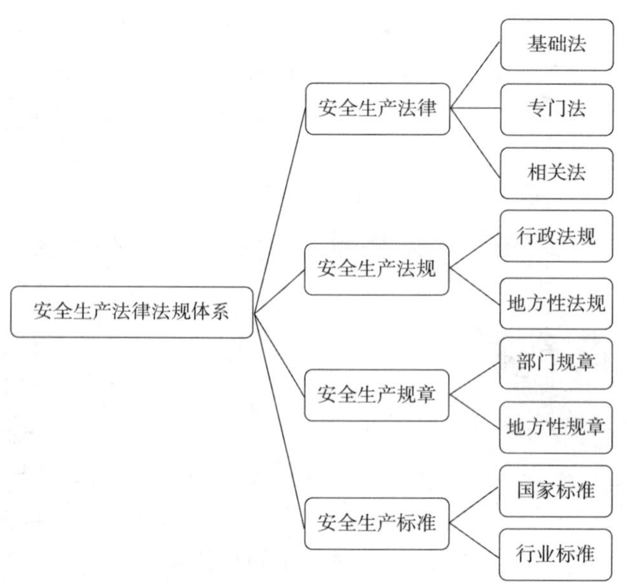

图 2-1　安全生产法律法规体系

1. 安全生产法律

安全生产法律特指由全国人民代表大会及其常务委员会依照一定的立法程序制定和颁布的规范性文件。我国安全生产法律包括基础法律、专门法律和相关法律等。

(1)基础法。

《安全生产法》是综合安全生产法律制度的法律,属于基础法,它适用于与生产经营活动安全有关的所有行为、单位、部门,是我国安全生产法律体系的核心。

(2)专门法。

专门的安全生产法律是规范某一专业领域生产法律制度的法律,我国在专业领域的法律有《中华人民共和国道路交通安全法》《中华人民共和国消防法》《中华人民共和国特种设备安全法》等。

(3)相关法。

与安全生产相关的法律是指安全生产专门法律以外的其他法律中涵盖有安全生产内容的法律,如《中华人民共和国劳动法》(以下简称《劳动法》)、《中华人民共和国工会法》等。

2. 安全生产法规

我国现行的法规分为行政法规和地方性法规。

(1)行政法规。

安全生产行政法规是有国务院组织制定并批准公布的,是为实施安全生产法律或规范安全生产监督管理制度而制定并颁布的一系列具体规定,是实施安全生产监督管理和监察工作的重要依据。安全生产行政法规有《中华人民共和国道路运输条例》《生产安全事故报告和调查处理条例》等。

(2)地方性法规。

安全生产地方性法规是指由有立法权的地方权力机关——各省(自治区、直辖市)人民代表大会及其常务委员会依照法定职权和程序制定和颁布的、实行于本行政区域的规范性文件。各省(自治区、直辖市)人民代表大会及常委会通过的安全生产条例等有关国家法律法规的实施办法、条例等均属于安全生产地方性法规。

3. 安全生产规章

(1)部门规章。

安全生产部门规章是指国务院的部、委员会和直属机构依照法律、行政法规或者国务院授权指定的在全国范围内实施安全生产行政管理的规范性文件,如《道路运输从业人员管理规定》(交通运输部令 2016 年第 52 号)、《交通运输突发事件应急管理规定》(交通运输部令 2011 年第 9 号)、《道路旅客运输及客运站管理规定》(交通运输部令 2016 年第 82 号)等。

(2)地方性规章。

安全生产地方性规章是由省(自治区、直辖市)较大的市(省、自治区政府所在地的市、经济特区政府所在地的市和经国务院批准的较大的市)的人民政府根据法律、行政法规和本省(自治区、直辖市)的地方性法规制定的规章。

4. 安全生产标准

安全生产标准是围绕如何消除、限制或预防劳动过程中的危险和有害因素,保护职工安全与健康,保障设备、生产正常运行而制定的统一规定。依据《中华人民共和国标准化法》的规定,标准的层次依次为:国家标准、行业标准、地方标准、企业标准,列入安全生产法律体系的主要是指国家标准和行业标准,国家标准、行业标准又分为强制性标准和推荐性标准。

5. 安全生产法律法规的法律效力及相互关系

(1)安全生产法律的地位和效力次于宪法,其规定不得同宪法相抵触。安全生产法律效力高于行政法规、地方性法规和行政规章。

(2)行政法规的法律地位和法律效力次于宪法和法律,但高于地方性法规、行政规章。行政法规在中华人民共和国领域内具有约束力,这种约束力体现在两个方面:一是约束国家行政机关自身的效力;二是具有约束行政管理相对人的效力。

(3)地方性法规的法律效力高于本级和下级地方政府规章。地方性法规与部门规章之间对同一事项的规定不一致,不能确定如何适用时,由国务院提出意见,国务院认为应当适用地方性法规的,应当决定在该地方适用地方性法规的规定;认为应当适用部门规章的,应当提请全国人民代表大会常务委员会裁决。

(4)部门规章之间、部门规章与地方政府规章之间具有同等效力,在各自的权限范围内施行。部门规章之间、部门规章与地方政府规章之间对同一事项的规定不一致时,由国务院裁决。

(5)同一机关制定的法律、行政法规、地方性法规、自治条例和单行条例、规章,特别规定与一般规定不一致的,适用于特别规定;新规定与旧规定不一致的,适用于新规定。

第三节　安全生产法律责任

一、安全生产法律责任的形式

追究安全生产违法行为法律责任的形式有 3 种,即追究行政责任、民事责任和刑事责任。在现行有关安全生产的法律、行政法规中,《安全生产法》采用的法律责任形式最全,设定的处罚种类最多,实施处罚的力度(罚款幅度除外)最大。

二、安全生产违法行为的责任主体

安全生产违法行为的责任主体,是指依照《安全生产法》的规定享有安全生产权利、负有安全生产义务和承担法律责任的社会组织和公民,责任主体主要包括4种。

1. 有关人民政府和负有安全生产监督管理职责的部门及其领导人、负责人

《安全生产法》明确规定了负有安全生产监督管理职责的部门的工作人员,有下列行为之一的,给予降级或者撤职的处分;构成犯罪的,依照《中华人民共和国刑法》(以下简称《刑法》)有关规定追究刑事责任:

(1)对不符合法定安全生产条件的涉及安全生产的事项予以批准或者验收通过的;

(2)发现未依法取得批准、验收的单位擅自从事有关活动或者接到举报后不予取缔或者不依法予以处理的;

(3)对已经依法取得批准的单位不履行监督管理职责,发现其不再具备安全生产条件而不撤销原批准或者发现安全生产违法行为不予查处的;

(4)在监督检查中发现重大事故隐患,不依法及时处理的。

负有安全生产监督管理职责的部门的工作人员有前款规定以外的滥用职权、玩忽职守、徇私舞弊行为的,依法给予处分;构成犯罪的,依照《刑法》有关规定追究刑事责任。

负有安全生产监督管理职责的部门,要求被审查、验收的单位购买其指定的安全设备、器材或者其他产品的,在对安全生产事项的审查、验收中收取费用的,由其上级机关或者监察机关责令改正,责令退还收取的费用;情节严重的,对直接负责的主管人员和其他直接责任人员依法给予处分。

2. 生产经营单位及其主要负责人、管理人员

《安全生产法》对生产经营单位及其主要负责人、管理人员的法律责任作出了相关规定,详见表2-1。

生产经营单位及其主要负责人和管理人员法律责任 表2-1

条　款	处罚内容
第九十二条	生产经营单位的主要负责人未履行本法规定的安全生产管理职责,导致发生生产安全事故的,由安全生产监督管理部门依照下列规定处以罚款: (1)发生一般事故的,处上一年年收入30%的罚款; (2)发生较大事故的,处上一年年收入40%的罚款; (3)发生重大事故的,处上一年年收入60%的罚款; (4)发生特别重大事故的,处上一年年收入80%的罚款
第九十三条	生产经营单位的安全生产管理人员未履行本法规定的安全生产管理职责的,责令限期改正;导致发生生产安全事故的,暂停或者撤销其与安全生产有关的资格;构成犯罪的,依照《刑法》有关规定追究刑事责任

续上表

条　　款	处罚内容
第九十四条	生产经营单位有下列行为之一的，责令限期改正，可以处5万元以下的罚款；逾期未改正的，责令停产停业整顿，并处5万元以上10万元以下的罚款，对其直接负责的主管人员和其他直接责任人员处1万元以上2万元以下的罚款： (1)未按照规定设置安全生产管理机构或者配备安全生产管理人员的； (2)危险物品的生产、经营、储存单位以及矿山、金属冶炼、建筑施工、道路运输单位的主要负责人和安全生产管理人员未按照规定经考核合格的； (3)未按照规定对从业人员、被派遣劳动者、实习学生进行安全生产教育和培训，或者未按照规定如实告知有关的安全生产事项的； (4)未如实记录安全生产教育和培训情况的； (5)未将事故隐患排查治理情况如实记录或者未向从业人员通报的； (6)未按照规定制定生产安全事故应急救援预案或者未定期组织演练的； (7)特种作业人员未按照规定经专门的安全作业培训并取得相应资格，上岗作业的
第九十五条	生产经营单位有下列行为之一的，责令停止建设或者停产停业整顿，限期改正；逾期未改正的，处50万元以上100万元以下的罚款，对其直接负责的主管人员和其他直接责任人员处2万元以上5万元以下的罚款；构成犯罪的，依照《刑法》有关规定追究刑事责任： (1)未按照规定对矿山、金属冶炼建设项目或者用于生产、储存、装卸危险物品的建设项目进行风险评价的； (2)矿山、金属冶炼建设项目或者用于生产、储存、装卸危险物品的建设项目没有安全设施设计或者安全设施设计未按照规定报经有关部门审查同意的； (3)矿山、金属冶炼建设项目或者用于生产、储存、装卸危险物品的建设项目的施工单位未按照批准的安全设施设计施工的； (4)矿山、金属冶炼建设项目或者用于生产、储存危险物品的建设项目竣工投入生产或者使用前，安全设施未经验收合格的
第九十六条	生产经营单位有下列行为之一的，责令限期改正，可以处5万元以下的罚款；逾期未改正的，处5万元以上20万元以下的罚款，对其直接负责的主管人员和其他直接责任人员处1万元以上2万元以下的罚款；情节严重的，责令停产停业整顿；构成犯罪的，依照刑法有关规定追究刑事责任： (1)未在有较大危险因素的生产经营场所和有关设施、设备上设置明显的安全警示标志的； (2)安全设备的安装、使用、检测、改造和报废不符合国家标准或者行业标准的； (3)未对安全设备进行经常性维护、保养和定期检测的； (4)未为从业人员提供符合国家标准或者行业标准的劳动防护用品的； (5)危险物品的容器、运输工具，以及涉及人身安全、危险性较大的海洋石油开采特种设备和矿山井下特种设备未经具有专业资质的机构检测、检验合格，取得安全使用证或者安全标志，投入使用的； (6)使用应当淘汰的危及生产安全的工艺、设备的

续上表

条　款	处罚内容
第九十七条	未经依法批准，擅自生产、经营、运输、储存、使用危险物品或者处置废弃危险物品的，依照有关危险物品安全生产管理的法律、行政法规的规定予以处罚；构成犯罪的，依照《刑法》有关规定追究刑事责任
第九十八条	生产经营单位有下列行为之一的，责令限期改正，可以处10万元以下的罚款；逾期未改正的，责令停产停业整顿，并处10万元以上20万元以下的罚款，对其直接负责的主管人员和其他直接责任人员处2万元以上5万元以下的罚款；构成犯罪的，依照《刑法》有关规定追究刑事责任： (1)生产、经营、运输、储存、使用危险物品或者处置废弃危险物品，未建立专门安全生产管理制度、未采取可靠的安全措施的； (2)对重大危险源未登记建档，或者未进行评估、监控，或者未制定应急预案的； (3)进行爆破、吊装以及国务院安全生产监督管理部门会同国务院有关部门规定的其他危险作业，未安排专门人员进行现场安全生产管理的； (4)未建立事故隐患排查治理制度的
第九十九条	生产经营单位未采取措施消除事故隐患的，责令立即消除或者限期消除；生产经营单位拒不执行的，责令停产停业整顿，并处10万元以上50万元以下的罚款，对其直接负责的主管人员和其他直接责任人员处2万元以上5万元以下的罚款
第一百条	生产经营单位将生产经营项目、场所、设备发包或者出租给不具备安全生产条件或者相应资质的单位或者个人的，责令限期改正，没收违法所得；违法所得10万元以上的，并处违法所得2倍以上5倍以下的罚款；没有违法所得或者违法所得不足10万元的，单处或者并处10万元以上20万元以下的罚款；对其直接负责的主管人员和其他直接责任人员处1万元以上2万元以下的罚款；导致发生生产安全事故给他人造成损害的，与承包方、承租方承担连带赔偿责任。生产经营单位未与承包单位、承租单位签订专门的安全生产管理协议或者未在承包合同、租赁合同中明确各自的安全生产管理职责，或者未对承包单位、承租单位的安全生产统一协调、管理的，责令限期改正，可以处5万元以下的罚款，对其直接负责的主管人员和其他直接责任人员可以处1万元以下的罚款；逾期未改正的，责令停产停业整顿
第一百零一条	两个以上生产经营单位在同一作业区域内进行可能危及对方安全生产的生产经营活动，未签订安全生产管理协议或者未指定专职安全生产管理人员进行安全检查与协调的，责令限期改正，可以处5万元以下的罚款，对其直接负责的主管人员和其他直接责任人员可以处1万元以下的罚款；逾期未改正的，责令停产停业
第一百零二条	生产经营单位有下列行为之一的，责令限期改正，可以处5万元以下的罚款，对其直接负责的主管人员和其他直接责任人员可以处1万元以下的罚款；逾期未改正的，责令停产停业整顿；构成犯罪的，依照《刑法》有关规定追究刑事责任： (1)生产、经营、储存、使用危险物品的车间、商店、仓库与员工宿舍在同一座建筑内，或者与员工宿舍的距离不符合安全要求的； (2)生产经营场所和员工宿舍未设有符合紧急疏散需要、标志明显、保持畅通的出口，或者锁闭、封堵生产经营场所或者员工宿舍出口的

续上表

条　款	处罚内容
第一百零五条	违反《安全生产法》规定，生产经营单位拒绝、阻碍负有安全生产监督管理职责的部门依法实施监督检查的，责令改正；拒不改正的，处2万元以上20万元以下的罚款；对其直接负责的主管人员和其他直接责任人员处1万元以上2万元以下的罚款；构成犯罪的，依照《刑法》有关规定追究刑事责任
第一百零六条	生产经营单位的主要负责人在本单位发生生产安全事故时，不立即组织抢救或者在事故调查处理期间擅离职守或者逃匿的，给予降级、撤职的处分，并由安全生产监督管理部门处上一年年收入60%～100%的罚款；对逃匿的处15日以下拘留；构成犯罪的，依照《刑法》有关规定追究刑事责任。 生产经营单位的主要负责人对生产安全事故隐瞒不报、谎报或者迟报的，依照前款规定处罚

3. 生产经营单位的从业人员

《安全生产法》对生产经营单位从业人员的法律责任规定见表2-2。

从业人员相关法律责任　　表2-2

条　款	处罚内容
第一百零三条	生产经营单位与从业人员订立协议，免除或者减轻其对从业人员因生产安全事故伤亡依法应承担的责任的，该协议无效；对生产经营单位的主要负责人、个人经营的投资人处2万元以上10万元以下的罚款
第一百零四条	生产经营单位的从业人员不服从管理，违反安全生产规章制度或者操作规程的，由生产经营单位给予批评教育，依照有关规章制度给予处分；构成犯罪的，依照《刑法》有关规定追究刑事责任

三、安全生产违法行为行政处罚的决定机关

《安全生产法》规定的行政执法主体有4种。

1. 县级以上人民政府负责安全生产监督管理职责的部门

《安全生产法》规定的“负责安全生产监督管理职责的部门”，专指县级以上人民政府安全生产监督管理部门。

2. 县级以上人民政府

《安全生产法》针对不具备本法和其他法律、行政法规和国家标准或行业标准，经停产整顿仍不具备安全生产条件的生产经营单位，规定由负责安全生产监督管理的部门报请县级以上人民政府按照国务院规定的权限决定予以关闭。

3. 公安机关

拘留是限制人身自由的行政处罚，由公安机关实施。为了保证对限制人身自由行政处罚执法主体的一致性，《安全生产法》第一百一十条规定：“给予拘留的行政处罚由公安机关依照治安管理处罚条例的规定决定。”对违反《安全生产法》有关规定需要予以拘留的，除公安机关以外的其他部门、单位和公民，都无权擅自实施。

4. 法定的其他行政机关

《安全生产法》第一百一十条规定：“本法规定的行政处罚，由安全生产监督管理部门和其他负有安全生产监督管理职责的部门按照职责分工决定。予以关闭的行政处罚由负有安

全生产监督管理职责的部门报请县级以上人民政府按照国务院规定的权限决定；给予拘留的行政处罚由公安机关依照治安管理处罚法的规定决定。”第一百一十一条规定：“生产经营单位发生生产安全事故造成人员伤亡、他人财产损失的，应当依法承担赔偿责任；拒不承担或者其负责人逃匿的，由人民法院依法强制执行。生产安全事故的责任人未依法承担赔偿责任，经人民法院依法采取执行措施后，仍不能对受害人给予足额赔偿的，应当继续履行赔偿义务；受害人发现责任人有其他财产的，可以随时请求人民法院执行。”

四、生产经营单位的安全生产违法行为

《安全生产法》规定追究生产经营单位法律责任的安全生产违法行为有如下42类：

(1)生产经营单位的决策机构、主要负责人或者个人经营的投资人不依照本法规定保证安全生产所必需的资金投入，致使生产经营单位不具备安全生产条件的。

(2)生产经营单位的主要负责人未履行本法规定的安全生产管理职责的。

(3)生产经营单位的主要负责人未履行本法规定的安全生产管理职责，导致发生生产安全事故的。

(4)生产经营单位的安全生产管理人员未履行本法规定的安全生产管理职责的，责令限期改正；导致发生生产安全事故的，暂停或者撤销其与安全生产有关的资格；构成犯罪的，依照《刑法》有关规定追究刑事责任。

(5)未按照规定设置安全生产管理机构或者配备安全生产管理人员的。

(6)危险物品的生产、经营、储存单位以及矿山、金属冶炼、建筑施工、道路运输单位的主要负责人和安全生产管理人员未按照规定经考核合格的。

(7)未按照规定对从业人员、被派遣劳动者、实习学生进行安全生产教育和培训，或者未按照规定如实告知有关的安全生产事项的。

(8)未如实记录安全生产教育和培训情况的。

(9)未将事故隐患排查治理情况如实记录或者未向从业人员通报的。

(10)未按照规定制定生产安全事故应急救援预案或者未定期组织演练的。

(11)特种作业人员未按照规定经专门的安全作业培训并取得相应资格，上岗作业的。

(12)未按照规定对矿山、金属冶炼建设项目或者用于生产、储存、装卸危险物品的建设项目进行风险评价的。

(13)矿山、金属冶炼建设项目或者用于生产、储存、装卸危险物品的建设项目没有安全设施设计或者安全设施设计未按照规定报经有关部门审查同意的。

(14)矿山、金属冶炼建设项目或者用于生产、储存、装卸危险物品的建设项目的施工单位未按照批准的安全设施设计施工的。

(15)矿山、金属冶炼建设项目或者用于生产、储存危险物品的建设项目竣工投入生产或者使用前，安全设施未经验收合格的。

(16)未在有较大危险因素的生产经营场所和有关设施、设备上设置明显的安全警示标志的。

(17)安全设备的安装、使用、检测、改造和报废不符合国家标准或者行业标准的。

(18)未对安全设备进行经常性维护、保养和定期检测的。

(19)未为从业人员提供符合国家标准或者行业标准的劳动防护用品的。

(20)危险物品的容器、运输工具,以及涉及人身安全、危险性较大的海洋石油开采特种设备和矿山井下特种设备未经具有专业资质的机构检测、检验合格,取得安全使用证或者安全标志,投入使用的。

(21)使用应当淘汰的危及生产安全的工艺、设备的。

(22)未经依法批准,擅自生产、经营、运输、储存、使用危险物品或者处置废弃危险物品的。

(23)生产、经营、运输、储存、使用危险物品或者处置废弃危险物品,未建立专门安全生产管理制度、未采取可靠的安全措施的。

(24)对重大危险源未登记建档,或者未进行评估、监控,或者未制定应急预案的。

(25)进行爆破、吊装以及国务院安全生产监督管理部门会同国务院有关部门规定的其他危险作业,未安排专门人员进行现场安全生产管理的。

(26)未建立事故隐患排查治理制度的。

(27)生产经营单位未采取措施消除事故隐患的,责令立即消除或者限期消除。

(28)生产经营单位将生产经营项目、场所、设备发包或者出租给不具备安全生产条件或者相应资质的单位或者个人的。

(29)经营单位未与承包单位、承租单位签订专门的安全生产管理协议或者未在承包合同、租赁合同中明确各自的安全生产管理职责,或者未对承包单位、承租单位的安全生产统一协调、管理的。

(30)两个以上生产经营单位在同一作业区域内进行可能危及对方安全生产的生产经营活动,未签订安全生产管理协议或者未指定专职安全生产管理人员进行安全检查与协调的。

(31)生产、经营、储存、使用危险物品的车间、商店、仓库与员工宿舍在同一座建筑内,或者与员工宿舍的距离不符合安全要求的。

(32)生产经营场所和员工宿舍未设有符合紧急疏散需要、标志明显、保持畅通的出口,或者锁闭、封堵生产经营场所或者员工宿舍出口的。

(33)违反《安全生产法》规定,生产经营单位拒绝、阻碍负有安全生产监督管理职责的部门依法实施监督检查的。

(34)生产经营单位的主要负责人在本单位发生生产安全事故时,不立即组织抢救或者在事故调查处理期间擅离职守或者逃匿的。

(35)生产经营单位的主要负责人对生产安全事故隐瞒不报、谎报或者迟报的,依照前款规定处罚。

(36)生产经营单位的决策机构、主要负责人、个人经营的投资人不依照本法规定保证安全生产所必需的资金投入,致使生产经营单位不具备安全生产条件的。

(37)生产经营单位的主要负责人未履行本法规定的安全生产管理职责的。

(38)生产经营单位与从业人员订立协议,免除或者减轻其对从业人员因生产安全事故伤亡依法应承担的责任的。

(39)生产经营单位主要负责人在本单位发生重大生产安全事故时,不立即组织抢救或者在事故调查处理期间擅离职守或者逃匿的。

(40)生产经营单位主要负责人对生产安全事故隐瞒不报、谎报或者拖延不报的。

(41)生产经营单位的从业人员不服从管理,违反安全生产规章制度或者操作规程的。

(42)生产安全事故的责任人未依法承揽赔偿责任,经人民法院依法采取执行措施后,仍不能对受害人给予足额赔偿的。

《安全生产法》对上述安全生产违法行为设定的法律责任为实施降职、撤职、罚款、拘留等行政处罚;构成犯罪的,依法追究刑事责任。

五、安全生产服务机构的违法行为

承担风险评价、认证、检测、检验工作的机构,出具虚假证明的,没收违法所得;违法所得在10万元以上的,并处违法所得2倍以上5倍以下的罚款;没有违法所得或者违法所得不足10万元的,单处或者并处10万元以上20万元以下的罚款;对其直接负责的主管人员和其他直接责任人员处2万元以上5万元以下的罚款;给他人造成损害的,与生产经营单位承担连带赔偿责任;构成犯罪的,依照《刑法》有关规定追究刑事责任。

对有前款违法行为的机构,吊销其相应资质。

六、负有安全生产监督管理职责的部门的工作人员的违法行为

安全生产违法行为是指安全生产法律关系主体违反安全生产法律规定所从事的非法生产经营活动。安全生产违法行为是危害社会和公民人身安全的行为,是导致生产事故多发和人员伤亡的直接原因。

负有安全生产监督管理职责的部门的工作人员,有下列行为之一的,给予降级或者撤职的处分;构成犯罪的,依照《刑法》有关规定追究刑事责任:

(1)对不符合法定安全生产条件的涉及安全生产的事项予以批准或者验收通过的;

(2)发现未依法取得批准、验收的单位擅自从事有关活动或者接到举报后不予取缔或者不依法处理的;

(3)对已经依法取得批准的单位不履行监督管理职责,发现其不再具备安全生产条件而不撤销原批准或者发现安全生产违法行为不予查处的;

(4)在监督检查中发现重大事故隐患,不依法及时处理的。

负有安全生产监督管理职责的部门的工作人员有前款规定以外的滥用职权、玩忽职守、徇私舞弊行为的,依法给予处分;构成犯罪的,依照《刑法》有关规定追究刑事责任。

负有安全生产监督管理职责的部门,要求被审查、验收的单位购买其指定的安全设备、器材或者其他产品的,在对安全生产事项的审查、验收中收取费用的,由其上级机关或者监察机关责令改正,责令退还收取的费用;情节严重的,对直接负责的主管人员和其他直接责任人员依法给予处分。

七、民事赔偿的强制执行

民事责任的执法主体是各级人民法院。按照我国民事诉讼法的规定,只有人民法院是受理民事赔偿案件、确定民事责任、裁判追究民事赔偿责任的唯一的法律审判机关。

《生产安全法》第一百一十一条规定:"生产经营单位发生生产安全事故造成人员伤亡、他人财产损失的,应当依法承担赔偿责任;拒不承担或者其负责人逃匿的,由人民法院依法强制执行。生产安全事故的责任人未依法承担赔偿责任,经人民法院依法采取执行措施后,仍不能对受害人给予足额赔偿的,应当继续履行赔偿义务;受害人发现责任人有其他财产的,可以随时请求人民法院执行。"

第四节　安全生产责任制

一、生产经营单位主体责任

生产经营单位是生产经营活动的主体,也是安全生产工作责任的直接承担主体。《安全生产法》第三条规定:"安全生产工作应当以人为本,坚持安全发展,坚持安全第一、预防为主、综合治理的方针,强化和落实生产经营单位的主体责任,建立生产经营单位负责、职工参与、政府监管、行业自律和社会监督的机制。"生产经营单位的主体责任是指生产经营单位依照法律、法规规定,应当履行的安全生产法定职责和义务,主要包括如下18类:

(1)依法建立安全生产管理机构;

(2)建立健全安全生产责任制和各项管理制度;

(3)持续具备法律、法规、规章、国家标准和行业标准规定的安全生产条件;

(4)确保资金投入满足安全生产条件需要;

(5)依法组织从业人员参加安全生产教育和培训;

(6)如实告知从业人员祖业场所和工作岗位存在的危险、危害因素、防范措施和事故应急措施,教育职工自觉承担安全生产义务;

(7)为从业人员提供符合国家标准或行业标准的劳动防护用品,并监督教育从业人员按照规定佩戴适用;

(8)对重大危险源实施有效的检测、监控;

(9)预防和减少作业场所职业危害;

(10)安全设施、设备(包括特种设备)符合安全生产管理的有关要求,按规定定期进行检测和检验;

(11)依法制定生产安全事故应急救援预案,落实操作岗位应急措施;

(12)及时发现、治理和消除本单位安全事故隐患;

(13)积极采取先进的安全生产技术、设备和工艺,提高安全生产科技保障水平;确保所使用的工艺装备及相关劳动工具符合安全生产要求;

(14)保证新建、改建、扩建工程项目依法实施安全设施"三同时";

(15)统一协调管理承包、承租单位的安全生产工作;

(16)依法参加工伤保险,为从业人员缴纳保险费;

(17)按要求上报生产安全事故,做好事故抢险救援,妥善处理对事故伤亡人员依法赔偿等事故善后工作;

(18)法律、法规规定的其他安全生产责任。

二、主要负责人安全职责

《安全生产法》第十八条规定,生产经营单位的主要负责人对本单位安全生产工作负有下列职责:

(1)建立、健全本单位安全生产责任制;

(2)组织制定本单位安全生产规章制度和操作规程;

(3)组织制定并实施本单位安全生产教育和培训计划;

(4)保证本单位安全生产投入的有效实施;

(5)督促、检查本单位的安全生产工作,及时消除生产安全事故隐患;

(6)组织制定并实施本单位的生产安全事故应急救援预案;

(7)及时、如实报告生产安全事故。

《道路旅客运输企业安全管理规范》第十七条规定,客运企业的主要负责人对本单位安全生产工作负有下列职责:

(1)严格执行安全生产法律、法规、规章、规范和标准,组织落实相关管理部门的工作部署和要求;

(2)建立健全本单位安全生产责任制,组织制定本单位安全生产规章制度、客运驾驶员和车辆安全生产管理办法以及安全生产操作规程;

(3)依法建立适应安全生产工作需要的安全生产管理机构,确定符合条件的分管安全生产的负责人,配备专职安全管理人员;

(4)按规定足额提取安全生产专项资金,保证本单位安全生产投入的有效实施;

(5)督促、检查本单位安全生产工作,及时消除生产安全隐患;

(6)组织开展本单位的安全生产教育培训工作;

(7)组织开展安全生产标准化建设;

(8)组织制定并实施本单位生产安全应急预案,开展应急救援演练;

(9)定期组织分析本单位的安全生产形势,研究解决重大安全生产问题;

(10)按相关规定报告道路客运生产安全事故,落实生产安全事故处理的有关工作;

(11)实行安全生产绩效管理,定期公布本单位安全生产情况,认真听取和积极采纳工会、职工关于安全生产的合理化建议和要求。

三、安全生产管理人员安全职责

《安全生产法》第二十二条规定,生产经营单位的安全生产管理机构以及安全生产管理人员履行下列职责:

(1)组织或者参与拟订本单位安全生产规章制度、操作规程和生产安全事故应急救援预案;

(2)组织或者参与本单位安全生产教育和培训,如实记录安全生产教育和培训情况;

(3)督促落实本单位重大危险源的安全管理措施;

(4)组织或者参与本单位应急救援演练;

(5)检查本单位的安全生产状况,及时排查生产安全事故隐患,提出改进安全生产管理的建议;

(6)制止和纠正违章指挥、强令冒险作业、违反操作规程的行为;

(7)督促落实本单位安全生产整改措施。

《浙江省安全生产条例》第十二条规定,生产经营单位的安全生产管理机构以及安全生产管理人员应当履行下列职责:

(1)安全生产法和其他法律、法规规定的职责;

(2)参与本单位生产工艺、技术的安全风险评估和设备的安全性能检测;

(3)督促落实本单位危险作业、可燃爆作业场所的安全生产管理措施;

(4)对本单位的生产安全事故进行统计、分析。

生产经营单位的安全生产管理机构以及安全生产管理人员应当及时将履职情况报告本单位有关负责人。

《道路旅客运输企业安全管理规范》第十八条规定,客运企业的安全生产管理机构及安全管理人员对本单位安全生产工作负有下列职责:

(1)严格执行安全生产法律、法规、规章、规范和标准,参与企业安全生产决策,提出改进和加强安全生产管理的建议。

(2)组织或者参与制定本单位安全生产规章制度、客运驾驶员和车辆安全生产管理制度、动态监控管理制度、操作规程和相关技术规范,明确各部门、各岗位的安全生产职责,督促贯彻执行。

(3)组织或参与制定本单位安全生产年度管理绩效目标和安全生产管理工作计划,组织实施考核工作。

(4)组织或参与制定本单位安全生产经费投入计划和安全技术措施计划,组织实施或监督相关部门实施。

(5)组织开展本单位的安全生产检查,对检查出的安全隐患及其他安全问题应当及时督促处理;情况严重的,应当依法停止生产活动。对相关管理部门抄告、通报的车辆和客运驾驶员交通违法行为,应当进行及时处理,制止和纠正违章指挥、冒险作业、违反操作规程的行为。

(6)督促落实本单位安全隐患排查和安全风险管理措施,组织或者参与本单位生产安全应急预案的制定和应急演练,督促落实本单位安全生产整改措施。

(7)组织或参与本单位安全生产宣传、教育和培训,加强事故案例警示教育,总结和推广安全生产工作的先进经验,如实记录安全生产教育和培训情况。

(8)发生生产安全事故时,按照有关规定,及时报告相关管理部门;组织或者参与本单位生产安全事故的调查处理,承担生产安全事故统计和分析工作。

(9)其他安全生产管理工作。

四、安全生产责任制

安全生产责任制是根据我国的安全生产方针"安全第一、预防为主、综合治理"和安全生产法规建立的各级领导、职能部门、技术管理人员、岗位作业人员在劳动生产过程中对安全生产层层负责的制度。安全生产责任制是企业岗位责任制的一个组成部分,是企业中最基本的一项安全制度,也是企业安全生产、劳动保护管理制度的核心。建立健全安全生产责任制,是将企业安全纳入企业运输生产活动的各个环节,实现全员参与、全面、全过程的安全生产管理,保证企业实现安全运营。

生产经营单位应建立“横向到边、纵向到底”的全员安全生产责任制,并层层签订安全生产责任书,明确各个岗位从业人员安全职责,并建立安全生产责任制考核机制,定期对各岗位人员安全责任落实情况进行考核,并落实奖惩。《安全生产法》第十九条规定,生产经营单位的安全生产责任制应当明确各岗位的责任人员、责任范围和考核标准等内容。生产经营单位应当建立相应的机制,加强对安全生产责任制落实情况的监督考核,保证安全生产责任制的落实。

生产经营单位安全生产责任制应做到“五落实、五到位”,具体包括以下内容:

(1)必须落实“党政同责”要求,董事长、党组织书记、总经理对本企业安全生产工作共同承担领导责任。

(2)必须落实安全生产“一岗双责”,所有领导班子成员对分管范围内安全生产工作承担相应职责。

(3)必须落实安全生产组织领导机构,成立安全生产委员会,由董事长或总经理担任主任。

(4)必须落实安全生产管理力量,依法设置安全生产管理机构,配齐配强注册安全工程师等专业安全生产管理人员。

(5)必须落实安全生产报告制度,定期向董事会、业绩考核部门报告安全生产情况,并向社会公示。

(6)必须做到安全责任到位、安全投入到位、安全培训到位、安全生产管理到位、应急救援到位。

安全生产责任制是生产经营单位岗位责任制的一个组成部分,根据“管生产必须管安全”的原则,安全生产责任制综合各种安全生产管理、安全操作制度,对生产经营单位和企业各级领导、各职能部门、有关工程技术人员和生产工人在生产中应负的安全责任加以明确规定的制度,《安全生产法》把建立和健全安全生产责任制作为生产经营单位和企业安全生产管理必须实行的一项基本制度,在第四条、第十八条、第十九条都作出了明确规定,要求生产经营单位的主要负责人要建立、健全本单位安全生产责任制,并对其负责。企业安全生产责任制的主要内容是,企业主要负责人是企业安全生产的第一责任人,对安全生产负全面责任;企业的各级领导和生产管理人员,在管理生产的同时,必须负责管理安全工作,在计划、布置、检查、总结、评比生产的时候,必须同时计划、布置、检查、总结、评比安全生产工作;有关的职能机构和人员,必须在自己的业务工作范围内,对实现安全生产负责;职工必须遵守以岗位责任制为主的安全生产制度,严格遵守安全生产法规、制度,不违章作业,并有权拒绝违章指挥,险情严重时有权停止作业,采取紧急防范措施。

第五节　安全生产标准化

一、发展历程

2004 年 1 月 9 日,国务院颁布实施了《国务院关于进一步加强安全生产工作的决定》

(国发〔2004〕2 号),文件规定:“开展安全质量标准化活动。制定和颁布重点行业、领域安全生产技术规范和安全生产质量工作标准,在全国所有工矿、商贸、交通运输、建筑施工等企业普遍开展安全质量标准化活动。企业生产流程的各环节、各岗位要建立严格的安全生产质量责任制。生产经营活动和行为,必须符合安全生产有关法律法规和安全生产技术规范的要求,做到规范化和标准化。”

2010 年 7 月 23 日,国务院颁布了《国务院关于进一步加强企业安全生产工作的通知》(国发〔2010〕23 号),其中第七条规定:“全面开展安全达标。深入开展以岗位达标、专业达标和企业达标为内容的安全生产标准化建设,凡在规定时间内未实现达标的企业要依法暂扣其生产许可证、安全生产许可证,责令停产整顿;对整改逾期未达标的,地方政府要依法予以关闭。”

2010 年 4 月 15 日,国家安全生产监督管理总局印发了《企业安全生产标准化基本规范》(AQ/T 9006—2010),明确了安全生产标准化的内容依据。

2011 年 5 月 3 日,国务院安委会发布了《国务院安委会关于深入开展企业安全生产标准化建设的指导意见》(安委〔2011〕4 号),文件要求各行业全面开展安全生产标准化,并提出了具体的指导意见。

2011 年 6 月 29 日,交通运输部印发了《交通运输部关于印发交通运输企业安全生产标准化建设实施方案的通知》(交安监发〔2011〕322 号),交通运输行业安全生产标准化建设工作正式开始。

2011 年 11 月 26 日,《国务院关于坚持科学发展安全发展促进安全形势持续稳定好转的意见》(国发〔2011〕40 号)第十四条规定:“推进安全生产标准化建设,在工矿商贸和交通运输行业领域普遍开展岗位达标、专业达标和企业达标建设,对在规定期限内未实现达标的企业,要依据有关规定暂扣其生产许可证、安全生产许可证,责令停产整顿;对整改逾期仍未达标的,要依法予以关闭。”

2012 年 4 月 23 日,交通运输部印发了《交通运输部关于印发交通运输企业安全生产标准化考评管理办法和达标考评指标的通知》(交安监发〔2012〕175 号),并同时发布了《交通运输企业安全生产标准化考评管理办法》和《交通运输企业安全生产标准化达标考评指标》,明确了交通运输企业安全生产标准化的考评工作流程和要求以及各交通运输专业领域安全生产标准化考评指标。至此,交通运输企业安全生产标准化建设工作全面开展。

2014 年 8 月 31 日,第十二届全国人民代表大会常务委员会第十次会议通过全国人民代表大会常务委员会关于修改《中华人民共和国安全生产法》的决定,自 2014 年 12 月 1 日起施行。《安全生产法》第四条规定:“生产经营单位必须遵守本法和其他有关安全生产的法律、法规,加强安全生产管理,建立、健全安全生产责任制和安全生产规章制度,改善安全生产条件,推进安全生产标准化建设,提高安全生产水平,确保安全生产。”安全生产标准化建设工作首次从法律层面上明确了开展的要求。

2016 年 7 月 26 日,交通运输部发布了《交通运输企业安全生产标准化建设评价管理办法》(交安监发〔2016〕133 号),原《交通运输企业安全生产标准化考评管理办法》同时废止。

2017 年 4 月 1 日,《企业安全生产标准化基本规范》(GB/T 33000—2016)正式实施,原《企业安全生产标准化基本规范》(AQ/T 9006—2010)同时废止。

现阶段,安全生产标准化建设已纳入各项法规要求,各行业安全生产标准化建设工作也趋于成熟完善,且取得明显成效。通过推进企业安全生产标准化建设,使企业建立安全生产管理体系,规范安全生产管理,管控安全风险,排查治理隐患,进一步落实企业主体责任,不断提高安全生产管理水平,减少安全生产事故的发生,保障人们生产健康和财产安全。

二、《企业安全生产标准化基本规范》内容要求

(一)企业安全生产标准化定义

企业通过落实企业安全生产主体责任,通过全员全过程参与,建立并保持安全生产管理体系,全面管控生产经营活动各环节的安全生产与职业卫生工作,实现安全健康管理系统化、岗位操作行为规范化、设备设施本质安全化、作业环境器具定置化,并持续改进。

(二)一般要求

1. 原则

企业开展安全生产标准化工作,应遵循“安全第一、预防为主、综合治理”的方针,落实企业主体责任。以安全风险管理、隐患排查治理、职业病危害防治为基础,以安全生产责任制为核心,建立安全生产标准化管理体系,全面提升安全生产管理水平,持续改进安全生产工作,不断提升安全生产绩效,预防和减少事故的发生,保障人身安全健康,保证生产经营活动的有序进行。

2. 建立和保持

企业应采用“策划、实施、检查、改进”的“PDCA”动态循环模式,并依据相关标准的规定,结合企业自身特点,自主建立并保持安全生产标准化管理体系;通过自我检查、自我纠正和自我完善,构建安全生产长效机制,持续提升安全生产绩效。

3. 自评和评审

企业安全生产标准化管理体系的运行情况,采用企业自评和评审单位评审的方式进行评估。

(三)核心要求

核心要求作为《企业安全生产标准化基本规范》(以下简称《基本规范》)的主要内容,同时也是企业安全生产标准化建设工作的主要依据,核心要求内容共分为 8 项。

1. 目标责任

目标责任具体包括目标、机构和职责、全员参与、安全生产投入、安全文化建设、安全生产信息化建设。

2. 制度化管理

制度化管理具体包括法规标准识别、规章制度和操作规程制定、文档管理。

3. 教育培训

教育培训具体包括教育培训管理、主要负责人和安全管理人员教育培训、从业人员教育培训和其他人员教育培训。

4. 现场管理

现场管理具体包括设备设施管理、作业管理、职业健康管理、警示标志。

5. 安全风险管控和隐患排查治理

安全风险管控和隐患排查治理具体包括安全风险管理、重大危险源辨识和管理、隐患排查治理。

6. 应急管理

应急管理具体包括应急准备、应急处置、应急评估。

7. 事故查处

事故查处具体包括事故报告、事故调查和处理、事故管理。

8. 持续改进

持续改进具体包括绩效评定和持续改进。

《基本规范》总结归纳了煤矿、危险化学品、烟花爆竹等已经颁布的行业安全生产标准化标准中的共性内容，提出了企业安全生产管理的共性基本要求，既适应各行业安全生产工作的开展，又避免了自成体系的局面。《基本规范》通过让企业建立安全生产标准化体系，实现企业自我检查、自我纠正、自我完善这一动态循环的管理模式，更好地促进企业安全绩效的持续改进和安全生产长效机制的建立。

三、交通运输企业安全生产标准化建设评价

交通运输企业安全生产标准化建设评价工作主要依据《交通运输企业安全生产标准化建设评价管理办法》(以下简称《管理办法》)内容要求，《管理办法》明确了交通运输企业安全生产标准化建设评价范围、流程，以及交通运输企业、评价机构、评审员、主管机关和管理维护单位的职责和要求。

(一)建设评价范围

如图2-2所示，交通运输企业安全生产标准化建设按领域分为道路运输、水路运输、港口营运、城市客运、交通运输工程建设、收费公路运营六个专业类型和其他类型(未列入前六种类型，但由交通运输管理部门审批或许可经营)。

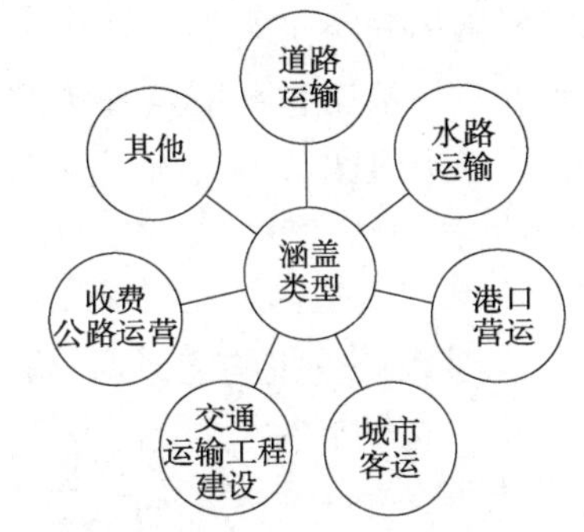

图2-2　交通运输企业安全生产标准化建设范围类型

道路运输专业类型含道路旅客运输、道路危险货物运输、道路普通货物运输、道路货物运输站场、汽车租赁、机动车维修和汽车客运站等类别；水路运输专业类型含水路旅客运输、水路普通货物运输、水路危险货物运输等类别；港口营运专业类型含港口客运、港口普通货物营运、港口危险货物营运等类别；城市客运专业类型含城市公共汽电车客运、城市轨道交通运输和出租汽车营运等类别；交通运输工程建设专业类型含交通运输建筑施工企业和交通工程建设项目等类别；收费公路运营专业类型含高速公路运营、隧道运营和桥梁运营等类别。

(二)建设评价等级

交通运输企业安全生产标准化建设等级分为一级、二级、三级，其中一级为最高等级，三级为最低等级。水路危险货物运输、水路旅客运输、港口危险货物营运、城市轨道交通、高速公路、隧道和桥梁运营企业安全生产标准化建设等级不设三级，二级为最低等级。

（三）评价机构

1. 评价机构定义

评价机构是指满足评价机构备案条件，完成管理系统登记报备，从事交通运输企业安全生产标准化建设评价的第三方服务机构。

2. 评价机构等级

评价机构分为一、二、三级。一级评价机构向交通运输部备案，二、三级评价机构向省级主管机关备案。一级评价机构可承担申请一、二、三级的企业安全生产标准化评价工作，二级评价机构可承担备案地区申请二、三级的企业安全生产标准化评价工作，三级评价机构可承担备案地区申请三级的企业安全生产标准化评价工作。

3. 评价机构条件

凡符合以下条件，通过管理系统登记备案，经公示 5 个工作日，公示结果不影响登记备案的，自动录入评价机构名录：

（1）从事交通运输业务的独立法人单位或社团组织；

（2）具有一定的交通运输企业安全生产标准化建设评价或交通运输安全生产技术服务工作经历；

（3）具有相适应的固定办公场所、设施；

（4）具有一定数量专职管理人员和相应专业类型的自有评审员；

（5）初次申请一级评价机构备案，应已完成本专业类型二级评价机构备案 1 年以上，并具有相关评价经历；

（6）建立了完善的管理制度体系；

（7）单位或法定代表人 3 年内未被列入政府、行业黑名单或 1 年内未被列入政府、行业公布的不良信息名录；

（8）评价机构同一等级登记备案不超过 3 个专业类型；

（9）评价机构承诺备案信息真实，严格遵守国家有关法律法规，不弄虚作假、提供虚假证明，一旦违反，自愿退出交通运输企业安全生产标准化建设评价相关活动；

（10）满足其他法律法规要求。

4. 有效期限

评价机构进入评价机构名录后，备案信息有效期 5 年，并向社会公布。备案信息公布内容应包含评价机构的名称、法人代表、专业类型、等级、地址和印模、备案号和有效期等。

评价机构可在登记备案期届满前 1 个月通过管理系统进行延期备案，延期备案符合下列条件，经公示 5 个工作日后，结果不影响延期备案的，自动延长备案期 5 年：

（1）单位经营资质合法有效；

（2）未被主管机关列入公布的不良信息名录；

（3）满足该等级评价机构登记备案条件。

5. 变更与注销

评价机构名称、地址或法定代表人变更，或从事专职管理和评价工作的人员变动累计超过 25% 的，应通过管理系统进行信息变更备案。

评价机构在妥善处置其负责评价和年度核查相关业务后，可向登记备案的管理维护单位申请注销其评价机构备案信息,管理维护单位核实相关业务处置妥善后应在5个工作日完成备案注销工作,并通过管理系统向社会公布。评价机构申请注销的,2年内不得重新备案,所聘评审员自动恢复未登记评价机构状态。

(四)评审员

1.评审员定义

评审员是具有企业安全生产标准化建设评价能力,进入评审员名录的人员。

2.评审员条件

凡遵守法律法规,恪守职业道德,符合下列条件,通过管理系统登记报备,经公示5个工作日,公示结果不影响登记备案的,自动录入评审员名录。

(1)具有全日制理工科大学本科及以上学历;

(2)具备中级及以上专业技术职称,或取得初级技术职称5年以上;

(3)具有5年及以上申报专业类型安全相关工作经历;

(4)身体健康,年龄不超过70周岁;

(5)同时登记备案不超过3个专业类型;

(6)通过管理系统相关专业类型专业知识、技能和评价规则的在线测试;

(7)申请人5年内未被列入政府、行业黑名单或1年内未被列入政府、行业公布的不良信息名录;

(8)评审员承诺备案信息真实,考评活动中严格遵守国家有关法律法规,不弄虚作假、提供虚假证明,一旦违反,自愿退出交通运输企业安全生产标准化建设评价相关活动。

3.评审员继续教育

评审员应按年度开展继续教育学习,自登记备案进入评审员名录后,每12个月周期内均应通过管理系统进行继续教育在线测试。通过测试的,可继续从事企业安全生产标准化建设评价工作;未通过测试的,暂停参加评价活动,直至通过继续教育测试。继续教育测试不收取任何费用。

4.变更与撤销

评审员个人信息变动应于5个工作日内通过管理系统报备。

评审员向受聘的评价机构申请不再从事企业安全生产标准化建设评价工作,或年龄超过70周岁的,管理维护单位应在5个工作日内注销其备案信息。

(五)主管机关和管理维护单位

1.主管机关监督管理

交通运输部负责全国交通运输企业安全生产标准化建设工作的指导,具体负责一级评价机构的监督管理。

省级交通运输主管部门负责本管辖范围内交通运输企业安全生产标准化建设工作的指导,具体负责二、三级评价机构的监督管理。

长江航务管理局、珠江航务管理局分别负责行政许可权限范围内的长江干线、西江干线省际航运企业安全生产标准化建设工作的指导,具体负责二、三级评价机构的监督管理。

交通运输部通过购买服务委托管理维护单位,具体承担管理系统的管理、维护与数据分析、评审员能力测试题库维护、评价机构备案和档案管理等日常工作。各省级主管机关可根据需要通过购买服务委托省级管理维护单位承担相关日常工作。主管部门应与委托的管理维护单位签订合同或协议,明确委托工作任务、要求及相关责任。

2. 管理维护

(1)管理维护单位可通过政府购买服务,受主管机关委托,承担下列安全生产标准化管理工作;

(2)受理评价机构的备案申请与注销及相应的公示工作;

(3)受理评价机构提交的年度评价工作总结,汇总分析后形成年度报告报主管机关;

(4)受理评价机构报备的评价案卷;

(5)对通过现场评价,评价结论符合颁发评价等级证明的交通运输企业,予以公示;

(6)受理对评价机构、评审员违法违规和不正当行为的投诉;

(7)向社会公布获得交通运输企业安全生产标准化建设等级证明的企业和评价机构有关信息。

(六)评价与发证

评价机构负责交通运输企业安全生产标准化建设评价活动的组织实施和评价等级证明的颁发。

交通运输企业安全生产标准化建设评价包括初次评价、换证评价和年度核查 3 种形式。

交通运输企业安全生产标准化建设等级证明应按照交通运输部规定的统一样式制发,有效期 3 年。

交通运输企业申请安全生产标准化建设评价应遵循以下规定:

(1)依照法律法规要求自主申请;

(2)自主选择相应等级的评价机构;

(3)评价过程中,向评价机构和评审员提供所需工作条件,如实提供相关资料,保障有效实施评价;

(4)有权向主管机关、管理维护单位举报、投诉评价机构或评审员的不正当行为。

交通运输企业在取得安全生产标准化等级证明后,应根据评价意见和标准要求不断完善其安全生产标准化管理体系,规范安全生产管理和行为,形成可持续改进的长效机制,并接受主管机关、评价机构的监督。

(七)评价流程

1. 达标申请

交通运输企业申请初次评价应具备以下条件:

(1)具有独立法人资格,从事交通运输生产经营建设的企业或独立运营的实体;

(2)具有与其生产经营活动相适应的经营资质、安全生产管理机构和人员,并建立相应的安全生产管理制度;

(3)近 1 年内没有发生较大以上安全生产责任事故;

(4)已开展企业安全生产标准化建设自评,结论符合申请等级要求。

交通运输企业应通过管理系统向所选择的评价机构提出企业安全生产标准化建设评价申请,申报初次评价应提交以下资料:

(1)标准化建设评价申请表(样式由管理系统提供);

（2）法律法规规定的企业法人营业执照、经营许可证、安全生产许可证等；

（3）企业安全生产标准化建设自评报告。自评报告应包含企业简介和安全生产组织架构；企业安全生产基本情况（含近3年应急演练、一般以上安全事故和重大安全事故隐患及整改情况）；从业人员资格、企业安全生产标准化建设过程；自评综述、自评记录、自评问题清单和整改确认；自评评分表和结论等。

2. 评价机构受理

评价机构接到交通运输企业评价申请后，应在5个工作日内完成申请材料完整性和符合性核查。核查不通过的，应及时告知企业，并说明原因。评价机构对申请材料核查后，认为自身能力不足或申请企业存在较大安全生产风险时，可拒绝受理申请，并向其说明，记录在案。

3. 现场评价

企业申请资料核查通过后，评价机构应成立评价组，任命评价组长，制定评价方案，提前5个工作日告知当地主管机关后，满足下列条件，可启动现场评价。

（1）评价组评审员不少于3人，其中自有评审员不少于1人；

（2）评价组长原则上应为自有评审员，且具有2年和8家以上同等级别企业安全生产标准化建设评价经历，3年内没有不良信用记录，并经评价机构培训，具有较强的现场沟通协调和组织能力；

（3）评价组应熟悉企业评价现场安全应急要求和当地相关法律法规和标准规范要求。

评价机构应在接受企业评价申请后30个工作日内完成对企业的现场评价工作，并提交评价报告。

现场评价工作完成后，评价组应向企业反馈发现的安全事故隐患和问题、整改建议及现场评价结论，形成现场评价问题清单，问题清单应经企业和评价组签字确认。现场发现的重大安全事故隐患和问题应向负有直接安全生产监督管理职责的交通运输管理部门和相应的主管机关报告。

企业对评价发现的安全事故隐患和问题，在现场评价结束30日内按要求整改到位的，经申请，由评价机构确认整改合格，所完成的整改内容可视为达到相关要求；对于不影响评价结论的安全事故隐患和问题，企业应按评价机构有关建议积极组织整改，并在年度报告中予以说明。

4. 评价案卷审核、备案、公示及证书印发

评价案卷应包含下列内容：

（1）申请资料核查记录及结论；

（2）现场评价通知书（应包含评价时间、评价组成员等）；

（3）评价方案；

（4）企业安全生产重大问题整改报告及验证记录；

（5）评价报告，包括现场评价记录、现场收集的证据材料、问题清单及整改建议、评价结论及评价等级意见；

（6）其他必要的评价证据材料。

评价机构应对评价案卷进行审核，形成评价报告（附评价综述、评价结论和现场发现问

题清单)及其他必要的评价资料通过管理系统向管理维护单位报备。评价机构评价结论认为符合颁发评价等级证明的,应报管理维护单位向社会公示5个工作日;公示结果不影响评价结论的,评价机构应向企业颁发交通运输企业安全生产标准化评价等级证明。

交通运输企业安全生产标准化达标评价流程如图2-3所示。

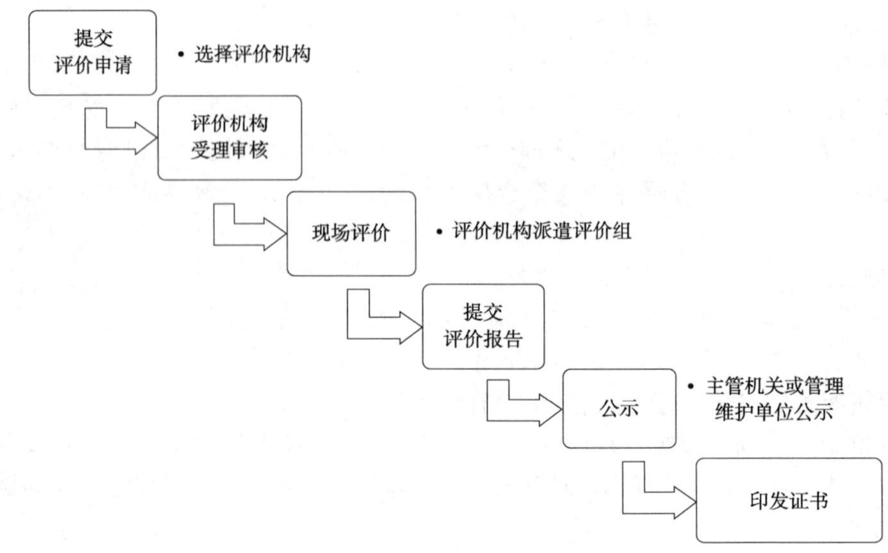

图2-3 安全生产标准化达标评价流程

(八)换证评价

已经取得安全生产标准化评价等级证明的企业在证明有效期满之前提前3个月向评价机构申请换证评价,换证完成后,原证明自动失效。

企业申请换证评价时,应提交以下材料:

(1)企业法人营业执照、经营许可证等;

(2)原交通运输企业安全生产标准化建设等级证明;

(3)企业换证自评报告和企业基本情况、安全生产组织架构;

(4)企业安全生产标准化运行情况,以及近3年安全生产事故或险情、重大安全生产风险源及管控、重大安全事故隐患及治理等情况。

换证评价及等级证明颁发的流程、范围和方法按照初次评价的有关规定执行。

(九)年度核查

企业取得安全生产标准化建设等级证明后,有效期内应按年度开展自评,自评时间间隔不超过12个月,自评报告应报颁发等级证明的评价机构核查。

评价机构对企业年度自评报告核查发现以下问题的,可进行现场核查:

(1)自评结论不能满足原有等级要求的;

(2)自评报告内容不全或存在不实,不能真实体现企业安全生产标准化建设实际情况的;

(3)企业生产经营状况发生重大变化的,包括生产经营规模、场所、范围或主要安全管理团队等;

(4)企业未按要求及时向评价机构报告重大安全事故隐患和较大以上安全生产责任事

故的；

(5)相关方对企业的安全生产提出举报、投诉；

(6)企业主动申请现场复核。

评价机构应在企业提交年度自评报告15个工作日内完成自评报告年度核查，需进行现场核查的，应在30个工作日内完成。

年度核查结论分为不合格、合格和优秀三个评价等级，并通过管理系统向社会公开。企业安全生产标准化建设运行情况不能持续满足所取得的评价等级要求，或长期存在重大安全事故隐患且未有效整改的评为不合格；基本满足且对不影响评价结论的问题和重大安全事故隐患进行有效整改的评为合格；满足原评价等级所有要求，并建立有效的企业安全生产标准化持续改进工作机制，且运行良好，重大安全事故隐患和问题整改完成的，评为优秀。特别应注意，只有企业在年度自查报告中主动提出申请，经评价机构核查，包括进行现场抽查验证通过后，方可评为优秀。

评价机构对企业的年度核查评价在合格以上的，维持其安全生产标准化建设等级证明有效；年度核查评价不合格或未按要求提交自评报告的，评价机构应通知企业并提出相关整改建议，企业在30日内未经验收完成整改，或仍未提交自评报告，或拒绝评价机构现场复核的，评价机构应撤销并收回企业安全生产标准化建设等级证明，并通过管理系统向社会公告。

已经取得交通运输企业安全生产标准化建设等级证明的企业，在有效期内发现存在重大安全事故隐患或发生较大及以上安全生产责任事故的，应在10个工作日内向颁发等级证明的评价机构报送相关信息，评价机构可视情况开展企业安全生产标准化建设核查工作。

评价机构撤销企业安全生产标准化建设等级证明的，应通过管理系统向管理维护单位备案。

第六节　安全生产规章制度

一、安全生产规章制度体系建设的原则

1.建立安全生产规章制度的必要性

(1)建立健全安全生产规章制度是生产经营单位的法定责任。

生产经营单位是安全生产的责任主体。《安全生产法》第四条规定，生产经营单位必须遵守本法和其他有关安全生产的法律、法规，加强安全生产管理，建立、健全安全生产责任制和安全生产规章制度，改善安全生产条件，推进安全生产标准化建设，提高安全生产水平，确保安全生产。《劳动法》第五十二条规定，用人单位必须建立、健全劳动安全卫生制度，严格执行国家劳动安全卫生规程和标准，对劳动者进行劳动安全卫生教育，防止劳动过程中的事故，减少职业危害。《突发事件应对法》第二十二条规定，所有单位应当建立健全安全管理制度，定期检查本单位各项安全防范措施的落实情况，及时消除事故隐患。

(2)建立健全安全生产规章制度是生产经营单位安全生产的重要保障。

安全风险来源于生产、经营过程，只要生产、经营活动在进行，安全风险就客观存在，客

观上需要企业对生产过程、机械设备、人员操作进行系统分析、评价，制定出一系列的操作规程和安全控制措施，以保障生产经营单位生产、经营工作合法、有序、安全地运行，将安全风险降到最低。在长期的生产经营活动过程中积累的大量风险辨识、评价、控制技术，以及生产安全事故教训的积累，是探索和驾驭安全生产客观规律的重要基础，只有形成生产经营单位的规章制度，才能够得到不断积累，并有效继承和发扬。

(3)建立健全安全生产规章制度是生产经营单位保护从业人员安全与健康的重要手段。

国家有关保护从业人员安全与健康的法律法规、国家和行业标准在一个生产经营单位的具体实施，只有通过企业的安全生产规章制度体现出来，才能使从业人员明确自己的权利和义务，同时也为从业人员遵章守纪提供标准和依据。建立健全安全生产规章制度可以减少生产经营单位管理的随意性，有效地保障从业人员的合法权益。

2. 安全生产规章制度建设的依据

(1)以安全生产法律法规、国家和行业标准、地方政府的法规和标准为依据。

生产经营单位安全生产规章制度首先必须符合国家法律法规、国家和行业标准的要求，以及生产经营单位所在地地方政府的相关法规、标准的要求。生产经营单位安全生产规章制度是一系列法律法规在生产经营单位生产、经营过程具体贯彻落实的体现。

(2)安全生产规章制度的建设核心是危险有害因素的辨识和控制。

通过对危险有害因素进行辨识，才能提高规章制度建设的目的性和针对性，保障安全生产。同时，生产经营单位要积极借鉴相关事故教训，及时修订和完善规章制度，防范类似事故重复发生。

(3)以国际、国内先进的安全生产管理方法为依据。

随着安全科学、技术的迅猛发展，安全生产风险防范的方法和手段不断完善，尤其是伴随安全系统工程理论研究的不断深化，安全生产管理的方法和手段也日益丰富。例如，职业安全健康管理体系、风险评估和风险评价体系的建立，为生产经营单位安全生产规章制度的建设提供了重要依据。

3. 安全生产规章制度建设的原则

(1)坚持“安全第一、预防为主、综合治理”的原则。

“安全第一、预防为主、综合治理”是我国的安全生产方针，是我国经济社会发展现阶段安全生产客观规律的具体要求。安全第一，就是要求必须把安全生产放在各项工作的首位，正确处理好安全生产与工程进度、经济效益的关系。预防为主，就是要求生产经营单位的安全生产管理工作，要以危险有害因素的辨识、评价和控制为基础，建立安全生产规章制度。通过制度的实施达到规范人员行为、消除物的不安全状态、实现安全生产的目标。综合治理，就是要求在管理上综合采取组织措施、技术措施，落实生产经营单位的各级主要负责人、专业技术人员、管理人员、从业人员等各级人员，以及党政工团有关管理部门的责任，各负其责，齐抓共管。

(2)生产经营单位主要负责人负责的原则。

我国安全生产法律法规对生产经营单位安全生产规章制度建设有明确的规定。如《安全生产法》规定，建立、健全本单位安全生产责任制，组织制定本单位安全生产规章制度和操作规程，是生产经营单位的主要负责人的职责。安全生产规章制度的建设和实施，涉及生产经营单位的各个环节和全体人员，只有主要负责人负责，才能有效调动和使用生产经营单位的所有资源，才能协调好各方面的关系，规章制度的落实才能够得到保证。

(3)系统性原则。

安全风险来源于生产、经营活动过程。因此，生产经营单位安全生产规章制度的建设，应按照安全系统工程的原理，涵盖生产经营的全过程、全员、全方位，主要包括规划设计、建设安装、生产调试、生产运行、技术改造的全过程；生产经营活动的每个环节、每个岗位、每个人；事故预防、应急处置、调查处理的全过程。

(4)规范化和标准化原则。

生产经营单位安全生产规章制度的建设应实现规范化和标准化管理，以确保安全生产规章制度建设的严密、完整、有序。即按照系统性原则的要求，建立完整的安全生产规章制度体系；建立安全生产规章制度起草、审核、发布、教育培训、执行、反馈、持续改进的组织管理程序；编制每一个安全生产规章制度，都要做到目的明确，流程清晰，标准准确，具有可操作性。

二、安全生产规章制度体系

按照安全系统工程和人机工程原理建议的安全生产规章制度体系，一般分为四类，包括综合安全生产管理制度、人员安全生产管理制度、设备设施安全生产管理制度以及环境安全生产管理制度(图2-4)。

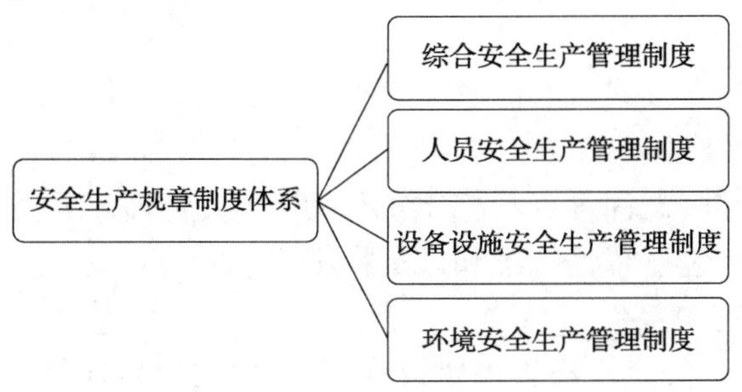

图2-4　安全生产规章制度体系分类

(一)综合安全生产管理制度

综合安全生产管理制度体系如图2-5所示。

1.安全生产目标管理制度

应明确生产经营单位安全生产的具体目标、指标，安全生产的管理原则、责任，安全生产管理的体制、机制、组织机构、安全生产风险防范和控制的主要措施，日常安全生产管理的重点工作等内容。

2.安全生产责任制

应明确生产经营单位各级领导、各职能部门、管理人员及各生产岗位的安全生产责任、权利和义务等内容。

安全生产责任制属于安全生产规章制度

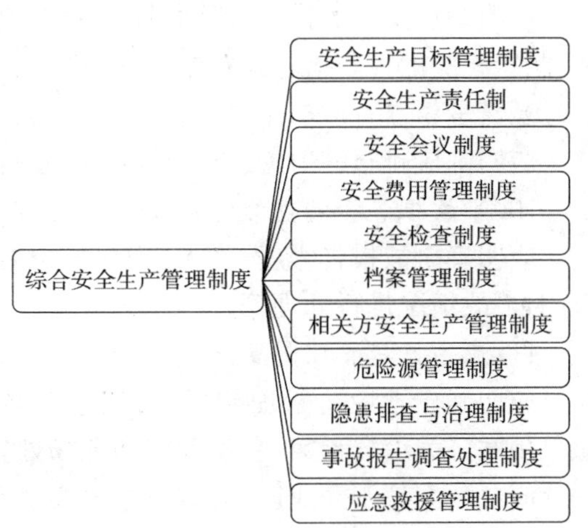

图2-5　综合安全生产管理制度体系

范畴，安全生产责任制的核心是划清安全生产管理的责任界面，解决“谁来管，管什么，怎么管，承担什么责任”的问题，安全生产责任制是生产经营单位安全生产规章制度建立的基础。

建立安全生产责任制，一是有助于增强生产经营单位各级主要负责人、各管理部门管理人员及各岗位对安全生产的责任感；二是有助于明确责任，充分调动各级人员和各管理部门安全生产的积极性和主观能动性，加强自主管理，落实责任；三是能够明确责任追究的依据。

建立安全生产责任制，应体现安全生产法律法规和政策、方针的要求；应与安全生产经营单位安全生产管理体制、机制协调一致；应做到与岗位工作性质、管理职责协调一致，做到明确、具体、具备可操作性；应有明确的监督、检查标准或指标，确保责任制切实落实到位；应根据生产经营单位管理体制变化及安全生产新的法规、政策及安全生产形势的变化及时修订完善。

3. 安全会议制度

企业应定期召开安全工作会议，总结安全生产管理工作中的问题，提出安全工作计划，定期组织安全学习活动。

4. 安全费用管理制度

应明确企业安全费用的提取比例，安全费用的审核使用流程，安全费用的使用范围和监督保障措施。

5. 安全检查制度

应明确检查对象、检查方式、检查频率、检查人员、检查结果处置等相关内容。

6. 档案管理制度

应明确企业管理制度、文件等资料档案的管理要求，管理流程等，对企业的安全生产管理信息实施档案化管理，包括车辆档案和人员档案等。

7. 相关方安全生产管理

企业应与相关方签订安全生产管理协议，明确双方安全生产管理职责，审查相关方的相关资质条件，定期开展相关方安全检查并组织制定相关安全技术措施。

8. 危险源管理制度

应明确危险源的辨识、评估、控制的相关要求，按规定定期开展危险源的辨识和风险评估，制定相应的控制措施并有效实施，建立危险源清单和档案。

9. 隐患排查与治理制度

应明确应排查的对象、排查周期、隐患的分析和治理措施，隐患的统计和跟踪管理等。

10. 事故报告和调查处理制度

应明确事故报告程序、要求、现场应急处置、现场保护方式，严格按照“四不放过”的要求，对事故情况进行处理等。

11. 应急救援管理制度

应明确企业应急管理的部门，应急预案的编制、审核、发布、培训、演练实施和修订等。应急预案分为综合预案、专项预案和现场处置方案。

应急预案编制完成以后，应报当地安全监督管理部门和主管机关进行备案，与相关主管部门的预案进行衔接，一旦发生突发事件，能够立即启动预案，实施应急救援，最大限度减小事故损失。

（二）人员安全生产管理制度

人员安全生产管理制度如图2-6所示。

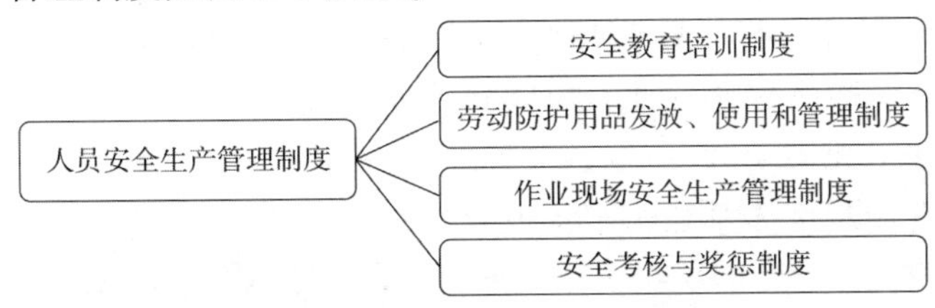

图2-6 人员安全生产管理制度体系

1. 安全教育培训制度

应明确企业各级管理人员安全生产管理知识培训，新员工三级教育培训，转岗和复岗培训，新材料、新工艺、新设备投入使用的培训，特种作业人员培训，从业人员继续教育培训等培训要求，还应明确各项培训的对象、内容、时间及考核要求等。企业应建立培训教育档案。

2. 劳动防护用品发放、使用和管理制度

应明确企业劳动防护用品的种类、适用范围、领取程序、使用前检查和更换周期等内容。

3. 作业现场安全生产管理制度

应明确作业现场岗位作业人员的安全措施要求，特种作业和危险性较大的作业应明确作业程序，实施安全许可作业，保障安全的组织措施、技术措施的制定及执行等内容。

4. 安全考核与奖惩制度

应明确考核对象、考核方法、考核周期、考核结果的通报以及奖惩措施等。

（三）设备设施安全生产管理制度

设备设施安全生产管理制度体系如图2-7所示。

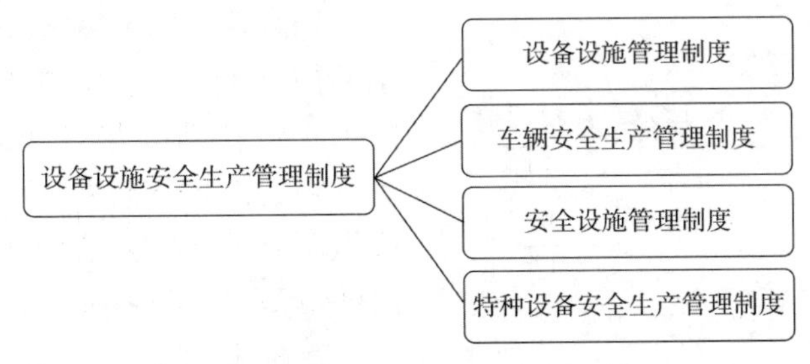

图2-7 设备设施安全生产管理制度体系

1. 设备设施管理制度

应明确设备设施的购买和入场验收要求，明确检测检验周期和日常检查、维护、维修相关规定，规范设备使用管理。应设置设备设施技术管理部门或人员，负责对设备设施进行技术管理。

2. 车辆安全生产管理制度

应明确车辆的检查和维护的周期、车辆维修、车辆的一级维护及二级维护等内容和要求，应明确车辆安全检查程序和安全检查要求。应设置车辆的技术管理机构或专职技术管理人员对车辆实施技术管理。

3. 安全设施管理制度

应明确安全设施的种类、名称、用途、数量以及定期检查检测要求。

4. 特种设备安全生产管理制度

依据《特种设备安全法》和《特种设备安全监察条例》要求,应明确特种设备的入场、检测、使用、检查维护以及特种设备作业人员的相关要求。

(四)环境安全生产管理制度

环境安全生产管理制度体系如图2-8所示。

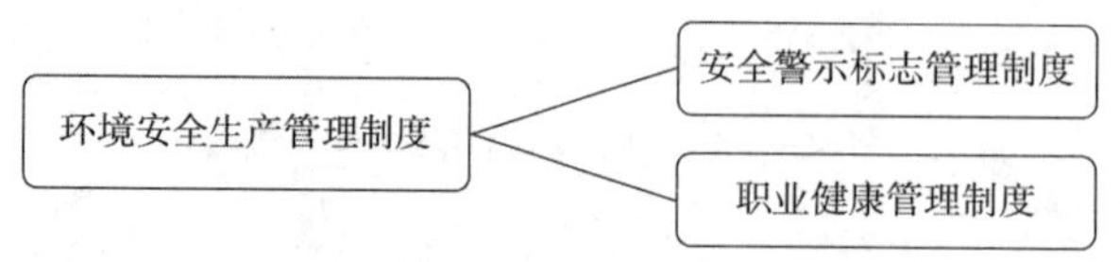

图2-8　环境安全生产管理制度体系

1. 安全警示标志管理制度

应明确安全警示标志的种类、名称、数量、地点和位置,安全警示标志的定期检查、维护等。

2. 职业健康管理制度

应明确作业现场存在的职业危害因素的种类、场所,职业危害岗位从业人员的定期职业健康检查,职业危害防护设施、设备的设置和发放等。

三、安全生产规章制度的管理

安全生产制度管理流程如图2-9所示。

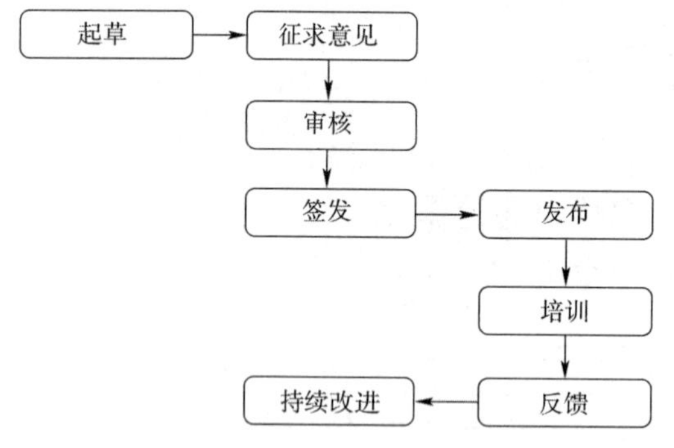

图2-9　安全生产制度管理流程

1. 起草

根据企业安全生产责任制,由负责安全生产管理部门或相关职能部门负责起草。起草前应对目的、适用范围、主管部门、解释部门和实施日期等予以明确,同时还应做好相关资料的准备和收集工作。规章制度的编制应做到条理清楚、结构严谨、用词准确、文字简明、标点符号使用正确。

2. 征求意见

起草的规章制度应通过正式渠道获得相关职能部门或员工的意见和建议,以利于规章制度的颁布和贯彻落实。当意见不一致时,应由分管领导组织讨论,统一认识,达成一致。

3. 审核

制度签发前,应进行审核。一是由生产经营单位负责法律事务的部门进行合规性审查,二是专业技术性较强的规章制度应邀请相关专家进行审核;三是安全奖惩等涉及全员性的制度,应经过职工代表大会或职工代表进行审核。

4. 签发

技术规程、安全操作规程等技术性较强的安全生产规章制度,一般由生产经营单位主管生产的领导或总工程师签发,涉及全局性的综合管理制度应由生产经营单位的主要负责人签发。

5. 发布

安全生产规章制度应采用固定的方式进行发布,如红头文件形式、内部办公网络等。发布的范围应涵盖应执行的部门、人员。有特殊的制度还应正式送达相关人员,并由接收人员签字。

6. 培训

对新发布的安全生产管理制度、修订的安全生产规章制度,应组织进行培训,并进行考核。

7. 反馈

应定期检查安全生产规章制度执行中存在的问题,或建立信息反馈渠道,及时掌握安全生产规章制度的执行效果。

8. 持续改进

企业应每年制定规章制度制定、修订计划,并应公布现行有效的安全生产规章制度清单。对安全操作规程类规章制度,除每年进行审查和修订外,每 2 ~6 年应进行一次全面修订,并重新发布,确保规章制度的建设和管理能够有序进行。

第七节　安全技术措施

一、安全技术措施

安全技术措施按照行业不同,可分为煤矿安全技术措施、非煤矿山安全技术措施、石油化工安全技术措施、冶金安全技术措施、建筑安全技术措施、水利水电安全技术措施、旅游安全技术措施等。按照危险、有害因素的类别不同,可分为防火防爆安全技术措施、锅炉与压力容器安全技术措施、起重与机械安全技术措施、电气安全技术措施等。按照导致事故的原因不同,可分为防止事故发生的安全技术措施、减少事故损失的安全技术措施等。

(一)防止事故发生的安全技术措施

防止事故发生的安全技术措施是指为了防止事故发生,采取的约束、限制能量或危险物质,防止其意外释放的技术措施。常用的防止事故发生的安全技术措施有消除危险源、限制能量或危险物质、隔离等。

1. 消除危险源

消除系统中的危险源,可以从根本上防止事故的发生。但是,按照现代安全工程的观点,彻底消除所有危险源是不可能的。因此,人们往往首先选择危险性较大、在现有技术条件下可以消除的危险源,作为优先考虑的对象。可以通过选择合适的工艺、技术、设备、设施,合理的结构形式,选择无害、无毒或不能致人伤害的物料来彻底消除某种危险源。

2. 限制能量或危险物质

限制能量或危险物质可以防止事故的发生,如减少能量或危险物质的量,防止能量蓄积,安全地释放能量等。

3. 隔离

隔离是一种常用的控制能量或危险物质的安全技术措施。采取隔离技术,既可以防止事故的发生,也可以防止事故的扩大,减少事故的损失。

4. 故障-安全设计

在系统、设备、设施的一部分发生故障或破坏的情况下,在一定时间内也能保证安全的技术措施称为故障-安全设计。通过设计,使得系统、设备、设施发生故障或事故时处于低能状态,防止能量的意外释放。

5. 减少故障和失误

通过增加安全系数、增加可靠性或设置安全监控系统等来减轻物的不安全状态,减少物的故障或事故的发生。

(二)减少事故损失的安全技术措施

防止意外释放的能量引起人的伤害或物的损坏,或减轻其对人的伤害或对物的破坏的技术措施称为减少事故损失的安全技术措施。该类技术措施是在事故发生后,迅速控制局面,防止事故的扩大,避免引起二次事故的发生,从而减少事故造成的损失。常用的减少事故损失的安全技术措施有隔离、设置薄弱环节、个体防护、避难与救援等。

1. 隔离

隔离是把被保护对象与意外释放的能量或危险物质等隔开。隔离措施按照被保护对象与可能致害对象的关系可分为隔开、封闭和缓冲等。

2. 设置薄弱环节

利用事先设计好的薄弱环节,使事故能量按照人们的意图释放,防止能量作用于被保护的人或物,如锅炉上的易熔塞、电路中的熔断器等。

3. 个体防护

个体防护是把人体与意外释放能量或危险物质隔离开,是一种不得已的隔离措施,同时也是保护人身安全的最后一道防线。

4. 避难与救援

设置避难场所有助于当事故发生时,人员暂时躲避,免遭伤害或赢得救援的时间。事先选择撤退路线有助于当事故发生时,人员能够按照撤退路线迅速撤离。事故发生后,组织有效的应急救援力量,实施迅速的救护。

此外,安全监控系统作为防止事故发生和减少事故损失的安全技术措施,是发现系统故障和异常的重要手段。安装安全监控系统,可以及早发现事故,获得事故发生、发展的数据,避免事故的发生或减少事故的损失。

二、安全技术措施计划

安全技术措施计划是生产经营单位生产财务计划的一个组成部分,是改善生产经营单位生产条件,有效防止事故和职业病的重要保证制度。生产经营单位为了保证安全资金的有效投入,应编制安全技术措施计划。

编制安全技术措施计划应以安全生产方针为指导思想,以《安全生产法》等法律、法规、国家和行业标准为依据,结合生产经营单位安全生产管理、设备、设施的具体情况,以安全生产管理部门牵头，由工会、安全职业卫生管理部门参与、共同研究，也可同时发动生产技术管理部门、基层班组共同提出。对提出的项目，按程度的轻重缓急，根据总体费用投入情况进行分类、排序，对涉及人身安全、公共安全和对生产经营有重大影响的事项应优先安排，具体应遵循如下四条原则：

(1)必要性和可行性原则。

编制计划时，一方面要考虑安全生产的实际需要，如针对在安全生产检查中发现的隐患、可能引发伤亡事故和职业病的主要原因，新技术、新工艺、新设备等的应用，安全技术革新项目和职工提出的合理化建议等方面编制安全技术措施；另一方面，还要考虑技术可行性与经济承受能力。

(2)自力更生与勤俭节约的原则。

编制计划时，要注意充分利用现有的设备和设施，挖掘潜力，讲求实效。

(3)轻重缓急与统筹安排的原则。

对影响最大、危险性最大的项目应优先考虑，逐步、有计划地解决。

(4)领导和群众相结合的原则。

加强领导，依靠群众，使计划切实可行，以便顺利实施。

三、安全技术措施计划的基本内容

(一)安全技术措施计划的项目范围

安全技术措施计划的项目范围，包括改善劳动条件、防止事故、预防职业病、提高职工安全素质等技术措施，大体可分以下四类：

(1)安全技术措施。

安全技术措施指以防止工伤事故和减少事故损失为目的的一切技术措施，如安全防护装置、保险装置、信号装置、防火防爆装置等。

(2)卫生技术措施。

卫生技术措施指改善对职工身体健康有害的生产环境条件、防止职业中毒与职业病的技术措施，如防尘、防毒、防噪声与振动、通风、降温、防寒、防辐射等装置或设施。

(3)辅助措施。

辅助措施指保证工业卫生方面所必需的房屋及一切卫生性保障措施，如尘毒作业人员的淋浴室、更衣室或存衣箱、消毒室、妇女卫生室、急救室等。

(4)安全宣传教育措施。

安全宣传教育措施指提高作业人员安全素质的有关宣传教育设备、仪器、教材和场所等，如劳动保护教育室，安全卫生教材、挂图、宣传画、培训室，安全卫生展览等。

(二)安全技术措施计划的编制内容

每一项安全技术措施至少应包括以下内容：

(1)措施应用的单位或工作场所；

(2)措施名称；

(3)措施目的和内容；

(4)经费预算及来源；

(5)实施部门和负责人;

(6)开工日期和竣工日期;

(7)措施预期效果及检查验收。

对有些单项投入费用较大的安全技术措施,还应进行可行性论证,从技术的先进性、可靠性,以及经济性方面进行比较,编制单独的《可行性研究报告》,报上级主管或邀请专家进行评审。

四、安全技术措施计划的编制方法

1. 确定措施计划编制时间

年度安全技术措施计划一般应与同年度的生产、技术、财务、供销等计划同时编制。

2. 布置措施计划编制工作

企业领导应根据本单位具体情况向下属单位或职能部门提出编制措施计划具体要求,并就有关工作进行布置。

3. 确定措施计划项目和内容

下属单位在认真调查和分析本单位存在的问题,并征求群众意见的基础上,确定本单位的安全技术措施计划项目和主体内容,报上级安全生产管理部门。安全生产管理部门对上报的措施计划进行审查、平衡、汇总后,确定措施计划项目,并报有关领导审批。

4. 编制措施计划

安全技术措施计划项目经审批后,由安全生产管理部门和下属单位组织相关人员,编制具体的措施计划和方案,经讨论后,送上级安全生产管理部门和有关部门审查。

5. 审批措施计划

上级安全、技术、计划部门对上报安全技术措施计划进行联合会审后,报单位有关领导审批。安全技术措施计划一般由总工程师审批。

6. 下达措施计划

生产经营单位主要负责人根据总工程师的审批意见,召集有关部门和下属单位负责人审查、核定措施计划。审查、核定通过后,与生产计划同时下达到有关部门贯彻执行。安全技术措施计划落实到各有关部门和下属单位后,计划部门应定期进行检查。企业领导在检查生产计划的同时,应同时检查安全技术措施计划的完成情况。安全生产管理与安全技术部门应经常了解安全技术措施计划项目的实施情况,协助解决实施中的问题,及时汇报并督促有关单位按期完成。已完成的措施计划项目要按规定组织竣工验收。竣工验收时一般应注意:所有材料、成品等必须经检验部门检验;外购设备必须有质量证明书;负责单位应向安全技术部门填报竣工验收单,由安全技术部门组织有关单位验收;验收合格后,由负责单位持竣工验收单向计划部门报完工,并办理财务结算手续;使用单位应建立台账,按《劳动保护设施管理制度》进行维护管理。

7. 实施措施计划

安全技术措施计划项目经审批后应正式下达。安全技术措施计划落实到各执行部门后,安全生产管理部门应定期对计划的完成情况进行监督检查,对已经完成的项目,应由验收部门负责组织验收。安全技术措施验收后,应及时补充、修订相关管理制度、操作规程,开展对相关人员的培训工作,建立相关的档案和记录。对不能按期完成的项目,或没有达到预期效果的项目,必须认真分析原因,制定出相应的补救措施。经上级部门审批的项目,还应上报上级相关部门。

第八节　安全文化

文化是一种无形的力量,影响着人的思维方法和行为方式。相对于提高设备设施安全标准和强制性安全制度规程来讲,安全文化建设是事故预防的一种"软"力量,是一种人性化管理手段。安全文化建设通过创造一种良好的安全人文氛围和协调的人机环境,对人的观念、意识、态度、行为等形成从无形到有形的影响,从而对人的不安全行为产生控制作用,以达到减少人为事故的效果。利用文化的力量,可以利用文化的导向、凝聚、辐射和同化等功能,引导全体员工采用科学的方法从事安全生产活动。利用文化的约束功能,一方面形成有效的规章制度的约束,引导员工遵守安全规章制度;另一方面,通过道德规范的约束,创造一种团结友爱、相互信任,工作中相互提醒、相互发现不安全因素,共同保障安全的和睦氛围,形成凝聚力和信任力。利用文化的激励功能,使每个人能明白自己的存在和行为的价值,体现出自我价值。持之以恒地坚持企业安全文化建设,在企业形成尊重生命的价值观,形成统一的思维方式和行为方式,进而提升企业安全目标、政策、制度的贯彻执行力。

一、安全文化的定义

企业安全文化是企业在长期安全生产和经营活动中逐步形成的,或有意识塑造的,为全体员工接受、遵循的,具有企业特色的安全价值观、安全思想和意识、安全作风和态度、安全行为准则、安全知识和技术的综合体现。企业安全文化是企业安全生产管理机制及行为规范,安全生产和奋斗目标,为保护员工身心安全与健康而创造的安全、舒适的生产和生活环境和条件,是企业安全物质因素和安全精神因素的总和。安全文化的内容十分丰富,主要包括三个方面:

(1)处于深层的安全观念文化;

(2)处于中间层的安全制度文化;

(3)处于表层的安全行为文化和安全物质文化。

《企业安全文化建设导则》(AQ/T 9004—2008)对企业安全文化的定义为:"被企业组织的员工群体所共享的安全价值观、态度、道德和行为规范的统一体。"

一个企业的安全文化是企业在长期安全生产和经营活动中逐步培育形成的、具有本企业特点、被全体员工认可遵循并不断创新的观念、行为、环境、物态条件的总和。企业安全文化包括保护员工在从事生产经营活动中的身心安全与健康,既包括无损、无害、不伤、不亡的物质条件和作业环境,也包括员工对安全的意识、信念、价值观、经营思想、道德规范、企业安全激励进取精神等安全的精神因素。企业安全文化是"以人为本,多层次的复合体,由安全物质文化、安全行为文化、安全制度文化、安全精神文化组成。企业文化是"以人为本",提倡对人的"爱"与"护",以"灵性管理"为中心,以员工安全文化素质为基础所形成的,群体和企业的安全价值观和安全行为规范,表现于员工在受到激励后的安全生产的态度和敬业精神。

企业安全文化是尊重人权、保护人的安全健康的实用性文化,也是人类生存、繁衍和发展的高雅文化。要使企业员工建起自护、互爱、互救,心和人安,以企业为家,以企业安全为荣的企业形象和风貌,要在员工的心灵深处树立起安全、健康、高效的个人和群体的共同奋斗意识。安全文化教育,从法制、制度上保障员工受教育的权利,不断创造和保证提高员工安全技能和安全文化素质的机会。

二、安全文化的构成

企业安全文化要素包括安全习惯、安全理念、安全政策、安全目标、安全行为、安全科学6个要素(图2-10)。通过这6个要素间的逐级递变,安全文化实现自身的不断循环、改进和提升。

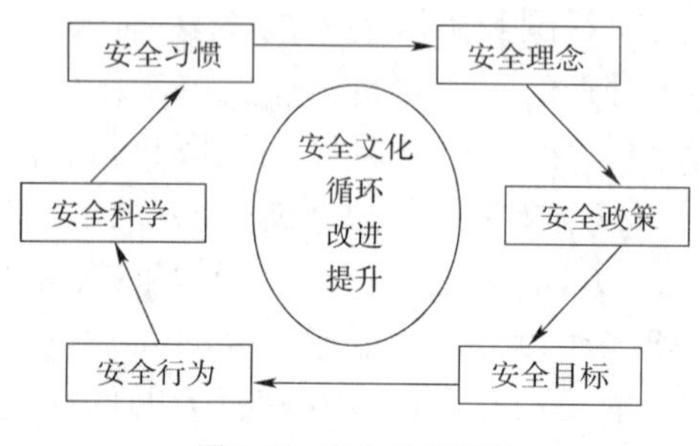

图2-10　安全文化要素

营造企业自身的安全文化,使企业的每一位员工都能自觉地按照安全的要求来规范自己的行为,自觉地把安全放在第一位,这是全面履行安全责任的内在驱动力,是保证安全目标实现的活的灵魂。通过加强企业安全文化的建设来提升企业的安全生产管理水平,是对企业传统安全生产管理工作的一种创新,它超越了传统被动式的安全监督的局限。用安全文化去塑造每一位员工,从更深的文化层面激发员工“关注安全、关爱生命”的本能意识,体现了“预防为主”的安全生产管理精髓,由此才能确保安全规章的有效实施,提升安全生产管理的执行力,建立企业安全生产的长效机制。

三、企业安全文化的基本特征与主要功能

(一)安全文化的基本特征

(1)安全文化是企业生产经营过程中,为保障企业安全生产,保护员工身心安全与健康所涉及的种种文化实践及活动。

(2)企业安全文化与企业文化目标是基本一致的,即“以人为本”,以人的“灵性管理”为基础。

(3)企业安全文化更强调企业的安全形象、安全奋斗目标、安全激励精神、安全价值观和安全生产及产品安全质量、企业安全风貌及“商誉”效应等是企业凝聚力的体现,对员工有很强的吸引力和无形的约束作用,能激发员工产生强烈的责任感。

(4)企业安全文化对员工有很强的潜移默化的作用,能影响人的思维,改善人们的心智模式,改变人的行为。

(二)安全文化的主要功能

(1)导向功能。企业安全文化所提出的价值观为企业的安全生产管理决策活动提供了为企业大多数职工所认同的价值取向,它们能将价值观内化为个人的价值观,将企业目标“内化”为自己的行为目标,使个体的目标、价值观、理想与企业的目标、价值观、理想保持高度一致性和同一性。

(2)凝聚功能。当企业安全文化所提出的价值观被企业职工内化为个体的价值观和目

标后,就会产生一种积极而强大的群体意识,将每个职工紧密地联系在一起。这样就形成了一种强大的凝聚力和向心力。

(3)激励功能。企业安全文化所提出的价值观向员工展示了工作的意义,员工在理解工作的意义后,会产生更大的工作动力,这一点已被大量的心理学研究所证实。一方面,用企业的宏观理想和目标激励职工奋发向上;另一方面,它也为职工个体指明了成功的标准,使其有了具体的奋斗目标。此外,还可用典型、仪式等行为方式不断强化职工追求目标的行为。

(4)辐射和同化功能。企业安全文化一旦在一定的群体中形成,便会对周围群体产生强大的影响作用,迅速向周边辐射。而且,企业安全文化还会保持一个企业稳定的、独特的风格和活力,同化一批又一批新来者,使他们接受这种文化并继续保持与传播,使企业安全文化的生命力得以持久。

四、安全文化建设的基本内容

(一)企业安全文化建设的总体要求

企业在安全文化建设过程中,应充分考虑自身内部的和外部的文化特征,引导全体员工的安全态度和安全行为,实现在法律和政府监管要求基上的安全自我约束,通过全员参与实现企业安全生产水平持续提高。

(二)企业安全文化建设基本要素

1.安全承诺

企业应建立包括安全价值观、安全愿景、安全使命和安全目标等在内的安全承诺。安全承诺应做到:切合企业特点和实际,反映共同安全志向;明确安全问题在组织内部具有最高优先权;声明所有与企业安全有关的重要活动都追求卓越;含义清晰明了,并被全体员工和相关方所知晓和理解。

领导者应做到:提供安全工作的领导力,坚持保守决策,以有形的方式表达对安全的关注;在安全生产上真正投入时间和资源;制定安全发展的战略规划,以推动安全承诺的实施;接受培训,在与企业相关的安全事务上具有必要的能力;授权组织的各级管理者和员工参与安全生产工作,积极质疑安全问题;安排对安全实践或实施过程的定期审查;与相关方进行沟通和合作。

各级管理者应做到:清晰界定全体员工的岗位安全责任;保证所有与安全相关的活动均采用了安全的工作方法;确保全体员工充分理解并胜任所承担的工作;鼓励和肯定在安全方面的良好态度,注重从差错中学习和获益;在追求卓越的安全绩效、质疑安全问题方面以身作则;接受培训,在推进和辅导员工改进安全绩效上具有必要的能力;保持与相关方的交流合作,促进组织部门之间的沟通与协作。

每个员工应做到:在本职工作上始终采取安全的方法;对任何与安全相关的工作保持质疑的态度;对任何安全异常和事件保持警觉并主动报告;接受培训,在岗位工作中具有改进安全绩效的能力;与管理者和其他员工进行必要的沟通。

企业应将自己的安全承诺传达到相关方。必要时应要求供应商、承包商等相关方提供相应的安全承诺。

2. 行为规范与程序

企业内部的行为规范是企业安全承诺的具体体现和安全文化建设的基础要求。企业应确保拥有能够达到和维持安全绩效的管理系统,建立清晰界定的组织结构和安全职责体系,有效控制全体员工的行为。行为规范的建立和执行应做到:体现企业的安全承诺;明确各级各岗位人员在安全生产工作中的职责与权限;细化有关安全生产的各项规章制度和操作程序;行为规范的执行者参与规范系统的建立,熟知自己在组织中的安全角色和责任;由正式文件予以发布;引导员工理解和接受建立行为规范的必要性,知晓由于不遵守规范所引发的潜在不利后果;通过各级管理者或被授权者观测员工行为,实施有效监控和缺陷纠正;广泛听取员工意见,建立持续改进机制。

程序是行为规范的重要组成部分。企业应建立必要的程序,以实现对与安全相关的所有活动进行有效控制的目的。程序的建立和执行应做到:识别并说明主要的风险,简单易懂,便于操作;程序的使用者(必要时包括承包商)参与程序的制定和改进过程,并应清楚理解不遵守程序可导致的潜在不利后果;由正式文件予以发布;通过强化培训,向员工阐明在程序中给出特殊要求的原因;对程序的有效执行保持警觉,即使在生产经营压力很大时,也不能容忍走捷径和违反程序;鼓励员工对程序的执行保持质疑的安全态度,必要时采取更加保守的行动并寻求帮助。

3. 安全行为激励

企业在审查和评估自身安全绩效时,除使用事故发生率等消极指标外,还应使用旨在对安全绩效给予直接认可的积极指标。员工应该受到鼓励,在任何时间和地点,挑战所遇到的潜在不安全事件,并识别所存在的安全缺陷。对员工所识别的安全缺陷,企业应给予及时处理和反馈。

企业应建立员工安全绩效评估系统,建立将安全绩效与工作业绩相结合的奖励制度。审慎对待员工的差错,应避免过多关注错误本身,而应以吸取经验教训为目的。应仔细权衡惩罚措施,避免因处罚而导致员工隐瞒错误。企业宜在组织内部树立安全榜样或典范,发挥安全行为和安全态度的示范作用。

4. 安全信息传播与沟通

企业应建立安全信息传播系统,综合利用各种传播途径和方式,提高传播效果。企业应优化安全信息的传播内容,将组织内部有关安全的经验、实践和概念作为传播内容的组成部分。企业应就安全事项建立良好的沟通程序,确保企业与政府监管机构和相关方、各级管理者与员工、员工相互之间的沟通。沟通应满足:确认有关安全事项的信息已经发送,并被接受方所接收和理解;涉及安全事件的沟通信息应真实、开放;每个员工都应认识到沟通对安全的重要性,从他人处获取信息和向他人传递信息。

5. 自主学习与改进

企业应建立有效的安全学习模式,实现动态发展的安全学习过程,保证安全绩效的持续改进。企业应建立正式的岗位适任资格评估和培训系统,确保全体员工充分胜任所承担的工作。企业应制定人员聘任和选拔程序,保证员工具有岗位适任要求的初始条件;安排必要的培训及定期复训,评估培训效果;培训内容除有关安全知识和技能外,还应包括对严格遵守安全规范的理解,以及个人安全职责的重要意义和因理解偏差或缺乏严谨而产生失误的后果;除借助外部培训机构外,应选拔、训练和聘任内部培训教师,使其成为企业安全文化建设过程的知识和信息传播者。

企业应将与安全相关的任何事件,尤其是人员失误或组织错误事件,当作能够从中汲取经验教训的宝贵机会,从而改进行为规范和程序,获得新的知识和能力。企业应鼓励员工对安全问题予以关注,进行团队协作,利用既有知识和能力,辨识和分析可供改进的机会,对改进措施提出建议,并在可控条件下授权员工自主改进。经验教训、改进机会和改进过程的信息宜编写到企业内部培训课程或宣传教育活动的内容中,使员工广泛知晓。

6. 安全事务参与

全体员工都应认识到自己负有对自身和同事安全作出贡献的重要责任。员工对安全事务的参与是落实这种责任的最佳途径。企业组织应根据自身的特点和需要确定员工参与的形式。员工参与的方式可包括但不局限于以下类型:建立在信任和免责备基础上的微小差错员工报告机制;成立员工安全改进小组,给予必要的授权、辅导和交流;定期召开有员工代表参加的安全会议,讨论安全绩效和改进行动;开展岗位风险预见性分析和不安全行为或不安全状态的自查自评活动。

所有承包商对企业的安全绩效改进均可作出贡献。企业应建立让承包商参与安全事务和改进过程的机制,将与承包商有关的政策纳入安全文化建设的范畴;应加强与承包商的沟通和交流,必要时给予培训,使承包商清楚企业的要求和标准;应让承包商参与工作准备、风险分析和经验反馈等活动;倾听承包商对企业生产经营过程中所存在的安全改进机会的意见。

企业应对自身安全文化建设情况进行定期的全面审核,审核内容包括:领导者应定期组织各级管理者评审企业安全文化建设过程的有效性和安全绩效结果;领导者应根据审核结果确定并落实整改不符合、不安全实践和安全缺陷的优先次序,并识别新的改进机会;必要时,应鼓励相关方实施这些优先次序和改进机会,以确保其安全绩效与企业协调一致。在安全文化建设过程中及审核时,应采用有效的安全文化评估方法,关注安全绩效下滑的前兆,给予及时的控制和改进。

五、安全文化建设流程

1. 建立机构

建立安全文化建设的领导机构可以是“安全文化建设委员会”或“安全文化建设领导小组”,必须由生产经营单位主要负责人亲自担任委员会主任或领导小组组长。其他高层领导可以任副主任或副组长,有关管理部门负责人任委员或组员。其下设置安全文化办公室,负责日常工作。

2. 制定规划

(1)对本单位的安全生产观念、状态进行初始评估。

(2)对本单位的安全文化理念进行定格设计。

(3)制定出科学的时间表及推进计划。

3. 培训骨干

培养骨干是推动企业安全文化建设不断更新、发展必须完成的工作,训练内容可包括理论、事例、经验和本企业应该如何实施的方法等。

4. 宣传教育

宣传、教育、激励、感化是传播安全文化,促进精神文明的重要手段。规章制度固然必要,但安全文化这种"软力量"往往能发挥制度和纪律难以实现的作用。

5. 努力实践

安全文化建设是安全生产管理中高层次的工作,是实现零事故目标的必由之路,是超越传统安全生产管理来解决安全生产问题的根本途径。安全文化要在生产经营单位安全工作中真正发挥作用,必须让所倡导的安全文化理念深入员工头脑中,落实到员工的行动上。在安全文化建设过程中,紧紧围绕"安全-健康-文明-环保"的理念,通过采取管理控制、精神激励、环境感召、心理调适、习惯培养等一系列方法,既推进安全文化建设的深入发展,又能丰富安全文化的内涵。

第九节　安全生产投入

《安全生产法》第十八条规定,生产经营单位主要负责人应保证本单位安全生产投入的有效实施。第二十条规定,生产经营单位应当具备的安全生产条件所必需的资金投入,由生产经营单位的决策机构、主要负责人或者个人经营的投资人予以保证,并对由于安全生产所必需的资金投入不足导致的后果承担责任。有关生产经营单位应当按照规定提取和使用安全生产费用,专门用于改善安全生产条件。安全生产费用在成本中据实列支。

安全生产费用提取、使用和监督管理依据《企业安全生产费用提取和使用管理办法》执行。

安全生产费用(以下简称安全费用)是指企业按照规定标准提取在成本中列支,专门用于完善和改进企业或者项目安全生产条件的资金。

安全费用按照"企业提取、政府监管、确保需要、规范使用"的原则进行管理。

一、安全费用的提取

1. 交通运输企业

交通运输企业以上年度实际营业收入为计提依据,按照以下标准平均逐月提取:

(1)普通货运业务按照1%提取;

(2)客运业务、管道运输、危险品等特殊货运业务按照1.5%提取。

2. 煤炭生产企业

煤炭生产企业依据开采的原煤产量按月提取。各类煤矿原煤单位产量安全费用提取标准如下:

(1)煤(岩)与瓦斯(二氧化碳)突出矿井、高瓦斯矿井吨煤30元;

(2)其他井工矿吨煤15元;

(3)露天矿吨煤5元。

矿井瓦斯等级划分按《煤矿安全规程》(国家安全监督管理总局令第87号)和《矿井瓦斯等级鉴定规范》(AQ 1025—2006)的规定执行。

3.非煤矿山开采企业提取标准

非煤矿山开采企业依据开采的原矿产量按月提取。各类矿山原矿单位产量安全费用提取标准如下：

(1)石油,原油17元/t；

(2)天然气、煤层气(地面开采),原气5元/1000m^3；

(3)金属矿山,其中露天矿山5元/t,地下矿山10元/t；

(4)核工业矿山,25元/t；

(5)非金属矿山,其中露天矿山2元/t,地下矿山4元/t；

(6)小型露天采石场,即年采剥总量50万t以下,且最大开采高度不超过50m,产品用于建筑、铺路的山坡型露天采石场,1元/t；

(7)尾矿库按入库尾矿量计算,三等及三等以上尾矿库1元/t,四等及五等尾矿库1.5元/t。

4.建设工程施工企业

建设工程施工企业以建筑安装工程造价为计提依据。各建设工程类别安全费用提取标准如下：

(1)矿山工程为2.5%；

(2)房屋建筑工程、水利水电工程、电力工程、铁路工程、城市轨道交通工程为2.0%；

(3)市政公用工程、冶炼工程、机电安装工程、化工石油工程、港口与航道工程、公路工程、通信工程为1.5%。

建设工程施工企业提取的安全费用列入工程造价,在竞标时,不得删减,列入标外管理。国家对基本建设投资概算另有规定的,从其规定。

总包单位应当将安全费用按比例直接支付分包单位并监督使用,分包单位不再重复提取。

5.危险品生产与储存企业

危险品生产与储存企业以上年度实际营业收入为计提依据,采取超额累退方式按照以下标准平均逐月提取：

(1)营业收入不超过1000万元的,按照4%提取；

(2)营业收入超过1000万元至1亿元的部分,按照2%提取；

(3)营业收入超过1亿元至10亿元的部分,按照0.5%提取；

(4)营业收入超过10亿元的部分,按照0.2%提取。

6.冶金企业

冶金企业以上年度实际营业收入为计提依据,采取超额累退方式按照以下标准平均逐月提取：

(1)营业收入不超过1000万元的,按照3%提取；

(2)营业收入超过1000万元至1亿元的部分,按照1.5%提取；

(3)营业收入超过1亿元至10亿元的部分,按照0.5%提取；

(4)营业收入超过10亿元至50亿元的部分,按照0.2%提取；

(5)营业收入超过50亿元至100亿元的部分,按照0.1%提取；

(6)营业收入超过100亿元的部分,按照0.05%提取。

7. 机械制造企业

机械制造企业以上年度实际营业收入为计提依据,采取超额累退方式按照以下标准平均逐月提取:

(1)营业收入不超过1000万元的,按照2%提取;

(2)营业收入超过1000万元至1亿元的部分,按照1%提取;

(3)营业收入超过1亿元至10亿元的部分,按照0.2%提取;

(4)营业收入超过10亿元至50亿元的部分,按照0.1%提取;

(5)营业收入超过50亿元的部分,按照0.05%提取。

8. 烟花爆竹生产企业

烟花爆竹生产企业以上年度实际营业收入为计提依据,采取超额累退方式按照以下标准平均逐月提取:

(1)营业收入不超过200万元的,按照3.5%提取;

(2)营业收入超过200万元至500万元的部分,按照3%提取;

(3)营业收入超过500万元至1000万元的部分,按照2.5%提取;

(4)营业收入超过1000万元的部分,按照2%提取。

中小微型企业和大型企业上年末安全费用结余分别达到本企业上年度营业收入的5%和1.5%时,经当地县级以上安全生产监督管理部门、煤矿安全监察机构商财政部门同意,企业本年度可以缓提或者少提安全费用。

企业在上述标准的基础上,根据安全生产实际需要,可适当提高安全费用提取标准。

新建企业和投产不足一年的企业以当年实际营业收入为提取依据,按月计提安全费用。

混业经营企业,如能按业务类别分别核算的,则以各业务营业收入为计提依据,按上述标准分别提取安全费用;如不能分别核算的,则以全部业务收入为计提依据,按主营业务计提标准提取安全费用。

二、安全费用使用范围

1. 交通运输企业

交通运输企业安全费用应当按照以下范围使用:

(1)完善、改造和维护安全防护设施设备支出(不含“三同时”要求初期投入的安全设施),包括道路、水路、铁路、管道运输设施设备和装卸工具安全状况检测及维护系统、运输设施设备和装卸工具附属安全设备等支出;

(2)购置、安装和使用具有行驶记录功能的车辆卫星定位装置、船舶通信导航定位和自动识别系统、电子海图等支出;

(3)配备、维护应急救援器材、设备支出和应急演练支出;

(4)开展重大危险源和事故隐患评估、监控和整改支出;

(5)安全生产检查、评价(不包括新建、改建、扩建项目风险评价)、咨询和标准化建设支出;

(6)配备和更新现场作业人员安全防护用品支出;

(7)安全生产宣传、教育、培训支出;

(8)安全生产适用的新技术、新标准、新工艺、新装备的推广应用支出;

(9)安全设施及特种设备检测检验支出;

(10)其他与安全生产直接相关的支出。

2. 煤炭生产企业

煤炭生产企业安全费用应当按照以下范围使用:

(1)煤与瓦斯突出及高瓦斯矿井落实"两个四位一体"综合防突措施支出,包括瓦斯区域预抽、保护层开采区域防突措施、开展突出区域和局部预测、实施局部补充防突措施、更新改造防突设备和设施、建立突出防治实验室等支出;

(2)煤矿安全生产改造和重大隐患治理支出,包括"一通三防"(通风,防瓦斯、防煤尘、防灭火)、防治水、供电、运输等系统设备改造和灾害治理工程,实施煤矿机械化改造,实施矿压(冲击地压)、热害、露天矿边坡治理、采空区治理等支出;

(3)完善煤矿井下监测监控、人员定位、紧急避险、压风自救、供水施救和通信联络安全避险"六大系统"支出,应急救援技术装备、设施配置和维护支出,事故逃生和紧急避难设施设备的配置和应急演练支出;

(4)开展重大危险源和事故隐患评估、监控和整改支出;

(5)安全生产检查、评价(不包括新建、改建、扩建项目风险评价)、咨询、标准化建设支出;

(6)配备和更新现场作业人员安全防护用品支出;

(7)安全生产宣传、教育、培训支出;

(8)安全生产适用新技术、新标准、新工艺、新装备的推广应用支出;

(9)安全设施及特种设备检测检验支出;

(10)其他与安全生产直接相关的支出。

3. 非煤矿山开采企业

非煤矿山开采企业安全费用应当按照以下范围使用:

(1)完善、改造和维护安全防护设施设备(不含"三同时"要求初期投入的安全设施)和重大安全隐患治理支出,包括矿山综合防尘、防灭火、防治水、危险气体监测、通风系统、支护及防治边帮滑坡设备、机电设备、供配电系统、运输(提升)系统和尾矿库等完善、改造和维护支出以及实施地压监测监控、露天矿边坡治理、采空区治理等支出;

(2)完善非煤矿山监测监控、人员定位、紧急避险、压风自救、供水施救和通信联络等安全避险"六大系统"支出,完善尾矿库全过程在线监控系统和海上石油开采出海人员动态跟踪系统支出,应急救援技术装备、设施配置及维护支出,事故逃生和紧急避难设施设备的配置和应急演练支出;

(3)开展重大危险源和事故隐患评估、监控和整改支出;

(4)安全生产检查、评价(不包括新建、改建、扩建项目风险评价)、咨询、标准化建设支出;

(5)配备和更新现场作业人员安全防护用品支出;

(6)安全生产宣传、教育、培训支出;

(7)安全生产适用的新技术、新标准、新工艺、新装备的推广应用支出;

(8)安全设施及特种设备检测检验支出;

(9)尾矿库闭库及闭库后维护费用支出;

(10)地质勘探单位野外应急食品、应急器械、应急药品支出;

(11)其他与安全生产直接相关的支出。

4. 建设工程施工企业

建设工程施工企业安全费用应当按照以下范围使用:

(1)完善、改造和维护安全防护设施设备支出(不含"三同时"要求初期投入的安全设施),包括施工现场临时用电系统、洞口、临边、机械设备、高处作业防护、交叉作业防护、防火、防爆、防尘、防毒、防雷、防台风、防地质灾害、地下工程有害气体监测、通风、临时安全防护等设施设备支出;

(2)配备、维护应急救援器材、设备支出和应急演练支出;

(3)开展重大危险源和事故隐患评估、监控和整改支出;

(4)安全生产检查、评价(不包括新建、改建、扩建项目风险评价)、咨询和标准化建设支出;

(5)配备和更新现场作业人员安全防护用品支出;

(6)安全生产宣传、教育、培训支出;

(7)安全生产适用的新技术、新标准、新工艺、新装备的推广应用支出;

(8)安全设施及特种设备检测检验支出;

(9)其他与安全生产直接相关的支出。

5. 危险品生产与储存企业

危险品生产与储存企业安全费用应当按照以下范围使用:

(1)完善、改造和维护安全防护设施设备支出(不含"三同时"要求初期投入的安全设施),包括车间、库房、罐区等作业场所的监控、监测、通风、防晒、调温、防火、灭火、防爆、泄压、防毒、消毒、中和、防潮、防雷、防静电、防腐、防渗漏、防护围堤或者隔离操作等设施设备支出;

(2)配备、维护应急救援器材、设备支出和应急演练支出;

(3)开展重大危险源和事故隐患评估、监控和整改支出;

(4)安全生产检查、评价(不包括新建、改建、扩建项目风险评价)、咨询和标准化建设支出;

(5)配备和更新现场作业人员安全防护用品支出;

(6)安全生产宣传、教育、培训支出;

(7)安全生产适用的新技术、新标准、新工艺、新装备的推广应用支出;

(8)安全设施及特种设备检测检验支出;

(9)其他与安全生产直接相关的支出。

6. 冶金企业

冶金企业安全费用应当按照以下范围使用:

(1)完善、改造和维护安全防护设施设备支出(不含"三同时"要求初期投入的安全设施),包括车间、站、库房等作业场所的监控、监测、防火、防爆、防坠落、防尘、防毒、防噪声与振动、防辐射和隔离操作等设施设备支出;

(2)配备、维护应急救援器材、设备支出和应急演练支出;

(3)开展重大危险源和事故隐患评估、监控和整改支出;

(4)安全生产检查、评价(不包括新建、改建、扩建项目风险评价)和咨询及标准化建设支出;

(5)安全生产宣传、教育、培训支出;

(6)配备和更新现场作业人员安全防护用品支出;

(7)安全生产适用的新技术、新标准、新工艺、新装备的推广应用支出;

(8)安全设施及特种设备检测检验支出;

(9)其他与安全生产直接相关的支出。

7. 机械制造企业

机械制造企业安全费用应当按照以下范围使用:

(1)完善、改造和维护安全防护设施设备支出(不含“三同时”要求初期投入的安全设施),包括生产作业场所的防火、防爆、防坠落、防毒、防静电、防腐、防尘、防噪声与振动、防辐射或者隔离操作等设施设备支出,大型起重机械安装安全监控管理系统支出;

(2)配备、维护应急救援器材、设备支出和应急演练支出;

(3)开展重大危险源和事故隐患评估、监控和整改支出;

(4)安全生产检查、评价(不包括新建、改建、扩建项目风险评价)、咨询和标准化建设支出;

(5)安全生产宣传、教育、培训支出;

(6)配备和更新现场作业人员安全防护用品支出;

(7)安全生产适用的新技术、新标准、新工艺、新装备的推广应用;

(8)安全设施及特种设备检测检验支出;

(9)其他与安全生产直接相关的支出。

8. 烟花爆竹生产企业

烟花爆竹生产企业安全费用应当按照以下范围使用:

(1)完善、改造和维护安全设备设施支出(不含“三同时”要求初期投入的安全设施);

(2)配备、维护防爆机械电器设备支出;

(3)配备、维护应急救援器材、设备支出和应急演练支出;

(4)开展重大危险源和事故隐患评估、监控和整改支出;

(5)安全生产检查、评价(不包括新建、改建、扩建项目风险评价)、咨询和标准化建设支出;

(6)安全生产宣传、教育、培训支出;

(7)配备和更新现场作业人员安全防护用品支出;

(8)安全生产适用新技术、新标准、新工艺、新装备的推广应用支出;

(9)安全设施及特种设备检测检验支出;

(10)其他与安全生产直接相关的支出。

三、安全费用的管理

企业提取的安全费用应当专户核算,按规定范围安排使用,不得挤占、挪用。年度结余资金结转下年度使用,当年计提安全费用不足的,超出部分按正常成本费用渠道列支。

企业应当建立健全内部安全费用管理制度,明确安全费用提取和使用的程序、职责及权限,按规定提取和使用安全费用。

企业应当加强安全费用管理,编制年度安全费用提取和使用计划,纳入企业财务预算。企业年度安全费用使用计划和上一年安全费用的提取、使用情况按照管理权限报同级财政部门及行业主管部门备案。

企业提取的安全费用属于企业自提自用资金,其他单位和部门不得采取收取、代管等形式对其进行集中管理和使用,国家法律、法规另有规定的除外。

四、安全资金使用监督和保障

企业应当严格遵守安全费用管理制度,明确安全费用使用、管理的程序、职责及权限;企业安全生产费用的提取使用要接受安全生产监督管理部门和财政、审计部门的监督。年度终了,企业要在年度财务会报告中说明安全生产费用提取和使用的具体情况。

企业安全费用的投入,由企业的决策机构、主要负责人予以保证,并对由于安全生产所需要的资金投入不足导致的后果承担责任。

企业的决策机构、主要负责人不依照规定保证安全生产所需的资金投入,致使企业不具备安全生产条件的,责令限期改正,提供必需的资金;逾期未改正的,责令运输企业停产停业整顿。有以上违法行为,导致发生安全生产事故,构成犯罪的,依法追究刑事责任;尚不够刑事处罚的,对运输企业的主要负责人给予撤职处分。

第十节　安全生产教育培训

安全生产管理的核心是人的管理,其主要体现在两个方面:一是安全生产管理是由人来组织实施开展,安全生产管理人员的专业知识和能力直接影响本单位安全生产管理水平,具备专业的安全生产知识和管理能力的优秀管理人员,有助于更科学、规范地开展安全生产管理工作,建立良好安全生产工作机制,落实各项安全生产管理措施和技术措施,有效管控安全生产风险和排查治理隐患,最大限度减少安全生产事故的发生。二是安全生产管理的对象是人,安全生产管理的本质是规范从业人员在生产经营过程中各个环节的作业行为,通过各种途径,避免从业人员的不安全行为。大量事故统计表明,人的不安全行为是造成安全生产事故的最主要因素,因此,提高从业人员的安全意识和安全知识技能就显得尤为重要,提高管理人员和从业人员安全知识水平和能力的最有效途径是开展安全生产培训教育,通过学习法律法规、规章制度、操作规程、应急预案和应急救援知识、安全生产管理和专业技术知识、消防、危险有害因素识别、职业卫生以及事故案例警示教育等知识内容,不断提高安全意识和安全生产知识的掌握程度,从而从人为的根源上最大限度降低事故发生的诱发因素,避免造成人员伤亡和财产损失。

一、主要负责人和安全生产管理人员安全教育培训

《安全生产法》第二十四条规定，生产经营单位的主要负责人和安全生产管理人员必须具备与本单位所从事的生产经营活动相应的安全生产知识和管理能力。危险物品的生产、经营、储存单位以及矿山、金属冶炼、建筑施工、道路运输单位的主要负责人和安全生产管理人员，应当由主管的负有安全生产监督管理职责的部门对其安全生产知识和管理能力考核合格。

《生产经营单位安全培训规定》第六条规定，生产经营单位主要负责人和安全生产管理人员应当接受安全培训，具备与所从事的生产经营活动相适应的安全生产知识和管理能力。第十二条规定，煤矿、非煤矿山、危险化学品、烟花爆竹等生产经营单位主要负责人和安全生产管理人员，经安全资格培训考核合格，由安全生产监管监察部门发给安全资格证书。其他生产经营单位主要负责人和安全生产管理人员经安全生产监管监察部门认定的具备相应资质的培训机构培训合格后，由培训机构发给相应的培训合格证书。

《公路水运工程安全生产监督管理办法》第十四条规定，施工单位的主要负责人和安全生产管理人员应当经交通运输主管部门对其安全生产知识和管理能力考核合格。

《道路旅客运输企业安全管理规范》第八条规定，客运企业主要负责人和安全管理人员应当具备与本企业所从事的道路旅客运输生产经营活动相适应的安全生产知识和管理能力，并经县级以上交通运输管理部门对其安全生产知识和管理能力考核合格，或者取得注册安全工程师(道路运输安全)执业资格并经属地县级以上交通运输管理部门报备。

1. 生产经营单位主要负责人培训内容

(1)国家安全生产方针、政策和有关安全生产的法律、法规、规章及标准；

(2)安全生产管理基本知识、安全生产技术、安全生产专业知识；

(3)重大危险源管理、重大事故防范、应急管理和救援组织以及事故调查处理的有关规定；

(4)职业危害及其预防措施；

(5)国内外先进的安全生产管理经验；

(6)典型事故和应急救援案例分析；

(7)其他需要培训的内容。

2. 安全生产管理人员安全培训内容

(1)国家安全生产方针、政策和有关安全生产的法律、法规、规章及标准；

(2)安全生产管理、安全生产技术、职业卫生等知识；

(3)伤亡事故统计、报告及职业危害的调查处理方法；

(4)应急管理、应急预案编制以及应急处置的内容和要求；

(5)国内外先进的安全生产管理经验；

(6)典型事故和应急救援案例分析；

(7)其他需要培训的内容。

3. 培训学时

生产经营单位主要负责人和安全生产管理人员初次安全培训时间不得少于32学时。

每年再培训时间不得少于12学时。

二、从业人员安全教育培训

《安全生产法》第二十五条规定，生产经营单位应当对从业人员进行安全生产教育和培训，保证从业人员具备必要的安全生产知识，熟悉有关的安全生产规章制度和安全操作规程，掌握本岗位的安全操作技能，了解事故应急处理措施，知悉自身在安全生产方面的权利和义务。未经安全生产教育和培训合格的从业人员，不得上岗作业。生产经营单位使用被派遣劳动者的，应当将被派遣劳动者纳入本单位从业人员统一管理，对被派遣劳动者进行岗位安全操作规程和安全操作技能的教育和培训。劳务派遣单位应当对被派遣劳动者进行必要的安全生产教育和培训。生产经营单位应当建立安全生产教育和培训档案，如实记录安全生产教育和培训的时间、内容、参加人员以及考核结果等情况。

《道路旅客运输企业安全管理规范》第九条规定，客运企业应当对从业人员进行安全生产教育培训，未经安全生产教育培训合格的从业人员，不得上岗作业。

客运企业使用实习学生的，应当将实习学生纳入本企业从业人员统一进行安全生产教育培训。企业采用新工艺、新技术、新材料或者使用新设备，应当对从业人员进行专门的安全生产教育培训。

从业人员的安全生产教育培训应当以客运企业自主培训为主，也可委托、聘请具备对外开展安全生产教育培训业务的机构或其他客运企业进行安全生产教育培训。

客运企业主要负责人和安全管理人员初次安全生产教育培训时间不得少于24学时，每年再培训时间不少于12学时。

《道路危险货物运输管理规定》（交通运输部令2016年第36号）第四十六条规定，道路危险货物运输企业或者单位应当通过岗前培训、例会、定期学习等方式，对从业人员进行经常性安全生产、职业道德、业务知识和操作规程的教育培训。

从业人员的安全教育培训主要包括岗前培训、年度继续教育培训、“四新”培训、特种作业人员培训、转岗或复岗培训等。

1. 岗前培训

生产经营单位新上岗的从业人员，岗前培训时间不得少于24学时。煤矿、非煤矿山、危险化学品、烟花爆竹等生产经营单位新上岗的从业人员安全培训时间不得少于72学时，每年接受再培训的时间不得少于20学时。

厂（矿）级岗前安全培训内容应当包括：

（1）本单位安全生产情况及安全生产基本知识；

（2）本单位安全生产规章制度和劳动纪律；

（3）从业人员安全生产权利和义务；

（4）有关事故案例等。

车间（工段、区、队）级岗前安全培训内容应当包括：

（1）工作环境及危险因素；

（2）所从事工种可能遭受的职业伤害和伤亡事故；

（3）所从事工种的安全职责、操作技能及强制性标准；

(4)自救互救、急救方法、疏散和现场紧急情况的处理;
(5)安全设备设施、个人防护用品的使用和维护;
(6)本车间(工段、区、队)安全生产状况及规章制度;
(7)预防事故和职业危害的措施及应注意的安全事项;
(8)有关事故案例;
(9)其他需要培训的内容。

班组级岗前安全培训内容应当包括:
(1)岗位安全操作规程;
(2)岗位之间工作衔接配合的安全与职业卫生事项;
(3)有关事故案例;
(4)其他需要培训的内容。

2.转岗或复岗培训

从业人员在本生产经营单位内调整工作岗位或离岗一年以上重新上岗时,应当重新接受车间(工段、区、队)和班组级的安全培训。

3.“四新”培训

《安全生产法》第二十六条规定,生产经营单位采用新工艺、新技术、新材料或者使用新设备,必须了解、掌握其安全技术特性,采取有效的安全防护措施,并对从业人员进行专门的安全生产教育和培训。

《生产经营单位安全培训规定》第十九条规定,生产经营单位实施新工艺、新技术或者使用新设备、新材料时,应当对有关从业人员重新进行有针对性的安全培训。

4.特种作业人员培训

《安全生产法》第二十七条规定,生产经营单位的特种作业人员必须按照国家有关规定经专门的安全作业培训,取得相应资格,方可上岗作业。

《生产经营单位安全培训管理规定》第二十条规定,生产经营单位的特种作业人员,必须按照国家有关法律、法规的规定接受专门的安全培训,经考核合格,取得特种作业操作资格证书后,方可上岗作业。

特种作业操作证有效期为6年,在全国范围内有效。特种作业操作证每3年复审1次。特种作业人员在特种作业操作证有效期内,连续从事本工种10年以上,严格遵守有关安全生产法律法规的,经原考核发证机关或者从业所在地考核发证机关同意,特种作业操作证的复审时间可以延长至每6年1次。特种作业操作证申请复审或者延期复审前,特种作业人员应当参加必要的安全培训并考试合格。安全培训时间不少于8个学时,主要培训法律、法规、标准、事故案例和有关新工艺、新技术、新装备等知识。再复审、延期复审仍不合格,或者未按期复审的,特种作业操作证失效。

三、培训实施

生产经营单位除主要负责人、安全生产管理人员、特种作业人员以外的从业人员的安全培训工作,由生产经营单位组织实施。具备安全培训条件的生产经营单位,应当以自主培训为主;也可以委托具有相应资质的安全培训机构,对从业人员进行安全培训。不具备安全培训条件的生产经营单位,应当委托具有相应资质的安全培训机构,对从业人员进行安全培训。

生产经营单位应当将安全培训工作纳入本单位年度工作计划。保证本单位安全培训工作所需资金。依据法律法规要求,结合本单位实际情况,制定年度安全培训教育计划,培训计划应明确培训时间、培训内容、培训对象、培训学时等具体内容。按培训计划内容对从业人员开展年度教育培训工作,培训内容包括法律法规、标准规范、规章制度、操作规程、应急预案和应急处置知识、消防、职业卫生、事故案例警示教育等内容。培训教育应建立考核机制,对参加培训教育的从业人员进行考核。

生产经营单位应根据培训教育开展情况,建立健全从业人员安全培训档案,详细、准确记录培训考核情况。安全培训档案应包括培训时间、培训地点、参加培训人员、培训内容、培训学时、考核情况等内容。

第十一节　特种设备安全管理

一、定义和原则

特种设备,是指对人身和财产安全有较大危险性的锅炉、压力容器(含气瓶)、压力管道、电梯、起重机械、客运索道、大型游乐设施、场(厂)内专用机动车辆,以及法律、行政法规规定适用《特种设备安全法》的其他特种设备。国家对特种设备实行目录管理。

特种设备安全工作应当坚持安全第一、预防为主、节能环保、综合治理的原则。

国家对特种设备的生产、经营、使用,实施分类的、全过程的安全监督管理。国务院负责特种设备安全监督管理的部门对全国特种设备安全实施监督管理。县级以上地方各级人民政府负责特种设备安全监督管理的部门对本行政区域内特种设备安全实施监督管理。

二、特种设备生产

1. 生产许可

国家按照分类监督管理的原则对特种设备生产实行许可制度。特种设备生产单位应当具备下列条件,并经负责特种设备安全监督管理的部门许可,方可从事生产活动:

(1)有与生产相适应的专业技术人员;

(2)有与生产相适应的设备、设施和工作场所;

(3)有健全的质量保证、安全管理和岗位责任等制度。

特种设备生产单位应当保证特种设备生产符合安全技术规范及相关标准的要求,对其生产的特种设备的安全性能负责。不得生产不符合安全性能要求和能效指标以及国家明令淘汰的特种设备。

压力容器的设计单位应当经国务院特种设备安全监督管理部门许可,方可从事压力容器的设计活动。压力容器的设计单位应当具备下列条件:

(1)有与压力容器设计相适应的设计人员、设计审核人员;

(2)有与压力容器设计相适应的场所和设备;

(3)有与压力容器设计相适应的健全的管理制度和责任制度。

锅炉、气瓶、氧舱、客运索道、大型游乐设施的设计文件，应当经负责特种设备安全监督管理的部门核准的检验机构鉴定，方可用于制造。

特种设备产品、部件或者试制的特种设备新产品、新部件以及特种设备采用的新材料，按照安全技术规范的要求需要通过型式试验进行安全性验证的，应当经负责特种设备安全监督管理的部门核准的检验机构进行型式试验。

特种设备出厂时，应当随附安全技术规范要求的设计文件、产品质量合格证明、安装及使用维护说明、监督检验证明等相关技术资料和文件，并在特种设备显著位置设置产品铭牌、安全警示标志及其说明。

2. 制造、安装、改造、维修

锅炉、压力容器、电梯、起重机械、客运索道、大型游乐设施及其安全附件、安全保护装置的制造、安装、改造单位，以及压力管道用管子、管件、阀门、法兰、补偿器、安全保护装置等（以下简称压力管道元件）的制造单位和场（厂）内专用机动车辆的制造、改造单位，应当经国务院特种设备安全监督管理部门许可，方可从事相应的活动。这些特种设备的制造、安装、改造单位应当具备下列条件：

（1）有与特种设备制造、安装、改造相适应的专业技术人员和技术工人；

（2）有与特种设备制造、安装、改造相适应的生产条件和检测手段；

（3）有健全的质量管理制度和责任制度。

电梯的安装、改造、修理，必须由电梯制造单位或者其委托取得相应许可的单位进行。电梯制造单位委托其他单位进行电梯安装、改造、修理的，应当对其安装、改造、修理进行安全指导和监控，并按照安全技术规范的要求进行校验和调试。电梯制造单位对电梯安全性能负责。

锅炉、压力容器、电梯、起重机械、客运索道、大型游乐设施、场（厂）内专用机动车辆的维修单位，应当有与特种设备维修相适应的专业技术人员和技术工人以及必要的检测手段，并经省（自治区、直辖市）特种设备安全监督管理部门许可，方可从事相应的维修活动。

特种设备安装、改造、修理的施工单位应当在施工前将拟进行的特种设备安装、改造、修理情况书面告知直辖市或者设区的市级人民政府负责特种设备安全监督管理的部门。

特种设备安装、改造、修理竣工后，安装、改造、修理的施工单位应当在验收后30日内将相关技术资料和文件移交特种设备使用单位。特种设备使用单位应当将其存入该特种设备的安全技术档案。

锅炉、压力容器、压力管道元件等特种设备的制造过程和锅炉、压力容器、压力管道、电梯、起重机械、客运索道、大型游乐设施的安装、改造、重大修理过程，应当经特种设备检验机构按照安全技术规范的要求进行监督检验；未经监督检验或者监督检验不合格的，不得出厂或者交付使用。

移动式压力容器、气瓶充装单位，应当具备下列条件，并经负责特种设备安全监督管理的部门许可，方可从事充装活动：

（1）有与充装和管理相适应的管理人员和技术人员；

（2）有与充装和管理相适应的充装设备、检测手段、场地厂房、器具、安全设施；

（3）有健全的充装管理制度、责任制度、处理措施。

充装单位应当建立充装前后的检查、记录制度，禁止对不符合安全技术规范要求的移动式压力容器和气瓶进行充装。

气瓶充装单位应当向气体使用者提供符合安全技术规范要求的气瓶，对气体使用者进行气瓶安全使用指导，并按照安全技术规范的要求办理气瓶使用登记，及时申报定期检验。

3. 特种设备召回制度

国家建立缺陷特种设备召回制度。因生产原因造成特种设备存在危及安全的同一性缺陷的，特种设备生产单位应当立即停止生产，主动召回。国务院负责特种设备安全监督管理的部门发现特种设备存在应当召回而未召回的情形时，应当责令特种设备生产单位召回。

三、特种设备经营

1. 特种设备销售

特种设备销售单位销售的特种设备，应当符合安全技术规范及相关标准的要求，其设计文件、产品质量合格证明、安装及使用维护说明、监督检验证明等相关技术资料和文件应当齐全。特种设备销售单位应当建立特种设备检查验收和销售记录制度。禁止销售未取得许可生产的特种设备，未经检验和检验不合格的特种设备，或者国家明令淘汰和已经报废的特种设备。

2. 特种设备租赁

特种设备出租单位不得出租未取得许可生产的特种设备或者国家明令淘汰和已经报废的特种设备，以及未按照安全技术规范的要求进行维护和未经检验或者检验不合格的特种设备。特种设备在出租期间的使用管理和维护义务由特种设备出租单位承担，法律另有规定或者当事人另有约定的除外。

3. 特种设备进、出口

进口的特种设备应当符合我国安全技术规范的要求，并经检验合格；需要取得我国特种设备生产许可的，应当取得许可。进口特种设备随附的技术资料和文件应当《特种设备安全法》相关规定，其安装及使用维护说明、产品铭牌、安全警示标志及其说明应当采用中文。进口特种设备，应当向进口地负责特种设备安全监督管理的部门履行提前告知义务。

特种设备的进出口检验，应当遵守有关进出口商品检验的法律、行政法规。

四、特种设备的使用

1. 登记许可

特种设备使用单位应当使用取得许可生产并经检验合格的特种设备。禁止使用国家明令淘汰和已经报废的特种设备。

特种设备使用单位应当在特种设备投入使用前或者投入使用后 30 日内，向负责特种设备安全监督管理的部门办理使用登记，取得使用登记证书。登记标志应当置于该特种设备的显著位置。

2. 使用管理

特种设备使用单位应当建立岗位责任、隐患治理、应急救援等安全生产管理制度，制定操作规程，保证特种设备安全运行。

特种设备使用单位应当建立特种设备安全技术档案。安全技术档案应当包括以下内容：

(1)特种设备的设计文件、产品质量合格证明、安装及使用维护说明、监督检验证明等相关技术资料和文件；

(2)特种设备的定期检验和定期自行检查记录；

(3)特种设备的日常使用状况记录；

(4)特种设备及其附属仪器仪表的维护记录；

(5)特种设备的运行故障和事故记录。

电梯、客运索道、大型游乐设施等为公众提供服务的特种设备的运营使用单位，应当对特种设备的使用安全负责，设置特种设备安全管理机构或者配备专职的特种设备安全管理人员；其他特种设备使用单位，应当根据情况设置特种设备安全管理机构或者配备专职、兼职的特种设备安全管理人员。

特种设备的使用应当具有规定的安全距离、安全防护措施。与特种设备安全相关的建筑物、附属设施，应当符合有关法律、行政法规的规定。

特种设备属于共有的，共有人可以委托物业服务单位或者其他管理人管理特种设备，受托人履行《特种设备安全法》规定的特种设备使用单位的义务，承担相应责任。共有人未委托的，由共有人或者实际管理人履行管理义务，承担相应责任。

3. 检测检验与维护

特种设备使用单位应当对其使用的特种设备的安全附件、安全保护装置进行定期校验、检修，并做好记录。

特种设备使用单位应当按照安全技术规范的要求，在检验合格有效期届满前一个月向特种设备检验机构提出定期检验要求。特种设备检验机构接到定期检验要求后，应当按照安全技术规范的要求及时进行安全性能检验。特种设备使用单位应当将定期检验标志置于该特种设备的显著位置。未经定期检验或者检验不合格的特种设备，不得继续使用。

特种设备使用单位应当对其使用的特种设备进行经常性维护和定期自行检查，并做好记录。特种设备安全管理人员应当对特种设备使用状况进行经常性检查，发现问题应当立即处理；情况紧急时，可以决定停止使用特种设备并及时报告本单位有关负责人。

锅炉使用单位应当按照安全技术规范的要求进行锅炉水(介)质处理，并接受特种设备检验机构的定期检验。从事锅炉清洗，应当按照安全技术规范的要求进行，并接受特种设备检验机构的监督检验。

电梯的维护应当由电梯制造单位或者依照《特种设备安全法》取得许可的安装、改造、修理单位进行。电梯的维护单位应当在维护中严格执行安全技术规范的要求，保证其维护的电梯的安全性能，并负责落实现场安全防护措施，保证施工安全。电梯的维护单位应当对其维护的电梯的安全性能负责；接到故障通知后，应当立即赶赴现场，并采取必要的应急救援措施。

4. 安全检查

特种设备作业人员在作业过程中发现事故隐患或者其他不安全因素，应当立即向特种设备安全管理人员和单位有关负责人报告；特种设备运行不正常时，特种设备作业人员应当按照操作规程采取有效措施保证安全。

特种设备出现故障或者发生异常情况,特种设备使用单位应当对其进行全面检查,消除事故隐患,方可继续使用。

客运索道、大型游乐设施在每日投入使用前,其运营使用单位应当进行试运行和例行安全检查,并对安全附件和安全保护装置进行检查确认。

电梯、客运索道、大型游乐设施的运营使用单位应当将电梯、客运索道、大型游乐设施的安全使用说明、安全注意事项和警示标志置于易于为乘客注意的显著位置。

公众乘坐或者操作电梯、客运索道、大型游乐设施,应当遵守安全使用说明和安全注意事项的要求,服从有关工作人员的管理和指挥;遇有运行不正常时,应当按照安全指引,有序撤离。

5. 变更和报废

特种设备进行改造、修理,按照规定需要变更使用登记的,应当办理变更登记,方可继续使用。

特种设备存在严重事故隐患,无改造、修理价值,或者达到安全技术规范规定的其他报废条件的,特种设备使用单位应当依法履行报废义务,采取必要措施消除该特种设备的使用功能,并向原登记的负责特种设备安全监督管理的部门办理使用登记证书注销手续。

达到设计使用年限不符合报废条件可以继续使用的,应当按照安全技术规范的要求通过检验或者安全评估,并办理使用登记证书变更,方可继续使用。允许继续使用的,应当采取加强检验、检测和维护等措施,确保使用安全。

五、人员要求

特种设备生产、经营、使用单位及其主要负责人对其生产、经营、使用的特种设备安全负责。

特种设备生产、经营、使用单位应当按照国家有关规定配备特种设备安全管理人员、检测人员和作业人员,并对其进行必要的安全教育和技能培训。

特种设备安全管理人员、检测人员和作业人员应当按照国家有关规定取得相应资格,方可从事相关工作。特种设备安全管理人员、检测人员和作业人员应当严格执行安全技术规范和管理制度,保证特种设备安全。

特种作业人员应当按照国家有关规定经特种设备安全监督管理部门考核合格,取得国家统一格式的特种设备作业人员证书,方可从事相应的作业或者管理工作。特种设备使用单位应当对特种设备作业人员进行特种设备安全、节能教育和培训,保证特种设备作业人员具备必要的特种设备安全、节能知识。特种设备作业人员在作业中应当严格执行特种设备的操作规程和有关的安全规章制度。

特种设备生产、经营、使用单位对其生产、经营、使用的特种设备应当进行自行检测和维护,对国家规定实行检验的特种设备应当及时申报并接受检验。

特种设备采用新材料、新技术、新工艺,与安全技术规范的要求不一致,或者安全技术规范未做要求、可能对安全性能有重大影响的,应当向国务院负责特种设备安全监督管理的部门申报,由国务院负责特种设备安全监督管理的部门及时委托安全技术咨询机构或者相关专业机构进行技术评审，评审结果经国务院负责特种设备安全监督管理的部门批准，方可投入生产、使用。

第十二节　相关方管理

一、定义

《企业安全生产标准化基本规范》(GB/T 33000—2016)中对相关方的定义为：工作场所内外与企业安全生产绩效有关或受其影响的个人或单位，如承包商、供应商等。其中承包商是指在企业的工作场所按照双方协定的要求向企业提供服务的个人或单位，供应商是指为企业提供材料、设备或设施及服务的外部个人或单位。

二、相关方单位资质审查

生产经营单位应建立相关方单位资质审查机制，其相关方单位应符合本单位相关方条件要求，资质审查内容包括：

(1)依法取得相应等级的资质证书、营业执照、税务登记证、企业安全资格证书、法人代表安全证、相关人员的安全证、施工许可证、特种作业人员操作证等证书；

(2)法人资格及承担法律责任的能力，如无承担法律责任的能力，则不得与其签订任何形式的工程合同；

(3)建立了各级安全生产责任制和安全生产管理制度；

(4)审查材料供应、租赁方、分包单位及相关人员的资质；

(5)施工项目的承包商是否按规定配备安全生产管理人员。

三、签订安全生产管理协议

生产经营单位应与本单位相关方签订安全生产管理协议，协议应明确双方安全职责及生产作业过程中应采取的安全措施。安全生产管理协议内容主要包括：

(1)双方安全职责；

(2)生产、作业、施工过程中应采取的安全措施；

(3)作业场所存在的危险因素、防范措施以及事故应急措施；

(4)承包商严禁违规转包、分包的要求；

(5)安全监督检查要求；

(6)培训教育要求；

(7)统一管理要求。

四、相关方纳入统一管理

生产经营单位应将相关方纳入本单位统一管理，将本单位安全生产管理制度、操作规程和应急预案等文件传达到相关方，实行统一管理。对相关方人员开展针对法律法规、规章制度、操作规程和应急预案以及其他必要的安全教育培训，指定专职安全生产管理人员负责相关方的监督管理,定期对相关方的安全生产状况进行检查,发现存在安全事故隐患,应及时通知相关方,督促限时整改并进行复核验收。

五、短期工、临时工等临时外来人员管理

对进入作业现场的民工、短期工、临时工等在进入现场之前,对其进行全面的安全教育培训,符合要求的可以进入施工,同时要求其佩戴齐全安全防护用品。

对进入施工现场进行检查、考核的上级部门,要对其进行现场介绍安全注意事项,同时佩戴齐全劳保用品。

对于进入本单位的特种作业人员,要持证上岗,并要向本单位主管部门备案。

对于进入单位进行动火、登高、临时用电等危险作业时,要按照单位相关生产安全生产管理制度进行审批,经过批准后方可作业。

对于进入本单位的临时工和其他外来作业人员,应将作业区域存在的危险有害因素、防范措施和应急处置措施进行告知,临时人员应遵守单位安全生产管理制度,同时接受本公司的安全监督和检查,对发现的违章违规操作行为,本单位管理人员有权对其进行纠正或责令其停工。

第三章 风险管控与隐患排查治理

安全生产风险和隐患是造成事故的根源,也是引发事故的最直接原因,有效地管控风险,排查、治理隐患是预防安全生产事故发生的最直接手段。风险在某种程度上是客观存在、不可消除的,其本身具备危险性,在一定不安全因素的诱发下,可能失去控制从而引发事故。安全生产隐患一般是指人的不安全因素、物的不安全状态、不良的安全环境和管理上的缺陷等,其本身就是一种不受控的风险,将可能直接导致事故的发生。

2016 年 12 月 9 日,《中共中央 国务院关于推进安全生产领域改革发展的意见》发布,要求建立预防预控体系,加强安全风险防控,强化企业预防措施,建立隐患治理监督机制。2017 年 4 月 27 日,交通运输部印发了《交通运输部关于印发〈公路水路行业安全生产风险管理暂行办法〉〈公路水路行业安全生产事故隐患治理暂行办法〉的通知》(交安监发〔2017〕60 号),要求构建安全生产风险管理和隐患治理双重预防体系,转变安全生产管理方式,提高安全生产管理水平,有效防范和遏制安全生产重特大事故,将安全生产风险管理和隐患治理作为当前和今以后一段时期安全生产工作的重中之重,积极推进安全生产风险管理和隐患治理机制建设,持续推动交通运输事业安全发展。

第一节 风险管理概述

“风险”一词在《风险管理 术语》(GB/T 23694—2013)中被定义为“不确定性因素对目标的影响”。风险就是生产目的与劳动成果之间的不确定性,大致有两层含义:一种定义强调了风险表现为收益不确定性;而另一种定义则强调风险表现为成本或代价的不确定性,若风险表现为收益或者代价的不确定性,说明风险产生的结果可能带来损失、获利或是无损失也无获利,属于广义风险,所有人行使所有权的活动,应被视为管理风险,如金融风险就属于此类。而风险表现为损失的不确定性,说明风险只能表现出损失,没有从风险中获利的可能性,属于狭义风险。就安全生产领域来讲,风险通常指狭义风险。安全生产风险是指某一特定危险情况发生的可能性和后果严重性的组合。可能性是指导致事故发生的难易程度,可以用定量或半定量的数值来描述,也可以定性描述。严重性是指事故发生后能够组织带来多大的人员伤亡或财产损失,通过连锁反应可以使最初的后果升级。安全生产风险是安全生产过程中危险有害因素和事故发生的源头,其具有客观性、普遍性、必然性、可识别性、可控性和损失性,如何有效防范和管控风险是实施安全生产管理的一项重要工作,也是预防安全生产事故发生的必要措施。

一、风险管理相关定义

1. 风险

风险(risk)是指不确定性对目标的影响。需要注意的是,首先,影响是偏离预期,通常指负面的;其次,目标可以是不同方面(如生命财产安全、环境保护、社会影响等)和层面(如战略、组织范围、项目、产品和过程)的。

2. 风险管理

风险管理(risk management)是指在风险方面,指导和控制组织的协调活动。

3. 风险辨识

风险辨识(risk identification)是指发现、确认和描述风险的过程。

4. 风险评估

风险评估(risk assessment)是指将风险辨识的结果按照风险评估标准进行评估,以确定风险和(或)其量的大小、级别,以及是否可接受或可容许。

5. 风险等级

风险等级(level of risk)是指单一风险或组合风险的大小,以后果和可能性的组合来表达。

6. 可能性

可能性(likelihood)是指某事件发生的机会。

7. 后果

后果(consequence)是指事件对目标的影响结果。一个事件可以导致一系列后果。后果可以是确定的,也可以是不确定的,对目标的影响可以是正面或负面的。后果可以定性或定量表述,通过连锁反应,最初的后果可能升级。

8. 风险管控

风险管控(risk control)是指应对风险的措施。

9. 风险降低

风险降低(risk reduction)是指减少风险的消极后果,降低其发生概率或二者兼有的行为。

10. 风险准则

风险准则(risk criteria)是指评估风险重要性的依据。需要注意的是,首先,风险准则的确定需要基于组织的目标、外部环境和内部环境;其次,风险准则可以源自标准、法律、政策和其他要求。

11. 风险源

风险源(risk source)是指可能单独或共同引发风险的内在要素。风险源可以是有形的,也可以是无形的。

12. 事件

事件(event)是指某一类情形的发生或变化。事件可以是一个或多个情形,并且可以由多个原因导致。事件可以包括没有发生的情形。事件有时可以称为“事故”。没有造成后果的事件还可称为“未遂事件”“事故征候”“临近伤害”或“幸免”。

13. 危险

危险(hazard)是指潜在伤害的来源。

14. 风险分析

风险分析(risk analysis)是指理解风险性质和确定风险等级的过程。

15. 概率

概率(probability)是指对时间发生机会的度量,用0到1之间的数字表示。0表示不可能发生,1表示确定发生。

16. 频率

频率(frequency)是指单位时间内时间或结果的数量。

17. 风险矩阵

风险矩阵(risk matrix)是指通过确定后果和可能性的范围来排列显示风险的工具。

二、风险管理标准、文件

关于风险管理,国际上主要是国际标准化组织(ISO)发布的一系列标准。2009年末,国际标准化组织(ISO)和国际电工委员会(IEC)历时五年,在广泛收集各国风险管理成果的基础上,发布了适用于各种组织的风险管理国际标准ISO 31000:2009和ISO/IEC 31010:2009等系列标准。截至2018年底,ISO风险管理标准共包含以下几个标准:

(1)《风险管理　术语》(GB/T 23694—2013)/(ISO Guide 73:2009)

(2)《风险管理　原则与实施指南》(GB/T 24353—2009)/(ISO 31000:2009)

(3)《风险管理　风险评估技术》(GB/T 27921—2011)/(ISO/IEC 31010:2009)

(4)《风险管理　ISO 31000标准执行导则》(ISO/TR 31004:2013)

(一)《风险管理　术语》(GB/T 23694—2013)/(ISO Guide73:2009)简介

《风险管理　术语》(GB/T 23694—2013)/(ISO Guide73:2009)一共包括了50余种风险管理术语。一个与风险相关的术语,即“风险”;四个与风险管理相关的术语,分别是风险管理、风险管理框架、风险管理方针、风险管理计划;45个与风险管理过程相关的术语,如图3-1所示。

(二)《风险管理　原则与实施指南》(GB/T 24353—2009)/(ISO 31000:2009)简介

《风险管理　原则与实施指南》(GB/T 24353—2009)/(ISO 31000:2009)是风险管理标准族的核心标准,主要包括风险管理原则、风险管理框架、风险管理过程三个部分,如图3-2所示。

(三)《风险管理　风险评估技术》(GB/T 27921—2011)/(ISO/IEC 31010:2009)简介

为了支持ISO 31000的应用,国际电工委员会(IEC)负责起草和修订IEC 31010标准,并于2009年12月和ISO联合发布了《风险管理　风险评估技术》(ISO/IEC 31010:2009)标准。该标准从操作性的角度详细阐述了ISO 31000风险评估过程中各环节的操作要点,并对如何进行风险辨识、风险分析、风险评价作出详细说明。

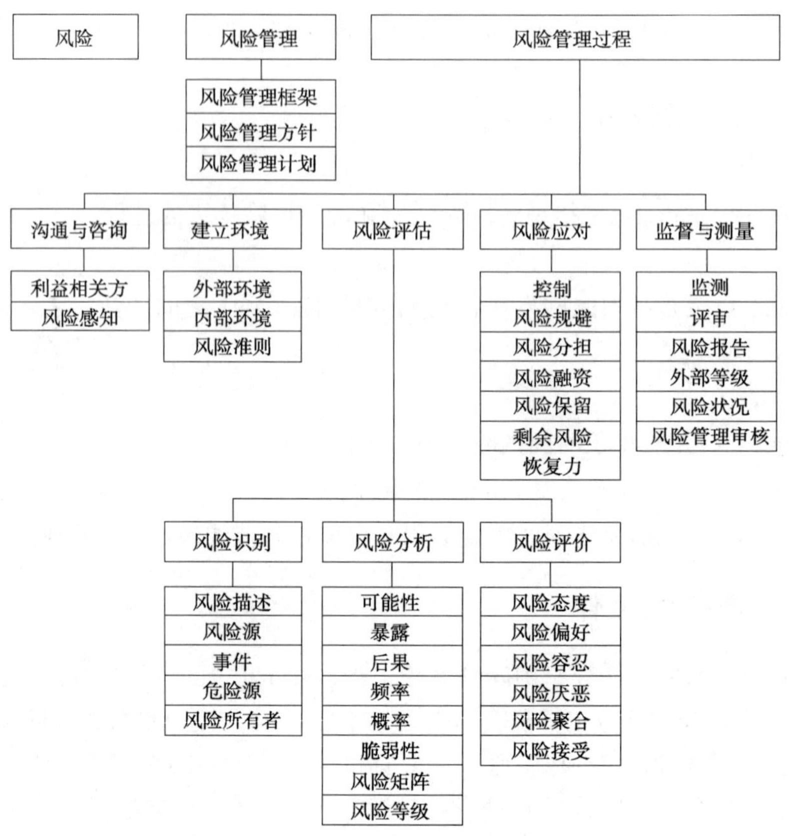

图 3-1 《风险管理 术语》(GB/T 23694—2013)/(ISO Guide 73:2009)风险管理术语结构图

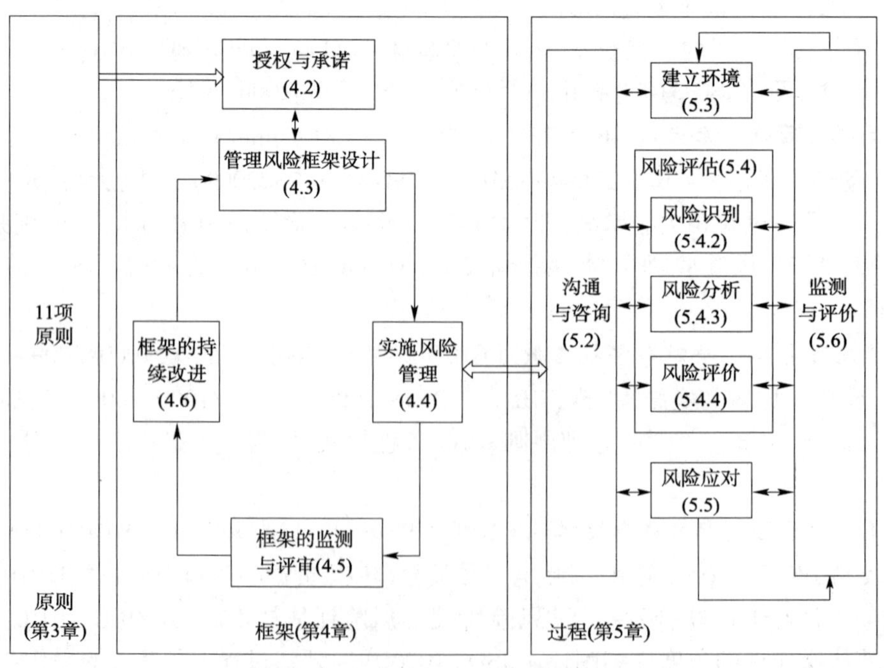

图 3-2 风险管理原则、框架和过程

该标准明确定义了风险评估的全过程,主要包括风险识别、风险分析、风险评价三个子过程,如图 3-3 所示。

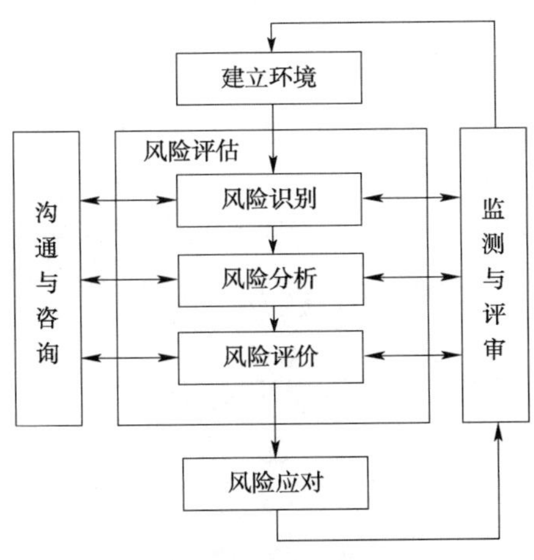

图 3-3 风险评估过程

(四)《风险管理 ISO 31000 标准执行导则》(ISO/TR 31004:2013)简介

为了进一步指导风险管理的实施,国际标准化组织(ISO)决定开发一个新标准来落实 ISO 31000:2009 标准的实施,并给出了许多实用和详细的建议。

三、风险管理理论基础

(一)两类危险源理论

1. 第一类危险源

第一类危险源包括如下 7 类:

(1)产生、供给能量的装置、设备;

(2)使人体或物体具有较高势能的装置、设备、场所及能量载体;

(3)一旦失控可能产生巨大能量的装置、设备、场所,如强烈放热反应的化工装置等;

(4)一旦失控可能发生能量蓄积或突然释放的装置、设备、场所,如各种压力容器等;

(5)危险物质,如各种有毒、有害、可燃烧爆炸的物质等;

(6)生产、加工、储存危险物质的装置、设备、场所;

(7)人体一旦与之接触将导致人体能量意外释放的物体。

事故类型与第一类危险源的关系见表 3-1。

事故类型与第一类危险源的关系 表 3-1

事故类型	能量载体	危险源
物体打击	产生物体落下、抛出、破裂、飞散的设备、场所、操作	落下、抛出、破裂、飞散的物体
车辆伤害	车辆,使车辆移动的牵引设备、坡道	运动的车辆
机械伤害	机械的驱动装置	机械运动部分、人体
起重伤害	起重、提升机械	被吊起的重物
触电	电源装置	带电体、高跨步电压区域

续上表

事故类型	能量载体	危险源
灼烫	热源设备、加热设备、炉、灶等发热体	高温体、高温物质
火灾	可燃物	火焰、烟气
高处坠落	高差大的场所,人员借以升降的设备、装置	人体
坍塌	土石方工程的边坡、料堆、料仓、建筑物、构建物	边坡土(岩)体、物体、建筑物、构建物、荷载
冒顶、片帮	矿山采掘空间的围岩体	顶板、两帮围岩
放炮、火药爆炸	炸药	—
瓦斯爆炸	可燃性气体、可燃性粉尘	—
锅炉爆炸	锅炉	蒸气
压力容器爆炸	压力容器	内容物
淹溺	江、河、湖、海、池塘、洪水、储水容器	水
中毒窒息	产生、储存、聚积有毒有害物质的装置、容器、场所	有毒有害物质

2. 第二类危险源

第二类危险源包括如下4类:

(1)人的因素,包括人的不安全行为、人失误;

(2)物的因素,包括物的不安全状态、故障或失效;

(3)环境因素,包括物理环境和社会环境;

(4)管理缺陷。

《企业职工伤亡事故分类》(GB/T 6441—1986)中将人的不安全行为归纳为13大类,详见表3-2。

人的不安全行为 表3-2

序号	不安全行为	序号	不安全行为
1	操作失误、忽视安全、忽视警告	2	造成安全装置失效
1.1	未经许可开动、关停、移动机器	2.1	拆除安全装置
1.2	开动、关停机器未给信号	2.2	调整错误造成安全装置失灵
1.3	开关未锁紧、造成意外转动、通电等	3	使用不安全设备
1.4	忘记关闭设备	3.1	临时不固定设备
1.5	忽视警告标志、警告信号	3.2	无安全装置设备
1.6	操作按钮、阀门、扳手等错误	4	用手代替手动操作
1.7	供料或送料速度过快	4.1	用手代替手动工具
1.8	机器超速运转	4.2	用手清除切屑
1.9	酒后作业	4.3	不用夹紧固件,手拿工件进行加工
1.10	冲压机作业,手伸进冲压模	5	物件存放不规范
1.11	工件固定不牢	6	进入危险场所
1.12	用压缩空气吹扫铁屑	6.1	进入吊装危险区

续上表

序　　号	不安全行为	序　　号	不安全行为
6.2	易燃易爆场所明火	11	忽视使用防护用品
6.3	冒险信号	12	防护用品不规范
7	攀、坐不安全位置	12.1	旋转设备附近穿肥大衣服
8	在起吊物下作业或停留	12.2	操作旋转零部件戴手套
9	机器运转加油、检修、焊接、清扫等	13	其他类型的不安全行为
10	有分散注意力行为		

《企业职工伤亡事故分类》(GB/T 6441—1986)中将物的不安全状态和环境的不良情况归纳为4大类,详见表3-3。

物的不安全状态和环境的不良情况　　表3-3

序　　号	不安全状态分类	序　　号	不安全状态分类
1	防护、保险、信号等装置缺陷	2.8	起吊绳索不符要求
1.1	无防护罩	2.9	设备带病运行
1.2	无安全保险装置	2.10	设备超负荷运转
1.3	无报警装置	2.11	设备失修
1.4	无安全标志	2.12	地面不平
1.5	无护栏或护栏损坏	2.13	设备维护不良、设备失灵
1.6	电气未接地	3	个人防护用品等缺少或缺陷
1.7	绝缘不良	3.1	无个人防护用品、用具
1.8	危房内作业	3.2	防护用品不符安全要求
1.9	防护罩未在适当位置	4	生产场地环境不良
1.10	防护装置调整不当	4.1	照明不足
1.11	电气装置带电部位裸露	4.2	烟尘弥漫视线不清
2	设备、设施、工具、附件有缺陷	4.3	光线过强、过弱
2.1	设计不当、结构不合安全要求	4.4	通风不良
2.2	制动装置缺陷	4.5	作业场地狭窄
2.3	安全距离不够	4.6	作业场地杂乱
2.4	拦网有缺陷	4.7	地面滑
2.5	工件有锋利倒棱	4.8	操作工序设计和配置不合理
2.6	绝缘强度不够	4.9	环境潮湿
2.7	机械强度不够	4.10	高温、低温

(二)海因里希事故因果连锁论

海因里希首先提出了事故因果连锁的概念,认为事故是一系列互为因果的原因事件相继发生的结果(图3-4)。以事故为中心,事故的后果是伤害,事故的原因有3个层次:直接原因、间接原因和基本原因。

企业安全工作的中心是消除人的不安全行为和物的不安全状态。不安全行为包括曾经或可能引起事故的行为，如违章操作、违章指挥、违反劳动纪律；不安全状态如事故隐患等。

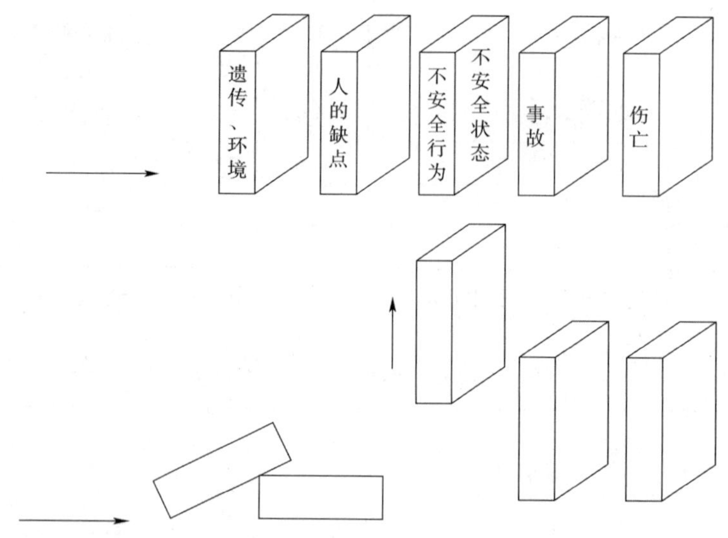

图 3-4 事故因果连锁模型

（三）轨迹交叉理论

轨迹交叉理论将事故的发生发展过程描述为：基本原因→间接原因→直接原因→事故→伤害。从事故发展运动的角度看，这样的过程被形容为事故致因因素导致事故的运动轨迹，具体包括人的因素运动轨迹和物的因素运动轨迹（图 3-5）。

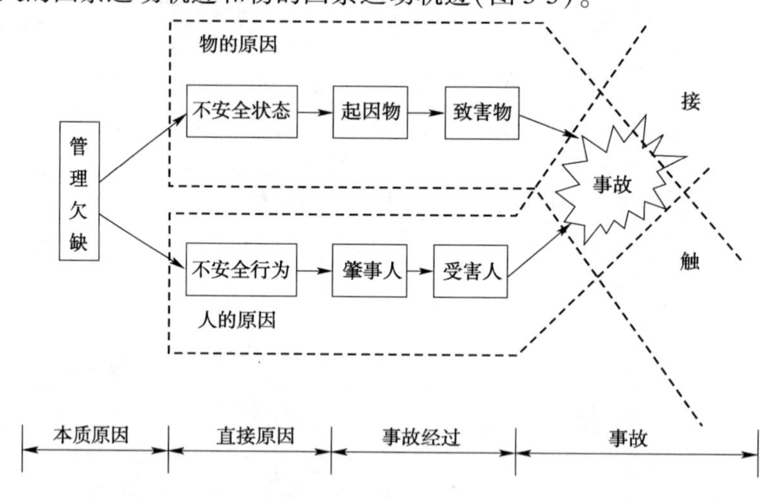

图 3-5 轨迹交叉事故模型

1. 人的因素运动轨迹

人的不安全行为基于生理、心理、环境、行为几个方面而产生，包括以下 5 种可能：

（1）生理、先天身心缺陷；

（2）社会环境、企业管理上的缺陷；

（3）后天的心理缺陷；

（4）视、听、嗅、味、触等感官能量分配上的差异；

(5)行为失误。

2. 物的因素运动轨迹

在物的因素运动轨迹中,在生产过程各阶段都可能产生不安全状态,包括以下5种可能:

(1)设计上的缺陷,如用材不当,强度计算错误、结构完整性差等;

(2)制造、工艺流程上的缺陷;

(3)维护与修理上的缺陷,降低了可靠性;

(4)使用上的缺陷;

(5)作业场所环境上的缺陷。

在生产过程中,人的因素运动轨迹按其(1)→(2)→(3)→(4)→(5)的方向顺序进行,物的因素运动轨迹按其(1)→(2)→(3)→(4)→(5)的方向进行。人、物两轨迹相交的时间与地点,就是发生伤亡事故"时空",也就导致了事故的发生。

值得注意的是,许多情况下人与物又互为因果。例如,有时物的不安全状态诱发了人的不安全行为,而人的不安全行为又促进了物的不安全状态的发展或导致新的不安全状态出现。因而,实际的事故并非简单地按照上述的人、物两条轨迹进行,而是呈现非常复杂的因果关系。

若设法排除机械设备或处理危险物质过程中的隐患或者消除人为失误和不安全行为,使两事件链的连锁中断,则两系列运动轨迹不能相交,危险就不会出现,就可避免事故发生。

对人的因素而言,强调工种考核,加强安全教育和技术培训,进行科学的安全生产管理,从生理、心理和操作管理上控制人的不安全行为的产生,就等于斩断了事故产生的人的因素轨迹。但是,对自由度很大且身心性格气质差异较大的人是难以控制的,偶然失误很难避免。

在多数情况下,企业管理不善,使工人缺乏教育和训练或者机械设备缺乏维护检修以及安全装置不完备,便可能导致人的不安全行为或物的不安全状态产生。

轨迹交叉理论突出强调的是斩断物的事件链,提倡采用可靠性高、结构完整性强的系统和设备,大力推广保险系统、防护系统和信号系统及高度自动化和遥控装置。这样,即使人为失误,构成人的因素的(1)~(5)系列,也会因安全闭锁等可靠性高的安全系统的作用,控制住物的因素的(1)~(5)系列的发展,进而完全避免伤亡事故的发生。

一些领导和管理人员总是错误地把一切伤亡事故归咎于操作人员"违章作业";实际上,人的不安全行为也是由于教育培训不足等管理欠缺造成的。因此,管理的重点应放在控制物的不安全状态上,即消除"起因物",当然就不会出现"施害物",斩断物的因素运动轨迹,使人与物的轨迹不相交叉,事故即可避免。

实践证明,消除生产作业中物的不安全状态,可以大幅减少伤亡事故的发生。

四、交通运输行业安全生产风险管理

2017年4月27日,交通运输部印发了《交通运输部关于印发〈公路水路行业安全生产风险管理暂行办法〉〈公路水路行业安全生产事故隐患治理暂行办法〉的通知》,明确了公路水路行业安全生产风险管理的相关要求。2018年10月31日,交通运输部印发了《公路水路行业安全生产风险辨识评估管控基本规范(试行)》(交安监发〔2018〕135号),明确了相关术语定义和公路水路行业安全生产风险辨识、评估和管控的具体实施,为公路水路行业安全生产风险管理提供的指导依据。

《公路水路行业安全生产风险管理暂行办法》明确规定,公路水路行业安全生产风险,是指生产经营过程中发生安全生产事故的可能性。从事公路水路行业生产经营活动的企事业单位(以下简称生产经营单位)是安全生产风险管理的实施主体,应依法依规建立健全安全生产风险管理工作制度,开展本单位管理范围内的风险辨识、评估等工作,落实重大风险登记、重大危险源报备和控制责任,防范和减少安全生产事故。

交通运输部指导全国公路水路行业安全生产风险管理工作。地方交通运输管理部门和有关部属单位指导管辖范围内安全生产风险管理工作。属地负有安全生产监督管理职责的交通运输管理部门具体负责管辖范围内生产经营单位重大风险辨识、评估与管控的监督管理工作。

公路水路行业安全生产风险管理工作应坚持"单位负责、行业监管、动态实施、科学管控"的原则。

(一)风险分级

《公路水路行业安全生产风险管理暂行办法》将公路水路风险按业务领域分为道路运输风险、水路运输风险、港口营运风险、交通工程建设风险、交通设施养护工程风险和其他风险六个类型,每个类型可按照业务属性分为若干类别。风险等级按照可能导致安全生产事故的后果和概率,由高到低依次分为重大、较大、一般和较小四个等级。

重大风险是指一定条件下易导致特别重大安全生产事故的风险。

较大风险是指一定条件下易导致重大安全生产事故的风险。

一般风险是指一定条件下易导致较大安全生产事故的风险。

较小风险是指一定条件下易导致一般安全生产事故的风险。

以上同时满足两个以上条件的,按最高等级确定风险等级。

(二)风险辨识

1.风险辨识要求

《公路水路行业安全生产风险管理暂行办法》规定,生产经营单位应针对本单位生产经营活动范围及其生产经营环节,按照相关法规标准要求,编制风险辨识手册,明确风险辨识范围、方式和程序。

生产经营单位风险辨识应针对影响发生安全生产事故及其损失程度的致险因素进行,致险因素一般包含以下方面:

(1)从业人员安全意识、安全与应急技能、安全行为或状态;

(2)生产经营基础设施、运输工具、工作场所等设施设备的安全可靠性;

(3)影响安全生产外部要素的可知性和应对措施;

(4)安全生产的管理机构、工作机制及安全生产管理制度合规和完备性。

生产经营单位安全生产风险辨识分为全面辨识和专项辨识。全面辨识是生产经营单位为全面掌握地本单位安全生产风险,全面、系统对本单位生产经营活动开展的风险辨识;专项辨识是生产经营单位为及时掌握本单位重点业务、工作环节或重点部位、管理对象的安全生产风险,对本单位生产经营活动范围内部分领域开展的安全生产风险辨识。全面辨识应每年不少于 1 次,专项辨识应在生产经营环节或其要素发生重大变化或管理部门有特殊要求时及时开展。安全生产风险辨识结束后应形成风险清单。

2. 风险辨识范围

生产经营单位应根据业务经营范围,综合考虑不同业务范围风险事件发生的独立性,以及历史风险事件发生情况,研究确定一个或以上风险辨识范围。

3. 划分作业单元

生产经营单位应按照风险管理需求“独立性”原则,根据业务范围、生产区域、管理单元、作业环节、流程工艺等进行作业单元划分,并建立作业单元清单。

4. 确定风险事件

生产经营单位应针对不同作业单元,结合日常安全生产管理实际,综合考虑历史风险事件发生情况,研究确定各作业单元可能发生的风险事件,并填写风险事件分析表(表 3-4)。

风险事件分析表 表 3-4

风险辨识范围(业务名称)	作 业 单 元	典型风险事件

5. 分析致险因素

生产经营单位应依据风险等级判定指南,对风险清单中所列风险进行逐项评估,确定风险等级以及主要致险因素和控制范围。致险因素分析表见表 3-5。

致险因素分析表 表 3-5

风险辨识范围(业务名称)	作 业 单 元	典型风险事件	致 险 因 素			
			人的因素	设施设备因素	环境因素	管理因素

6. 编制风险辨识手册

生产经营单位应针对本单位生产经营活动范围及其生产经营环节,按照相关法规标准的相关要求,编制风险辨识手册,明确风险辨识范围、划分作业单元、确定风险事件、分析致险因素。

生产经营单位重大风险等级评定、等级变更和销号,可委托第三方服务机构进行评估或成立评估组进行评估,出具评估结论。生产经营单位成立的评估组成员应包括生产经营单位负责人或安全管理部门负责人和相关业务部门负责人、2 名以上相关专业领域具有一定从业经历的专业技术人员。

（三）风险评估

1. 指标体系分级标准

（1）可能性指标分级标准。

可能性统一划分为五个级别，分别是极高、高、中等、低、极低。可能性判断标准见表3-6。

可能性判断标准　　表3-6

序　号	可能性级别	发生的可能性	取值区间
1	极高	极易	(9,10]
2	高	易	(6,9]
3	中等	可能	(3,6]
4	低	不大可能	(1,3]
5	极低	极不可能	(0,1]

注：1. 可能性指标取值为区间内的整数或最多一位小数。

2. 区间符号“[ ]”包括“等于”，“( )”不包括“等于”，如：(0,1]表示0 < 取值≤1。

（2）后果严重程度分级标准。

后果严重程度统一划分为四个级别，分别是特别严重、严重、较严重、不严重。后果严重程度判断标准见表3-7，后果严重程度等级取值见表3-8。

后果严重程度判断标准　　表3-7

后果严重程度	后果严重程度总体判断标准定义
特别严重	（1）人员伤亡：可能发生人员伤亡数量达到《生产安全事故报告和调查处理条例》中特别重大事故伤亡标准； （2）经济损失：可能发生经济损失达到《生产安全事故报告和调查处理条例》中特别重大事故经济损失标准； （3）环境污染：可能造成特别重大生态环境灾害或公共卫生事件； （4）社会影响：可能对国家或区域的社会、经济、外交、军事、政治等产生特别重大影响
严重	（1）人员伤亡：可能发生人员伤亡数量达到《生产安全事故报告和调查处理条例》中重大事故伤亡标准； （2）经济损失：可能发生经济损失达到《生产安全事故报告和调查处理条例》中重大事故经济损失标准； （3）环境污染：可能造成重大生态环境灾害或公共卫生事件； （4）社会影响：可能对国家或区域的社会、经济、外交、军事、政治等产生重大影响
较严重	（1）人员伤亡：可能发生人员伤亡数量达到《生产安全事故报告和调查处理条例》中较大事故伤亡标准； （2）经济损失：可能发生经济损失达到《生产安全事故报告和调查处理条例》中较大事故经济损失标准； （3）环境污染：可能造成较大生态环境灾害或公共卫生事件； （4）社会影响：可能对国家或区域的社会、经济、外交、军事、政治等产生较大影响

续上表

后果严重程度	后果严重程度总体判断标准定义
不严重	(1)人员伤亡:可能发生人员伤亡数量达到《生产安全事故报告和调查处理条例》中一般事故伤亡标准; (2)经济损失:可能发生经济损失达到《生产安全事故报告和调查处理条例》中一般事故经济损失标准; (3)环境污染:可能造成一般生态环境灾害或公共卫生事件; (4)社会影响:可能对国家或区域的社会、经济、外交、军事、政治等产生较小影响

注:表中同一等级的不同后果之间为"或"关系,即满足条件之一即可。

后果严重程度等级取值 表3-8

后果严重程度等级	后果严重程度取值
特别严重	10
严重	5
较严重	2
不严重	1

2. 指标体系确定方法

(1)可能性指标确定方法。

针对不同作业单元,搜集生产经营单位近年来突发事件发生情况频次数据,并根据最新辨识到的主要致险因素,结合行业实践经验,进行风险事件发生可能性评价,并通过可能性判断标准,进行突发事件发生可能性评分。

(2)后果严重程度指标确定方法。

针对不同作业单元,分析风险事件发生后,可能造成的最大人员伤亡、经济损失、环境污染、社会影响,综合参考历史上类似事件后果损失,根据后果严重程度判断标准,进行后果严重程度指标评分。

3. 风险等级评估标准

公路水路交通运输行业安全生产风险等级(D)由高到低统一划分为四级:重大、较大、一般、较小。风险等级大小由风险事件发生的可能性(L)、后果严重程度(C)两个指标决定[式(3-1)]。

$$D = L \times C \tag{3-1}$$

风险等级取值区间见表3-9。

风险等级取值区间 表3-9

风险等级	风险等级取值区间
重大	(55,100]
较大	(20,55]
一般	(5,20]
较小	(0,5]

4. 整体风险评估标准

根据宏观管理需要，结合历史风险管理经验，进行区域（领域）范围不同等级风险数量阈值设置。当区域（领域）范围内某一等级的风险数量处于阈值范围内，则认为区域（领域）整体风险等级达到一定级别。当整体风险处于“重大风险”时，应根据“（四）风险管控”要求，积极加强风险管控。

5. 风险等级的调整与变更

风险管理对象初评为“重大风险”后，对于不可接受风险，生产经营单位应针对主要致险因素（人、设施设备、环境、管理），及时通过人、财、物、技术等方面的投入，降低风险等级，经重新评估后可变更风险等级。对于因主、客观因素原因导致的不可降低的“重大风险”，应积极加强风险管控。

生产经营单位发现新的致险因素出现，或已有主要致险因素发生变化，导致发生风险事件可能性或后果严重程度显著变化时，应及时开展风险再评估，并变更风险等级。

（四）风险管控

生产经营单位应依据风险的等级、性质等因素，科学制定管控措施，建立风险动态监控机制，按要求进行监测、评估、预警，及时掌握风险的状态和变化趋势。严格落实风险管控措施，保障必要的投入，将风险控制在可接受范围内。

生产经营单位应当将风险基本情况、应急措施等信息通过安全手册、公告提醒、标识牌、讲解宣传等方式告知本单位从业人员和进入风险工作区域的外来人员，指导、督促做好安全防范。

生产经营单位应针对本单位风险可能导致的安全生产事故，制定或完善应急措施。当风险的致险因素超出管控范围，达到预警条件的，生产经营单位应及时发出预警信息，并立即采取针对性管控措施，防范安全生产事故发生。发生安全生产事故的，应按有关规定及时、有效处置。

生产经营单位应对管理范围内风险辨识、评估、登记、管控、应急等情况进行年度总结和分析，针对存在的问题提出改进措施。如实记录风险辨识、评估、监测、管控等工作，并规范管理档案。对于重大风险，应单独建立清单和专项档案。

生产经营单位应加大安全投入，积极开展风险辨识、评估、管控相关技术研究和应用，提升风险管控能力。

生产经营单位应按下列要求加强重大风险管控：

（1）对重大风险制定动态监测计划，定期更新监测数据或状态，每月不少于 1 次，并单独建档；

（2）重大风险应单独编制专项应急措施；

（3）重大风险确定后按年度组织专业技术人员对风险管控措施进行评估改进，年度评估报告应在次年 1 个月内通过交通运输安全生产风险管理系统向属地负有安全生产监督管理职责的交通运输管理部门报送。

生产经营单位应对进入重大风险影响区域的本单位从业人员组织开展安全防范、应急逃生避险和应急处置等相关培训和演练。在重大风险所在场所设置明显的安全警示标志，标明重大风险危险特性、可能发生的事件后果、安全防范和应急措施。将重大风险的名称、位置、危险特性、影响范围、可能发生的安全生产事故及后果、管控措施和安全防范与应急措施告知直接影响范围内的相关单位或人员。

生产经营单位应当将本单位重大风险有关信息通过公路水路行业安全生产风险管理信息系统进行登记,构成重大危险源的应向属地综合安全生产监督管理部门备案。登记(含重大危险源报备,下同)信息应当及时、准确、真实。

重大风险登记主要内容包括基本信息、管控信息、预警信息和事故信息等:

(1)基本信息包括重大风险名称、类型、主要致险因素、评估报告,所属生产经营单位单位名称、联系人及方式等信息;

(2)管控信息包括管控措施(含应急措施)和可能发生的安全生产事故及影响范围与后果等信息;

(3)预警信息包括预警事件类型、级别,可能影响区域范围,持续时间,发布(报送)范围,应对措施等;

(4)事故信息包括重大风险管控失效发生的安全生产事故名称、类型、级别、发生时间、造成的人员伤亡和损失、应急处置情况、调查处理报告等;

(5)填报单位、人员、时间,以及需填报的其他信息。

重大风险登记分为初次、定期和动态三种方式。初次登记,应在评估确定重大风险后5个工作日内填报。定期登记,采取季度和年度登记,季度登记截止时间为每季度结束后次月10日;年度登记时间为自然年,截止时间为次年1月30日。

生产经营单位发现重大风险的致险因素超出管控范围,或出现新的致险因素,导致发生安全生产事故概率显著增加或预估后果加重时,应在5个工作日内动态填报相关异常信息。重大风险经评估确定等级降低或解除的,生产经营单位应于5个工作日内通过公路水路行业安全生产风险管理系统予以销号。

重大风险管控失效发生安全生产事故的,待应急处置和调查处理结束后,应在15个工作日内对相关工作进行评估总结,明确改进措施,评估总结应向属地负有安全生产监督管理职责的交通运输管理部门报送。

(五)监督管理

属地负有安全生产监督管理职责的交通运输管理部门应将管辖范围内的生产经营单位安全生产风险管理工作纳入日常监督管理,将重大风险监督抽查纳入安全生产年度监督检查计划,明确抽查比例和方式,督促企业落实管控责任。

属地负有安全生产监督管理职责的交通运输管理部门对生产经营单位重大风险监督抽查的主要内容包括:

(1)重大风险管理制度、岗位责任制建设情况;

(2)重大风险登记、监测管控等落实情况;

(3)重大风险应急措施和应急演练情况。

属地负有安全生产监督管理职责的交通运输管理部门应对监督抽查发现重大风险辨识、管控、登记等工作落实不到位的生产经营单位采取以下措施予以监督整改:

(1)对未建立完善的重大风险管理制度、机制、岗位责任体系和重大风险应急措施的予以督促整改;

(2)对未按规定开展重大风险辨识、评估、登记、评估改进和应急演练等工作的予以限期整改;

(3)对重大风险未有效实施监测和控制的纳入重大安全生产隐患予以挂牌督办;

(4)对重大风险控制不力,不能保证安全的,应依据相关法律法规予以处罚。

属地负有安全生产监督管理职责的交通运输管理部门应规范记录对生产经营单位风险管理监督抽查的有关信息,针对管辖范围内的重大风险建立档案,妥善保存相关文件资料。

交通运输管理部门可以通过购买服务的方式,委托专业第三方服务机构开展重大风险督查检查工作。交通运输管理部门应通过政策、法规标准和科技项目支持等方式,鼓励引导行业开展风险管控技术装备研究与应用,充分运用信息化、智能化、大数据等技术手段和先进工艺、材料、技术、装备,提升风险管控水平和安全监管能力。

任何单位或者个人对生产经营单位安全生产风险管理违法违规行为,均有权向生产经营单位或交通运输管理部门投诉或举报。

交通运输管理部门或生产经营单位应对拟公布的风险信息进行评估,涉及社会稳定和国家安全的,应遵照国家保密法律法规,未经允许不得公开。

交通运输管理部门对不按有关规定开展风险辨识、评估以及监测、管控重大风险的生产经营单位和相关人员,应依法依规予以处理,并记入其安全生产不良信用记录。

受生产经营单位委托承担风险辨识、评估、管控支持和监督检查的第三方服务机构,应对其承担工作的合规性、准确性负责。生产经营单位委托第三方服务机构提供风险管理相关支持工作,不得改变生产经营单位风险管理的主体责任。

属地负有安全生产监督管理职责的交通运输管理部门及工作人员,对生产经营单位重大风险监督管理失职渎职,导致发生安全生产事故的,应依法依规追究责任。

第二节　危险和有害因素分析

一、危险和有害因素与评价单元划分

(一)危险和有害因素概念

危险和有害因素是指可对人造成伤亡、影响人的身体健康甚至导致疾病的因素。

(二)危险和有害因素的产生分类

《生产过程危险和有害因素分类与代码》(GB/T 13861—2009)按可能导致生产过程中危险和有害因素的性质进行分类。生产过程危险和有害因素共分为四大类,分别是人的因素、物的因素、环境因素和管理因素。

1. 人的因素

人的因素是指在生产活动中,来自人员或人为性质的危险和有害因素,详见表3-10。

2. 物的因素

物的因素是指机械、设备、设施、材料等方面存在的危险和有害因素,详见表3-11。

人 的 因 素 表 3-10

大类(第一层)	中类(第二层)	小类(第三层)	细类(第四层)	说　明
人的因素	心理、生理性危险和有害因素	负荷超限	体力负荷超限	指引起疲劳、劳损、伤害的负荷超限
			听力负荷超限	
			视力负荷超限	
			其他负荷超限	
		健康状况异常	—	—
		从事禁忌作业	—	—
		心理异常	情绪异常	—
			冒险心理	
			过度紧张	
			其他心理异常	
		辨识功能缺陷	感知延迟	—
			辨识错误	
			其他辨识功能缺陷	
	行为性危险和有害因素	指挥错误	—	—
		操作错误	指挥失误	包括生产过程中各级管理人员的指挥
			违章指挥	—
			其他指挥错误	—
		监护失误	误操作	—
			违章操作	—
			其他操作错误	—
		其他行为性危险和有害因素	—	—

物 的 因 素 表 3-11

大类(第一层)	中类(第二层)	小类(第三层)	细类(第四层)	说　明
物的因素	物理性危险和有害因素	设备、设施、工具、附件缺陷	强度不够	—
			刚度不够	—
			稳定性差	抗倾覆、抗位移能力不够。包括重心过高、底座不稳定、支承不正确等
			密封不良	指密封件、密封介质、设备附件、加工精度、装配工艺等缺陷以及磨损。变形、气蚀等造成的密封不良

续上表

大类(第一层)	中类(第二层)	小类(第三层)	细类(第四层)	说　明
物的因素	物理性危险和有害因素	设备、设施、工具、附件缺陷	耐腐蚀性差	—
			应力集中	—
			外形缺陷	指设备、设施表面的尖角利棱和不应有的凹凸部分
			外露运动件	指人员易触及的运动件
			操纵器缺陷	指结构、尺寸、形状、位置、操纵力不合理及操纵器失灵、损坏等
			制动器缺陷	—
			控制器缺陷	—
			其他设备、设施、工具附件缺陷	—
		防护缺陷	无防护	—
			防护装置、设施缺陷	指防护装置、设施本身安全性、可靠性差,包括防护装置、设施、防护用品损坏、失效、失灵等
			防护不当	指防护装置、设施和防护用品不符合要求,使用不当。不包括防护距离不够
			支撑不当	包括隧道、建筑施工支护不符合要求
			防护距离不够	指设备布置、机械、电气、防火、防爆等安全距离不够和卫生防护距离不够等
			其他防护缺陷	—

续上表

大类(第一层)	中类(第二层)	小类(第三层)	细类(第四层)	说　明
物的因素	物理性危险和有害因素	电伤害	带电部位裸露	—
			漏电	—
			静电和杂散电流	—
			电火花	—
			其他电伤害	—
		噪声	机械性噪声	—
			电磁性噪声	—
			流体动力性噪声	—
			其他噪声	—
		振动危害	机械性振动	—
			电磁性振动	—
			流体动力性振动	—
			其他振动	—
		电离辐射	—	包括X射线、γ射线、α粒子、β粒子、中子、质子、高能电子束等
		非电离辐射	紫外辐射	—
			激光辐射	—
			微波辐射	—
			超高频辐射	—
			高频电磁场	—
			工频电场	—
		运动物伤害	抛射物	—
			飞溅物	—
			坠落物	—
			反弹物	—
			土、岩滑动	—
			料堆(垛)滑动	—
			气流卷动	—
			其他运动物伤害	—
		明火	—	—
		高温物质	高温气体	—
			高温液体	—
			高温固体	—
			其他高温物质	—

续上表

大类(第一层)	中类(第二层)	小类(第三层)	细类(第四层)	说　　明
物的因素	物理性危险和有害因素	低温物质	低温气体	—
			低温液体	—
			低温固体	—
			其他低温物质	—
		信号缺陷	无信号设施	指应设信号设施处无信号,如无紧急撤离信号等
			信号选用不当	—
			信号位置不当	—
			信号不清	指信号量不足,如响度、亮度、对比度、信号维持时间不够等
			信号显示不准	包括信号显示错误、显示滞后或超前等
			其他信号缺陷	—
		标志缺陷	无标志	—
			标志不清晰	—
			标志不规范	—
			标志选用不当	—
			标志位置缺陷	—
			其他标志缺陷	—
		有害光照	—	包括直射光、反射光、眩光、频闪效应等
		其他物理性危险和有害因素	—	—
	化学性危险和有害因素	爆炸品	—	—
		压缩气体和液化气体	—	—
		易燃液体	—	—
		易燃固体、自燃物品和遇湿易燃物品	—	—
		氧化剂和有机过氧化物	—	—
		有毒物品	—	—
		放射性物品	—	—
		腐蚀品	—	—
		粉尘与气溶胶	—	—
		其他化学性危险和有害因素	—	—

续上表

大类(第一层)	中类(第二层)	小类(第三层)	细类(第四层)	说　　明
物的因素	生物性危险和有害因素	致病微生物	细菌	—
			病毒	
			真菌	
			其他致病微生物	
		传染病媒介物	—	—
		致害动物	—	—
		致害植物	—	—
		其他生物性危险和有害因素	—	—

3. 环境因素

环境因素是指生产作业环境中的危险和有害因素,详见表3-12。

环 境 因 素　　表3-12

大类(第一层)	中类(第二层)	小类(第三层)	说　　明
环境因素	室内作业环境不良	室内地面湿滑	指室内地面、通道、楼梯被任何液体、熔融物质润湿,结冰或有其他易滑物
		室内作业场所狭窄	—
		室内作业场所杂乱	—
		室内地面不平	—
		室内楼梯缺陷	包括楼梯、阶梯、电动梯和活动梯架,以及这些设施的扶手、扶栏和护栏、护网等
		地面、墙和天花板上的开口缺陷	包括电梯井、修车坑、门窗开口、检修孔、孔洞、排水沟等
		房屋基础下沉	—
		室内安全通道缺陷	包括无安全通道、安全通道狭窄、不畅等
		房屋安全出口缺陷	包括无安全出口、设置不合理等
		采光不良	指照度不足或过强,烟尘弥漫影响照明等

续上表

大类(第一层)	中类(第二层)	小类(第三层)	说　明
环境因素	室内作业环境不良	作业场所空气不良	指自然通风差、无强制通风、风量不足或气流过大、缺氧、有害气体超限等
		室内温度、湿度、气压不适	—
		室内给、排水不良	—
		室内涌水	—
		其他室内作业场所环境不良	—
	室外作业场地环境不良	恶劣气候与环境	包括风、极端温度、雷电、大雾、冰雹、暴雨雪、洪水、浪涌、泥石流、地震等
		作业场地和交通设施湿滑	包括铺好的地面区域、阶梯、通道、道路、小路等被任何液体、熔融物质润湿，冰雪覆盖或有其他易滑物
		作业场地狭窄	—
		作业场地杂乱	—
		作业场地不平	包括不平坦的地面和路面，有铺设的、未铺设的、草地、小鹅卵石或碎石地面和路面
		脚手架、阶梯或活动梯架缺陷	包括这些设施的扶手、扶栏和护栏、护网等
		地面开口缺陷	包括升降梯井、修车坑、水沟、水渠等
		建筑物和其他结构缺陷	包括建筑中或拆毁中的墙壁、桥梁、建筑物、屋顶、塔楼等
		门和围栏缺陷	包括大门、栅栏、畜栏和铁丝网等
		作业场地基础下沉	—
		作业场地安全通道缺陷	包括无安全通道、安全通道狭窄、不畅等
		作业场地安全出口缺陷	包括无安全出口、设置不合理等

续上表

大类(第一层)	中类(第二层)	小类(第三层)	说明
环境因素	室外作业场地环境不良	作业场地光照不良	指光照不足或过强、烟尘弥漫影响光照等
		作业场地空气不良	指作业场地通风差或气流过大、作业场地缺氧、有害气体超限等
		作业场地温度、湿度、气压不适	—
		作业场地涌水	—
		其他室外作业场地环境不良	—
	地下(含水下)作业环境不良	隧道顶面缺陷	不包含以上室内、室外已列出的有害因素
		隧道正面或侧壁缺陷	—
		隧道地面缺陷	—
		地下作业面空气不良	包括通风差或气流过大、缺氧,有害气体超限
		地下水	—
		水下作业供氧不足	—
		其他地下(水下)作业环境不良	—
	以上未包括的其他作业环境不良	—	—

4. 管理因素

管理因素是指管理和管理责任缺失所导致的危险和有害因素,详见表3-13。

管理因素 表3-13

大类(第一层)	中类(第二层)	小类(第三层)	说明
管理因素	安全组织机构不健全	—	包括组织机构的设置和人员配备
	安全责任制未落实	—	—
	安全管理规章制度不完善	建设项目“三同时”制度未落实	—
		操作规程不规范	
		事故应急预案及响应缺陷	
		培训制度不完善	
		其他职业安全卫生管理规章制度不健全	
	安全投入不足	—	—
	其他管理因素缺陷	—	—

（三）危险和有害因素识别方法

危险和有害因素识别主要以现场观察、人员活动、设备的运行状况，以及相关方的意见等作为依据。

辨识和判定时应考虑如下5类因素：

(1)两种活动：常规活动和非常规活动；

(2)三种时态：过去、现在、将来；

(3)三种状态：正常、异常、紧急；

(4)七种职业健康安全危害：机械、电气、化学、辐射、热能、生物、人机工程；

(5)七种环境因素：大气、水体、土壤、噪声、废物、资源和能源、其他。

（四）评价单元的划分

在风险评价中，常用的评价单元划分原则和方法有两种，一是以危险、有害因素的类别为主划分评价单元，二是以装置和物质特征划分评价单元，具体划分原则和方法如下：

(1)以危险、有害因素的类别为主划分评价单元：

①对工艺方案、总体布置及自然条件、社会环境对系统影响等综合方面危险、有害因素的分析和评价，宜将整个系统作为一个评价单元；

②将具有共性危险因素、有害因素的场所和装置划为一个单元；

③按危险因素类别各划归一个单元，再按工艺、物料、作业特点（即其潜在危险因素不同）划分成子单元分别评价；进行风险评价时，直按有害因素（有害作业）的类别划分评价单元。

(2)以装置和物质特征划分评价单元：

①按装置工艺功能划分；

②按布置的相对独立性划分；

③按工艺条件划分评价单元；

④按储存、处理危险物质的潜在化学能、毒性和危险物质的数量划分评价单元。

上述评价单元划分原则并不是孤立的，而是有内在联系的，在划分评价单元时应综合考虑各方面因素。

二、危险和有害因素的辨识方法

选用哪种辨识方法，要根据分析对象的性质、特点、寿命的不同阶段和分析人员的知识、经验和习惯来确定。常用的危险和有害因素辨识方法有直观经验分析方法和系统安全分析方法。

1. 直观经验分析方法

直观经验分析方法适用于有可供参考先例、有以往经验可以借鉴的系统，不能应用在没有可供参考先例的新开发系统。

(1)对照、经验法。对照、经验法是对照有关标准、法规、检查表或依靠分析人员的观察分析能力，借助于经验和判断能力对评价对象的危险、有害因素进行分析的方法。

(2)类比法。类比法是利用相同或相似工程系统或作业条件的经验和劳动安全卫生的统计资料，来类推、分析评价对象危险和有害因素的方法。

2. 系统安全分析方法

系统安全分析方法是应用系统安全工程评价方法中的某些方法，进行危险和有害因素辨识的方法。系统安全分析方法常用于复杂、没有事故经验的新开发系统。常用的系统安全分析方法有事件树、事故树等。

三、危险和有害因素的识别

尽管现代企业千差万别，但如果能够通过事先对危险和有害因素的识别，找出可能存在的危险及危害，就能够对所存在的危险及危害采取相应的措施（如修改设计、增加安全设施等），从而大大提高系统的安全性。在进行危险和有害因素的识别时，要全面、有序地进行，防止出现漏项，宜从厂址、总平面布置、道路及运输、建（构）筑物、生产工艺、生产设备及装置、作业环境、安全生产措施管理等方面进行。识别的过程实际上就是系统安全分析的过程。

1. 厂址

从厂址的工程地质、地形地貌、水文、气象条件、周围环境、交通运输条件及自然灾害、消防支持等方面进行分析和识别。

2. 总平面布置

从功能分区、防火间距和安全间距、风向、建筑物朝向、危险有害物质设施、动力设施（氧气站、乙炔气站、压缩空气站、锅炉房、液化石油气站等）、道路、储运设施等方面进行分析和识别。

3. 道路及运输

从运输、装卸、消防、疏散、人流、物流、平面交叉运输和竖向交叉运输等方面进行分析和识别。

4. 建（构）筑物

从厂房的生产火灾危险性分类、耐火等级、结构、层数、占地面积、防火间距、安全疏散等方面进行分析和识别。从库房储存物品的火灾危险性分类、耐火等级结构、层数、占地面积、安全疏散、防火间距等方面进行分析和识别。

5. 生产工艺

（1）对新建、改建、扩建项目设计阶段危险和有害因素的识别。

①对设计阶段是否通过合理的设计进行考查，尽可能从根本上消除危险和有害因素。

②当消除危险和有害因素有困难时，对是否采取了预防性技术措施进行考查。

③在无法消除危险或危险难以预防的情况下，对是否采取了减少危险及危害的措施进行考查。

④在无法消除、预防和减弱的情况下，对是否将人员与危险、有害因素隔离等进行考查。

⑤当操作者失误或设备运行一旦达到危险状态时，对是否能通过联锁装置来终止危险及危害的发生进行考查。

⑥在易发生故障和危险性较大的地方，对是否设置了醒目的安全色、安全标志和声、光警示装置等进行考查。

（2）安全现状综合评价可针对行业和专业的特点及行业和专业制定的安全标准、规程进行分析和识别。

针对行业和专业的特点,可利用各行业和专业制定的安全标准、规程进行分析和识别。例如,评价人员应根据各行业制定的一系列安全规程、规定对被评价对象可能存在的危险和有害因素进行分析和识别。

(3)根据典型的单元过程(单元操作)进行危险和有害因素的识别。

典型的单元过程是各行业中具有典型特点的基本过程或基本单元。这些单元过程的危险和有害因素已被归纳、总结在许多手册、规范、规程和规定中,通过查阅均能得到。这类方法可以使危险和有害因素的识别比较系统,避免出现遗漏。

6. 生产设备及装置

对于工艺设备,可从高温、低温、高压、腐蚀、振动、关键部位的备用设备、控制操作、检修和故障、失误时的紧急异常情况等方面进行识别。对于机械设备,可从运动零部件和工件、操作条件、检修作业、误运转和误操作等方面进行识别。对于电气设备,可从触电、断电、火灾、爆炸、误运转和误操作、静电、雷电等方面进行识别。另外,还应注意识别高处作业设备、特殊单体设备(如锅炉房、乙炔站、氧气站)等的危险和有害因素。

7. 作业环境

应注意识别存在各种职业危害因素的作业部位。

8. 安全生产管理措施

可以从安全生产管理组织机构、安全生产管理制度、事故应急救援预案、特种作业人员培训、日常安全生产管理等方面进行识别。

四、危险有害因素分级

在安全生产风险管理中,应该按照危险和有害因素的危险性进行分级管理,应将危险性较高的危险和有害因素作为重点管理对象,制定科学、系统和严格的管理措施。不同类别的危险有害因素有不同的分级方法,如生产的火灾危险性分为甲、乙、丙、丁、戊5类,高处作业危险性按照作业高度和引起坠落原因不同分为四个区域、四个等级,危险货物分为9类,化学物质的急性、毒性分为5级,作业场所有毒作业分为4级等。

(一)生产的火灾危险性分类

《建筑设计防火规范》(GB 50016—2014)中,根据生产中使用或产生的物质性质及其数量等因素,将生产的火灾危险性分为甲、乙、丙、丁、戊5类。

1. 甲类

甲类是指使用或产生下列物质的生产:

(1)闪点低于28℃的液体。

(2)爆炸下限低于10%的气体。

(3)常温下能自行分解或在空气中氧化即能导致迅速自燃或爆炸的物质。

(4)常温下受到水或空气中水蒸气的作用,能产生可燃气体并引起燃烧或爆炸的物质。

(5)遇酸、受热、撞击、摩擦、催化以及遇有机物或硫黄等易燃的无机物,极易引起燃烧或爆炸的强氧化剂。

(6)受撞击、摩擦或与氧化剂、有机物接触时能引起燃烧或爆炸的物质。

(7)在密闭设备内操作温度不小于物质本身自燃点的生产。

2. 乙类

乙类是指使用或产生下列物质的生产:

(1)闪点不低于28℃但低于60℃的液体。

(2)爆炸下限不低于10%的气体。

(3)不属于甲类的氧化剂。

(4)不属于甲类的易燃固体。

(5)助燃气体。

(6)能与空气形成爆炸性混合物的浮游状态的粉尘、纤维,以及闪点不低于60℃的液体雾滴。

3. 丙类

丙类是指使用或产生下列物质的生产:

(1)闪点不低于60℃的液体。

(2)可燃固体。

4. 丁类

丁类是指使用或产生下列物质的生产:

(1)对不燃烧物质进行加工,并在高温或熔化状态下经常产生强辐射热、火花或火焰的生产。

(2)利用气体、液体、固体作为燃料或将气体、液体进行燃烧用作其他的各种生产。

(3)常温下使用或加工难燃烧物质的生产。

5. 戊类

戊类是指使用或产生常温下使用或加工不燃烧物质的生产。

(二)高处作业分级

《高处作业分级》(GB/T 3608—2008)标准明确了高处作业分级的方法和指标,在该标准中将作业高度分为四个区段、四个级别。该标准中的高处作业是指在距坠落高度基准面2m或2m以上有可能坠落的高处进行的作业。

高处作业分级是按照作业高度和作业环境条件确定的,作业高度是由基础高度、可坠落范围等决定的。基础高度是以作业位置为中心、6m为半径,划出垂直于水平面的柱形空间内的最低处与作业位置间的高度。可能坠落范围是以作业位置为中心、可能坠落范围为半径,划成的与水平面垂直的柱形空间。作业高度是指作业区各作业位置至相应坠落高度基准面的垂直距离中的最大者。可能坠落范围半径与基础高度的关系见表3-14。

可能坠落范围半径与基础高度的关系 表3-14

基础高度(m)	2~5	5~15	15~30	>30
可能坠落范围半径(m)	3	4	5	6

根据作业高度和引起坠落原因不同,高处作业有A类、B类两种分类法,分为四个区段、四个等级。四个区段对应的作业高度分别为:2~5m、5~15m、15~30m及30m以上;四个级别分别是:Ⅰ级、Ⅱ级、Ⅲ级和Ⅳ级。在分级时,如果不存在下述9类直接引起坠落的客观危险因素的高处作业,则按A类法分级;如果存在一种或一种以上客观危险因素的高处作业,

则按 B 类法分级(表 3-15):

(1)阵风风力五级(风速 8.0m/s)以上;

(2)平均气温等于或低于 5℃的作业环境;

(3)接触冷水温度等于或低于 12℃的作业;

(4)作业场地有冰、雪、霜、水、油等易滑物;

(5)作业场所光线不足,能见度差;

高处作业分级　　表 3-15

分类法	高处作业高度(m)			
	2~5	5~15	15~30	>30
A	Ⅰ	Ⅱ	Ⅲ	Ⅳ
B	Ⅱ	Ⅲ	Ⅳ	Ⅳ

(6)作业活动范围与危险电压带电体的距离小于表 3-16 的规定;

作业活动范围与危险电压带电体的距离　　表 3-16

危险电压带电体的电压等级(kV)	距离(m)
≤10	1.7
35	2.0
63~110	2.5
220	4.0
330	5.0
500	6.0

(7)摆动,立足处不是平面或只有很小的平面,即任一边小于 500mm 的矩形平面、直径小于 500mm 的圆形平面或具有类似尺寸的其他形状的平面,致使作业者无法维持正常姿势;

(8)存在有毒气体或空气中含氧量低于 0.195 的作业环境;

(9)可能会引起各种灾害事故的作业环境和抢救突然发生的各种灾害事故。

(三)危险化学品分类

根据《危险货物分类和品名编号》(GB 6944—2012),危险货物按具有的危险性或最主要的危险性分为 9 个类别。

1. 第 1 类:爆炸品

1.1 项:有整体爆炸危险的物质和物品。

整体爆炸是指瞬间能影响到几乎全部荷载的爆炸。

1.2 项:有迸射危险,但无整体爆炸危险的物质和物品。

1.3 项:有燃烧危险并有局部爆炸危险或局部迸射危险或这两种危险都有,但无整体爆炸危险的物质和物品。

本项包括满足下列条件之一的物质和物品:

(1)可产生大量热辐射的物质和物品;

(2)相继燃烧产生局部爆炸或迸射效应兼而有之的物质和物品。

1.4 项:不呈现重大危险的物质和物品。

本项包括运输中万一点燃或引发时仅造成较小危险的物质和物品;其影响主要限于包件本身,并预计射出的碎片不大,射程也不远,外部火烧不会引起包件几乎全部内装物的瞬间爆炸。

1.5 项:有整体爆炸危险的非常不敏感物质。

(1)本项包括有整体爆炸危险性,但非常不敏感,以致在正常运输条件下引发或由燃烧转为爆炸的可能性极小的物质。

(2)船舱内装有大量本项物质时,由燃烧转为爆炸的可能性较大。

1.6 项:无整体爆炸危险的极端不敏感物品。

(1)本项包括仅含有极不敏感爆炸物质、并且其意外引发爆炸或传播的概率可忽略不计的物品。

(2)本项物品的危险仅限于单个物品的爆炸。

2. 第 2 类 :气体

2.1 项:易燃气体。

本项包括在 20℃和 101.3kPa 条件下满足下列条件之一的气体:

(1)爆炸下限小于或等于 13% 的气体。

(2)不论其爆燃性下限如何,其爆炸极限(燃烧范围)大于或等于 12% 的气体。

2.2 项:非易燃无毒气体。

本项包括窒息性气体、氧化性气体以及不属于其他项别的气体。

本项不包括在温度 20℃的压力低于 200kPa,并且未经液化和冷冻液化的气体。

2.3 项:毒性气体。

本项包括满足下列条件之一的气体:

(1)其毒性或腐蚀性会对人类健康造成危害的气体;

(2)急性半数致死浓度 LC_{50} 值小于或等于 5000mL/m^3 的毒性或腐蚀性气体。

3. 第 3 类 :易燃液体

本类包括易燃液体和液态退敏爆炸品。

易燃液体是闭杯试验在 60℃(相当于开杯试验 65.6℃)或在 60℃以下时放出易燃蒸气的液体或液体混合物,或含有处于溶液中或悬浮状态的固体或液体(如油漆、清漆、真漆等,但不包括由于其危险性已另列入其他类别中的物质)。上述温度通常指“闪点”。易燃液体还包括满足下列条件之一的液体:

(1)在温度等于或高于其闪点的条件下提交运输的液体;

(2)以液态在高温条件下运输或提交运输、并在温度等于或低于最高运输温度下放出易燃蒸气的物质。

液态退敏爆炸品,是指为抑制爆炸性物质的爆炸性能,将爆炸性物质溶解或悬浮在水中或其他液态物质后,而形成的均匀液态混合物。

4. 第 4 类:易燃固体、易于自燃的物质、遇水放出易燃气体的物质

4.1 项:易燃固体、自反应物质和固态退敏爆炸品。

易燃固体:指容易燃烧或摩擦可能引燃或助燃的固体;

自反应物质:指即使没有氧气(空气)存在,也容易发生激烈放热分解的热不稳定物质;

固态退敏爆炸品:指为抑制爆炸性物质的爆炸性能,用水或酒精湿润爆炸性物质,或用其他物质稀释爆炸性物质后,形成的均匀固态混合物。

4.2 项:易于自燃的物质。

本项包括发火物质和自热物质。

(1)发火物质:即使只有少量与空气接触,不到 5min 时间便燃烧的物质,包括混合物和溶液(液体或固体);

(2)自热物质:发火物质以外的,与空气接触便能发热的物质。

4.3 项:遇水放出易燃气体的物质。

本项物质是指遇水放出易燃气体,且该气体与空气混合能够形成爆炸性混合物的物质。

5. 第 5 类:氧化性物质和有机过氧化物

5.1 项:氧化性物质。

氧化性物质是指本身未必燃烧,但通常因放出氧可能引起或促使其他物质燃烧的物质。

5.2 项:有机过氧化物。

有机过氧化物是指含有两价过氧基(- O - O -)结构的有机物质。

6. 第 6 类:毒性物质和感染性物品

6.1 项:毒性物质。

毒性物质是指经吞食、吸入或与皮肤接触后可能造成死亡或严重受伤或损害人类健康的物质。

6.2 项:感染性物品。

感染性物质是指已知或有理由认为含有病原体的物质。

7. 第 7 类:放射性物质

本类物质是指任何含有放射性核素并且其活度浓度和放射性总活度都超过《放射性物质安全运输规程》(GB 11806—2004)规定限值的物质。

8. 第 8 类:腐蚀性物质

腐蚀性物质是指通过化学作用使生物组织接触时造成严重损伤或在渗漏时,会严重损害甚至毁坏其他货物或运载工具的物质。本类包括满足下列条件之一的物质:

(1)使完好皮肤组织在暴露超过 60min 但不超过 4h 之后开始的,最多 14 日观察期内全厚度毁损的物质。

(2)被判定不引起完好皮肤组织全厚度毁损,但在 55℃ 试验温度下,对钢或铝的表面腐蚀率超过 6.25mm/a 的物质。

9. 第 9 类:杂项危险物质和物品,包括危害环境物质

本类是指存在危险但不能满足其他类别定义的物质和物品。

(四)作业场所有毒作业分级

1. 作业场所分级原则

作业场所毒物危险性的大小,不仅与毒物本身具有的危险性大小有关,还与作业人员接触毒物的时间和接触毒物的浓度等有关。《有毒作业分级》(GB 12331—1990)以毒物危害程度分级为基础,采用有毒作业时间权系数、毒物危害程度级别权系数和毒物浓度超标倍数

等，综合考虑了接触毒物本身的性质、作业人员接触毒物的时间以及接触毒物浓度等对作业人员的影响，对作业场所的危险分级更具科学性。

2. 作业场所有毒作业分级指标

以毒物危害程度级别、有毒作业劳动时间、毒物浓度超标倍数等 3 个指标进行作业场所有毒作业分级。

毒物危害程度级别权系数是由职业性接触毒物的危害程度级别决定的，其对应关系见表 3-17。

毒物危害程度级别与权系数 表 3-17

职业性接触毒物危害程度级别	毒物危害程度级别权系数
Ⅰ级（极度危害）	8
Ⅱ级（高度危害）	4
Ⅲ级（中度危害）	2
Ⅳ级（轻度危害）	1

一个工作日内，职工在作业地点实际接触生产毒物的作业时间称为有毒作业时间。有毒作业时间权系数与有毒作业时间有关，有毒作业时间越长，有毒作业时间权系数越大，详见表 3-18。

有毒作业时间与权系数 表 3-18

有毒作业时间（h）	有毒作业时间权系数
≤2	1
2～5	2
>5	3

毒物浓度超标倍数是指作业环境空气中毒物的浓度超过该中生产性毒物最高容许浓度的倍数，按式（3-2）进行计算：

$$B=\begin{cases}\dfrac{M_c}{M_s}-1, & \dfrac{M_c}{M_s}>1\\[2ex] 0, & \dfrac{M_c}{M_s}\leqslant 1\end{cases} \tag{3-2}$$

式中：B ——毒物浓度超标倍数；

M_c ——实测作业环境空气中毒物的浓度平均值，mg/m^3；

M_s ——毒物的最高容许浓度，mg/m^3。

（五）有毒作业分级

有毒作业分级根据分级指标进行，分级指数按式（3-3）进行计算：

$$C=D\cdot L\cdot B \tag{3-3}$$

式中：C ——分级指数；

D ——毒物危害程度级别权系数；

L ——有毒作业时间权系数。

分级指数越大，表示在该作业环境中人员中毒的可能性越大。按照分级指数的大小，可将有毒作业分为五级，分别为极度危害作业（四级）、高度危害作业（三级）、中度危害作业

（二级）、轻度危害作业（一级）和安全作业（零级），详见表3-19。

有毒作业级别 表3-19

有毒作业分级指数（C）	有毒作业级别
>96	极度危害作业（四级）
24～96	高度危害作业（三级）
6～24	中度危害作业（二级）
0～6	低度危害作业（一级）
≤0	安全作业（零级）

第三节　风险评价方法

一、风险评价方法分类

风险评价方法的分类方法很多，常用的有按评价结果的量化程度分类法、按评价的推理过程分类法、按评价要达到的目的分类法等。

（一）按评价结果的量化程度分类法

按照评价结果的量化程度不同，风险评价方法可分为定性风险评价方法和定量风险评价方法。

1. 定性风险评价方法

定性风险评价方法主要是根据经验和直观判断能力对生产系统的工艺、设备、设施、环境、人员和管理等方面的状况进行定性分析，评价结果是一些定性的指标，如是否达到了某项安全指标、事故类别和导致事故发生的因素等。属于定性风险评价方法的有安全检查表、专家现场询问观察法、因素图分析法、事故引发和发展分析、作业条件危险性评价法（格雷厄姆-金尼法或LEC法）、故障类型和影响分析、危险可操作性研究等。

2. 定量风险评价方法

定量风险评价方法是在大量分析实验结果和事故统计资料基础上获得的指标或规律（数学模型），对生产系统的工艺、设备、设施、环境、人员和管理等方面的状况进行定量的计算，评价结果是一些定量的指标，如事故发生的概率、事故的伤害（或破坏）范围、定量的危险性、事故致因因素的事故关联度或重要度等。

按照风险评价给出的定量结果的类别不同，定量风险评价方法还可以分为概率风险评价法、伤害（破坏）范围评价法和危险指数评价法。

（1）概率风险评价法。

概率风险评价法是根据事故基本致因因素的事故发生概率，应用数理统计中的概率分析方法，求取事故基本致因因素的关联度（或重要度）或整个评价系统的事故发生概率的风险评价方法。故障类型及影响分析、事故树分析、逻辑树分析、概率理论分析、马尔可夫模型分析、模糊矩阵法、统计图表分析法等都可以根据基本致因因素的事故发生概率计算整个评价系统的事故发生概率。

（2）伤害（破坏）范围评价法。

伤害（破坏）范围评价法是根据事故的数学模型，应用数学方法，求取事故对人员的伤害范围或对物体的破坏范围的风险评价方法。液体泄漏模型、气体泄漏模型、气体绝热扩散模型、池火火焰与辐射强度评价模型、火球爆炸伤害模型、爆炸冲击波超压伤害模型、蒸气云爆炸超压破坏模型、毒物泄漏扩散模型和锅炉爆炸伤害 TNT 当量法都属于伤害(破坏)范围评价法。

(3)危险指数评价法。

危险指数评价法是应用系统的事故危险指数模型,根据系统及其物质、设备(设施)和工艺的基本性质和状态,采用推算的办法,逐步给出事故的可能损失、引起事故发生或使事故扩大的设备、事故的危险性以及采取安全措施的有效性的风险评价方法。常用的危险指数评价法有:道化学公司火灾、爆炸危险指数评价法,蒙德火灾爆炸毒性指数评价法,易燃、易爆、有毒重大危险源评价法。

(二)按评价的推理过程分类法

按照风险评价的逻辑推理过程,风险评价方法可分为归纳推理评价法和演绎推理评价法。归纳推理评价法是从事故原因推论结果的评价方法,即从最基本的危险、有害因素开始,逐渐分析导致事故发生的直接因素,最终分析到可能的事故。演绎推理评价法是从结果推论原因的评价方法,即从事故开始,推论导致事故发生的直接因素,再分析与直接因素相关的间接因素,最终分析和查找出致使事故发生的最基本危险和有害因素。

(三)按评价要达到的目的分类法

按照评价要达到的目的,风险评价方法可分为事故致因因素风险评价方法、危险性分级风险评价方法和事故后果风险评价方法。

事故致因因素评价方法是采用逻辑推理的方法,由事故推论最基本的危险、有害因素或由最基本的危险、有害因素推论事故的评价法。该类方法适用于识别系统的危险、有害因素和分析事故,属于定性风险评价方法。

危险性分级评价方法是通过定性或定量分析给出系统危险性的风险评价方法,该方法适应于系统的危险性分级。该方法可以是定性风险评价法,也可以是定量风险评价法。事故后果风险评价方法可以直接给出定量的事故后果,给出的事故后果可以是系统事故发生的概率、事故的伤害(或破坏)范围、事故的损失或定量的系统危险性等。

此外,按照评价对象的不同,风险评价方法可分为设备(设施或工艺)故障率评价法、人员失误率评价法、物质系数评价法、系统危险性评价法等。

二、常用的风险评价方法

1. 安全检查表方法

为了查找工程、系统中各种设备设施、物料、工件、操作、管理和组织措施中的危险和有害因素,事先把检查对象加以分解,将大系统分割成若干小的子系统,以提问或打分的形式,将检查项目列表逐项检查,避免遗漏,这种表称为安全检查表,用安全检查表进行安全检查的方法称为安全检查表方法。

2. 危险指数方法

危险指数方法是通过评价人员对几种工艺现状及运行的固有属性(以作业现场危险度、事故概率和事故严重度为基础,对不同作业现场的危险性进行鉴别)进行比较计算,确定工艺危险特性重要性大小及是否需要进一步研究的风险评价方法。危险指数方法可以运用在工程项目的各个阶段(可行性研究、设计、运行等),可以在详细的设计方案完成之前运用,也可以在现有装置危险分析计划制定之前运用。此外,它也可用于在役装置,作为确定工艺操作危险性的依据。目前已有许多种危险指数方法得到广泛的应用,如危险度评价法,道化学公司的火灾、爆炸危险指数法,帝国化学工业公司的蒙德法,化工厂危险等级指数法等。

3. 预先危险分析方法

预先危险分析方法是一项实现系统安全危害分析的初步或初始工作,在设计、施工和生产前,首先要对系统中存在的危险性类别、出现条件、导致事故的后果进行分析,目的是识别系统中的潜在危险,确定危险等级,防止危险发展成事故。

预先危险分析方法的步骤如下:

(1)通过经验判断、技术诊断或其他方法确定危险源,对所需分析系统的生产目的、物料、装置及设备、工艺过程、操作条件以及周围环境等,进行充分、详细的了解。

(2)根据以往的经验及同类行业生产中的事故情况,根据对系统的影响、损坏程度,类比判断所要分析的系统中可能出现的情况,查找能够造成系统故障、物质损失和人员伤害的危险性,分析事故的可能类型。

(3)对确定的危险源分类,制成预先危险性分析表。

(4)转化条件,即研究危险因素转变为危险状态的触发条件和危险状态转变为事故的必要条件,并进一步寻求对策措施,检验对策措施的有效性。

(5)进行危险性分级,排列出重点和轻重缓急次序,以便处理。

(6)制定事故的预防性对策及措施。

4. 故障假设分析方法

故障假设分析方法是一种对系统工艺过程或操作过程的创造性分析方法。它一般要求评价人员用“假设”作为开头对有关问题进行考虑,任何与工艺安全有关或与之不太相关的问题都可被提出并加以讨论。通常,将所有的问题都记录下来,然后分门别类进行讨论。所提出的问题要考虑到任何与装置有关的不正常的生产条件,而不仅仅是设备故障或工艺参数变化。

故障假设分析方法比较简单,评价结果一般以表格形式表示,主要内容有提出的问题、回答可能的后果、降低或消除危险性的安全措施等。

5. 危险和可操作性研究

危险和可操作性研究是一种定性的风险评价方法,它的基本过程是以关键词为引导,找出过程中工艺状态的变化(即偏差),然后分析找出偏差产生的原因、造成后果及可采取的对策。危险和可操作性研究的侧重点是工艺部分或操作步骤各种具体值。危险和可操作性研究方法所基于的原理是,背景各异的专家们若在一起工作,就能够在创造性、系统性和风格上互相影响和启发,进而能够发现和鉴别更多的问题,这样做比要他们独立工作并分别提供结果更为有效。

6. 故障类型和影响分析

故障类型和影响分析是系统安全工程的一种方法,它根据系统可以划分为子系统、设备和元件的特点,按实际需要将系统进行分割,然后分析各自可能发生的故障类型及其产生的影响，以便采取相应的对策，提高系统的安全可靠性。

故障类型和影响分析的目的是辨识单一设备和系统的故障模式及每种故障模式对系统或装置的影响。故障类型和影响分析的步骤为：明确系统本身的情况→确定分析程度和水平→绘制系统图和可靠性框图→列出所有的故障类型并选出对系统有影响的故障类型→理出造成故障的原因。在故障类型和影响分析中不直接确定人的影响因素，但诸如人失误、误操作等影响通常以一种设备故障模式表示出来。

故障类型和影响分析步骤如下：

(1)确定分析对象系统。根据分析详细程度的需要，查明组成系统的元素(子系统或单元)及其功能。

(2)分析元素故障类型和产生原因。由熟悉情况、有丰富经验的人员依据经验和有关的故障资料分析、讨论可能产生的故障类型和原因。

(3)研究故障类型的影响研究、分析元素故障对相邻元素、邻近系统和整个系统的影响。

(4)填写故障类型和影响分析表格。将分析的结果填入预先准备好的表格，可以简洁明了地显示全部分析内容。

7. 故障树分析

故障树是一种描述事故因果关系的有方向的"树"，是系统安全工程中的重要的分析方法之一。它能对各种系统的危险性进行识别评价，既适用于定性分析，又能进行定量分析，具有简明、形象化的特点，体现了以系统工程方法研究安全问题的系统性、准确性和预测性。

故障树分析的基本程序如下：

(1)熟悉系统。要详细了解系统状态及各种参数，绘出工艺流程图或布置图。

(2)调查事故。收集事故案例，进行事故统计，设想给定系统可能要发生的事故。

(3)确定顶上事件。要分析的对象事件即为顶上事件。对所调查的事故进行全面分析，从中找出后果严重且较易发生的事故作为顶上事件。

(4)确定目标值。根据经验和事故案例，经统计分析后，求解事故发生的概率(频率)，作为要控制的事故目标值。

(5)调查原因事件。调查与事故有关的所有原因事件和各种因素。

(6)画出故障树。从顶上事件起，一级一级找出直接原因事件，到所要分析的深度，按其逻辑关系，画出故障树。

(7)定性分析。将故障树结构进行简化，确定各基本事件的结构重要度。

(8)确定事故发生概率。确定所有事件发生概率，并标在故障树上，进而求出顶上事件的发生概率。

(9)比较。比较分可维修系统和不可维修系统进行讨论，前者要进行对比，后者只求出顶上事件发生概率即可。

(10)分析。故障树分析不仅能分析出事故的直接原因，而且能深入提示事故发生的潜在原因，因此在工程或设备的设计阶段、在事故查询或编制新的操作方法时，都可以使用故障树分析，对它们的安全性作出评价。

8. 事件树分析

事件树分析是用来分析普通设备故障或过程波动(称为初始事件)导致事故发生的可

能性。

在事件树分析中，事故是典型设备故障或工艺异常引发的结果。与故障树分析不同，事件树分析是使用归纳法（不是演绎法），并可提供记录事故后果的系统性的方法，它能够确定导致事件后果与初始事件的关系。

事件树分析步骤如下：

(1)确定初始事件。

初始事件可以是系统或设备的故障、人员的失误或工艺参数偏移等可能导致事故发生的事件。初始事件一般依靠分析人员的经验和有关运行、故障、事故统计资料来确定。

(2)判定安全功能。

系统中包含许多能消除、预防、减弱初始事件影响的安全功能（安全装置、操作人员的操作等）。常见的安全功能有自动控制装置、报警系统、安全装置、屏蔽装置和操作人员采取措施等。

(3)发展事件树和简化事件树从初始事件开始，自左至右发展事件树。

首先把事件一旦发生时起作用的安全功能状态画在上面的分支，不能发挥安全功能的状态画在下面的分支。然后，考虑每种安全功能分支的两种状态，层层分解，直至系统发生事故或故障为止。

简化事件树可在发展事件树的过程中，将与初始事件、事故无关的安全功能和安全功能不协调、矛盾的情况省略、删除，达到简化分析的目的。

(4)分析事件树。

事件树各分支代表初始事件一旦发生后其可能的发展途径，其中导致系统事故的途径即为事故连锁。事件树分析适合用来分析那些产生不同后果的初始事件，它强调的是事件可能发生的初始原因以及初始事件对事件后果的影响。事件树的每一个分支都表示一个独立的事件序列，对一个初始事件而言，每一独立事件序列都清楚地界定了安全功能之间的功能关系。

9. 作业条件危险性评价法

美国的 K. J. 格雷厄姆和 G. F. 金尼研究了人们在具有潜在危险环境中作业的危险性，提出了以所评价的环境与某些作为参考环境的对比为基础，将作业条件的危险性作为因变量(D)，事故或危险事件发生的可能性(L)、暴露于危险环境的频率(E)及事故的可能后果(C)作为自变量，确定了它们之间的关系。根据实际经验，给出 3 个自变量的各种不同情况的分数值，采取对所评价的对象根据情况进行“打分”的方法，根据式(3-4)计算出其危险性分数值，再在按经验将危险性分数值划分的危险程度等级表或图上，查出其危险程度。

$$D = L \cdot E \cdot C \tag{3-4}$$

式中：D——作业条件的危险性；

L——事故或危险事件发生的可能性；

E——暴露于危险环境的频率；

C——事故的可能后果。

式(3-4)中，各变量的分数值及其对应的情况分别见表 3-20 ~ 表 3-23。

作业条件的危险性(D)及其等级评价 表 3-20

分 值	评 价	风险等级
>320	高度危险	一级
160~320	较危险	二级
70~159	一般危险	三级
20~69	可能危险	四级

事故或危险事件发生的可能性情形及分值(L) 表 3-21

情 形	分 值
完全预料到	10
相当可能	6
不经常,但可能	3
意外,很少可能	1
可以设想,但极少可能	0.5
极不可能	0.2
实际上不可能	0.1

暴露于危险环境的频率(E)及分值 表 3-22

频 率	分 值
连续处在危险环境中	10
每天在有危险的环境中工作	6
每周一次在危险环境中工作	3
每月一次在危险环境中工作	2
每年一次在危险环境中工作	1
极难出现在危险环境中工作	0.5

事故的可能后果(C)及分值 表 3-23

现 象	可能后果	分 值
大灾难	多人死亡	100
灾难	数人死亡	40
非常严重	一人死亡	15
严重	严重致残	7
重大	手足伤残	6
较大	受伤较重	3
引人注目	轻伤	1

10. 定量风险评价方法

(1)危险货物选取道化学火灾、爆炸指数评价法,具体步骤如图 3-6 所示。

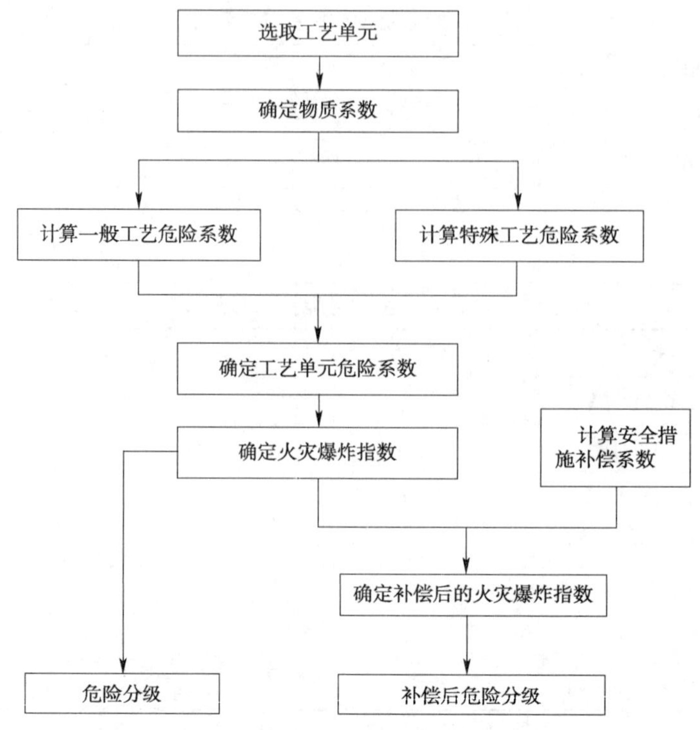

图 3-6　火灾爆炸指数法计算程序

(2)重大危险源后果分析。

对确定为重大危险源的危险货物(场所、设施或生产装置),按照重大风险进行管理与控制。危险化学品重大危险源后果分析从对物质泄漏的分析开始,然后研究泄漏出的物质的流动、扩散,以及发生火灾、爆炸、中毒事故,造成人员伤亡和财产损失的情况。

第四节　风险评估报告

一、一般要求

(1)风险评价报告是风险管理全过程的记录,应将风险识别评价过程中的表格记录、采取的识别评价方法、评价结果、采取的控制措施写入识别评价报告中。

(2)风险识别评价报告应内容全面、文字简洁、数据完成、客观公正,并注意提出风险控制措施的可操作性。

二、具体要求

1. 风险评价报告编制内容

各单位应当根据自身情况将下列内容体现在风险评价报告中:

(1)评价工作经过(评价目的、评价范围及对象、评价工作经过、评价工作程序等);

(2)单位概况(简介、主要业务范围、作业活动、危险物质类型及数量、设备设施、安全生产管理现状和机构人员设置等);

(3)危险有害因素识别方法、过程、结果、依据；

(4)评价单元划分及评价方法选择；

(5)定性、定量分析危险有害程度的过程、结果说明；

(6)安全风险等级确定；

(7)风险分级控制措施及建议；

(8)评价结论。

2. 风险评价报告格式

(1)封面(单位名称、完成日期、评价组成员等)；

(2)评价人员信息(姓名、联系方式、职称/资质证书、签名等)；

(3)目录；

(4)编制说明；

(5)正文；

(6)附件。

第五节　风险应对措施

一、风险水平接受准则

根据风险识别评价结果，在确定风险等级后，可根据不同的风险等级确定不同的风险控制对策，各级风险的接受准则见表3-24。

风险等级及风险水平接受准则　表3-24

风险等级	风险水平接受准则
重大风险	必须采取有效控制措施将风险等级降低到Ⅲ级及以下水平；如果控制措施的代价超出风险承担者的承受能力，则放弃项目执行
较大风险	风险有条件接受，必须实施削减风险的控制措施，必须制定应急预案
一般风险	风险有条件接受，须进一步实施预防措施，提升交通运输安全水平
低风险	风险可以接受，当前控制措施有效，注意日常监控

二、风险控制措施选择准则

风险控制措施需从防止风险事件发生的措施和避免或减少风险事件损失的措施两方面来考虑。

危险源风险程度超出可容许风险等级标准的，必须采取措施降低风险；危险源风险程度在可容许风险等级标准范围内的，可以对原有控制措施加强监测和维护。

三、风险控制措施

1. 防止风险事件发生的措施

(1)本质安全设计——完全消除危险源(如使用无毒物质替代有毒物质)；将危险源的能量限制在不能造成任何伤害之下(如使用安全电压)。

(2)隔离封闭法——将合在一起就会构成危险源的不相容的物质或条件分离开来(如将导致火灾的三要素隔离);防止人员、物体、动力或其他因素进入不期望地带(如封闭放射性物质)。

(3)故障安全设计——在系统、设备的一部分发生故障或破坏的情况下,在一定时间内也能保证安全(如设置安全阀)。

(4)警示警告——从视觉、听觉、味觉、触觉的角度设置安全警示警告标志或报警装置。

2. 避免和减少风险事件损失的措施

(1)隔离,如使火药库远离居民区,设置安全网、隔爆墙等。

(2)个体防护,如穿戴安全服、安全带、安全帽、防滑鞋、绝缘手套等个体劳动保护用品。

(3)逃生救援,如制定应急逃生计划、设置应急逃生设施、进行应急逃生演练等。

除以上技术措施外,还应在安全生产管理和培训上采取措施,提高全员安全素质,掌握安全技术知识、操作技能和安全生产管理水平。

四、交通运输行业风险管控

《公路水路行业安全生产风险辨识评估管控基本规范(试行)》明确了公路水路行业安全生产风险的管控要求。生产经营单位应根据不同作业单元的风险等级,明确风险管控责任、制定相关制度、实施风险管控,将安全生产风险控制在可接受范围之内,防范安全生产事故发生。

(一)管控责任

生产经营单位应严格落实风险管理主体责任,结合生产经营业务风险管理需求,以及机构设置情况,按照"分级管理"原则,明确不同等级风险管理责任分工,并细化岗位责任。

生产经营单位的主要负责人对本单位的风险管理工作全面负责,主要职责包括:组织建立健全风险管理规章制度,组织制定安全生产风险管理教育和培训计划,保证风险管理经费投入,开展安全生产风险管理督促检查并定期开展"重大风险"管理措施落实情况监督检查,组织制定风险事件应急预案或措施,及时、如实上报安全生产风险事件。

生产经营单位的安全管理部门对本单位的风险管理工作具体负责,主要职责包括:建立健全风险管理规章制度,制定安全生产风险管理教育和培训计划并组织实施,制定风险管理经费使用计划并监督实施,执行风险管理监督检查,监督落实"重大风险"管控措施,制定风险事件应急预案或措施并监督实施,及时、如实上报安全生产风险事件,定期开展风险管理工作总结和改进建议。

生产经营单位的业务管理部门对本单位的风险管控具体负责,主要职责包括:落实风险管理规章制度,制定并落实风险管理管控措施,及时、如实上报安全生产风险事件,参加安全生产风险管理教育和培训,定期或不定期向安全管理部门进行风险管理工作汇报和改进建议。

生产经营单位的基层管理单位实施具体风险管控,主要职责包括:落实风险管理规章制度,开展风险监测预警、警示告知、风险降低等风险管控工作,开展风险事件发生后的应急处置工作,参加安全生产风险管理教育和培训,定期或不定期向业务管理部门进行工作汇报和改进建议。

生产经营单位委托第三方机构开展风险管理技术服务的,风险管理责任仍由生产经营单位负责。

(二)管控制度

生产经营单位应制定本单位的各项风险管控制度,包括风险监控预警、风险警示告知、风险降低、教育培训、档案管理、风险控制等工作制度。

(1)风险监控预警工作制度应明确以下内容:风险监控部门或人员、风险监控对象、监控重点、监控内容、监控要求、监控手段、预警内容、预警级别、预警阈值、预警方式、防御性响应等。

(2)风险警示告知工作制度应明确以下内容:警示对象、警示方式、警示内容等。其中,警示对象包括单位工作人员,以及社会公众;警示方式包括物理隔离、标志标牌、语音提醒、人工干预等;警示内容包括:风险类型、位置、风险危害、影响范围、致险因素、可能发生的风险事件及后果、安全防范与应急措施等。

(3)风险降低工作制度应明确以下内容:风险类型、级别、主要致险因素、风险降低措施、资金来源、风险降低要求、风险降低目标等。

(4)教育培训工作制度应明确以下内容:教育培训内容、对象、形式、要求、考核等。

(5)档案管理工作制度应明确以下内容:档案管理对象、管理内容、管理形式、管理有效期、使用方式、使用权限、更新要求、保密要求等。

(6)风险控制工作制度应明确以下内容:分类别、分级别的风险控制工作机制、工作流程、技术要求等。

(三)管控措施

1. 监测预警

生产经营单位应落实风险监测预警工作制度,根据不同的监控对象、监控重点、监控内容、监控要求,采取科学高效的方式,切实加强监测预警工作。

风险监测预警人员,应根据风险监测预警工作制度,由监测系统或人工实现对作业单元的实时状态和变化趋势的掌握,根据主要致险因素的管控临界值,实现异常预警,相关预警信息应及时报告相关管理部门和人员。

生产经营单位相关部门和人员收到预警信息后,应及时做好应急人员、物资、装备等防御性响应工作,防范安全生产事故发生。

生产经营单位存在重大风险的,应制定专项动态监测计划,定期更新监测数据或状态,每月不少于1次,并单独建档。

重大风险进入预警状态的,应依据有关要求采取措施全面立即响应,并将预警信息同步报送属地负有安全生产监督管理职责的管理部门。其他等级风险监测、预警等应严格执行生产经营单位分级管理制度。

2. 警示告知

生产经营单位应落实风险警示告知工作制度,将风险基本情况、应急措施等信息通过安全手册、公告提醒、标识牌、讲解宣传、网络信息等方式告知本范围从业人员和进入风险工作区域的外来人员,指导、督促其做好安全防范。

在主要风险场所设置安全警示标识,标明警示内容,并将主要风险类型、位置、风险危害、影响范围、致险因素、可能发生的风险事件及后果、安全防范与应急措施告知直接影响范围内的相关部门和人员。

生产经营单位存在重大风险的,应当将重大风险的名称、位置、危险特性、影响范围、可能发生的安全生产事故及后果、管控措施和安全防范与应急措施告知直接影响范围内的相关单位或人员。应在风险影响的场所(区域、设备)入口处,给出明显的警示标识,并以文字或图像等方式,给出进入重大风险区域的注意事项提示。

其他等级风险警示告知工作应严格遵照生产经营单位分级管理制度执行。

3. 风险降低

生产经营单位应落实风险降低工作制度,根据本单位的风险辨识、评估结果,针对人、设施设备、环境、管理等致险因素,采取有效的风险降低措施,降低风险等级。

生产经营单位存在重大风险的,应根据主要致险因素的可控性,积极制定风险降低工作制度,并建立重大风险降低专项资金,满足生产经营单位针对重大风险的管控需求。其他等级风险降低工作应严格遵照生产经营单位分级管理制度执行。

4. 应急处置

生产经营单位应加强风险事件应急处置体系建设,包括完善应急预案,理顺应急管理机制,组建专兼职应急队伍,储备应急物资和装备,加强应急演练等。

突发事件发生后,应依据《突发事件应对法》,按照“分级负责、属地管理”的原则,严格执行行业、生产经营单位制定的相关应急预案、应急协调联动机制,接受地方政府、行业管理部门的统一应急指挥决策、应急协调联动、应急信息发布,并积极开展突发事件现场的应急处置工作。

重大风险应单独编制专项应急措施,定期开展重大风险应急处置演练。

5. 登记备案

生产经营单位应落实重大风险信息登记备案规定,如实记录风险辨识、评估、监测、管控等工作,并规范管理档案。对于重大风险,应单独建立清单和专项档案。应明确信息登记责任人,严格遵守报备内容、方式、时限、质量等要求,接受相关管理部门监督。

重大风险信息报备主要内容应包括基本信息、管控信息、预警信息和事故信息等。

重大风险信息报备方式包括初次、定期和动态三种方式,具体的信息报备内容、方式、时限、质量等要求按《公路水路行业安全生产风险管理暂行办法》执行。

6. 教育培训

生产经营单位应结合本单位风险管理实际,针对全体员工,特别是关键岗位人员,加强风险管理教育培训,明确教育培训内容、对象、时间安排等内容。

7. 档案管理

生产经营单位应落实档案管理制度,如实记录风险辨识、评估、管控,以及教育培训、登记备案等工作痕迹和信息,并规范档案管理,重大风险应单独建档,并遵守行业管理部门相关信息报备要求。

第六节　隐患排查与治理

安全生产隐患,是生产经营单位违反安全生产法律、法规、规章、标准、规程和安全生产管理制度等规定，或因其他因素在生产经营活动中存在的可能导致安全生产事故发生的人的不安全行为、物的不安全状态、场所的不安全因素和管理上的缺陷。安全生产隐患是导致事故发生的直接原因，隐患排查治理是预防事故发生的最直接的手段，也是安全生产管理的主要工作。安全生产管理的各项技术措施、管理方法、活动等目的都是为了排除治理隐患，消除隐患，保障生产安全。

一、责任主体和原则

生产经营单位是隐患治理的责任主体，生产经营单位主要负责人对本单位隐患治理工作全面负责，应当部署、督促、检查本单位或本单位职责范围内的隐患治理工作，及时消除隐患。

隐患治理工作应坚持“单位负责、行业监管、分级管理、社会监督”的原则。

二、分级分类

安全生产隐患分为重大隐患和一般隐患两个等级。重大隐患是指极易导致重特大安全生产事故，且整改难度较大，需要全部或者局部停产停业，并经过一定时间整改治理方能消除的隐患，或者因外部因素影响致使生产经营单位自身难以消除的隐患。一般隐患是指除重大隐患外，可能导致安全生产事故发生的隐患。

交通运输行业安全生产隐患按业务领域不同，分为道路运输隐患、水路运输隐患、港口营运隐患、交通工程建设隐患、交通设施养护工程隐患和其他隐患六个类型。每个类型可按照业务属性分为若干类别。

三、隐患排查与治理

1. 隐患排查治理职责

《安全生产法》第十八条规定，生产经营单位主要负责人具有“督促、检查本单位的安全生产工作，及时消除生产安全事故隐患”的职责；第二十二条规定，生产经营单位安全生产管理机构以及安全生产管理人员应履行“检查本单位的安全生产状况，及时排查生产安全事故隐患，提出改进安全生产管理的建议”的职责。

生产经营单位应当建立健全隐患排查、告知(预警)、整改、评估验收、报备、奖惩考核、建档等制度，逐级明确隐患治理责任，落实到具体岗位和人员；应当保障隐患治理投入，做到责任、措施、资金、时限、预案“五到位”。

2. 隐患排查治理方式

生产经营的单位应当建立隐患日常排查、定期排查和专项排查工作机制，明确隐患排查的责任部门和人员、排查范围、程序、频次、统计分析、效果评价和评估改进等要求，及时发现并消除隐患。

隐患日常排查是生产经营单位结合日常工作组织开展的经常性隐患排查，排查范围应覆盖日常生产作业环节，日常排查每周应不少于1次。

隐患专项排查是生产经营单位在一定范围、领域组织开展的、针对特定隐患的排查，一般包括：

(1)根据政府及有关管理部门安全工作专项部署,开展针对性的隐患排查;

(2)根据季节性、规律性安全生产条件变化,开展针对性的隐患排查;

(3)根据新工艺、新材料、新技术、新设备投入使用对安全生产条件形成的变化,开展针对性的隐患排查;

(4)根据安全生产事故情况,开展针对性的隐患排查。

隐患定期排查是由生产经营单位根据生产经营活动特点,组织开展涵盖全部交通运输生产经营领域、环节的隐患排查。定期排查每半年应不少于1次。

生产经营单位应指定专门机构负责本单位安全生产隐患治理工作,定期检查本单位的安全生产状况,及时组织排查隐患,提出改进安全生产管理的建议。从业人员发现安全生产隐患,应当立即向现场安全生产管理人员或者本单位负责人报告;接到报告的人员应当及时予以处理。

生产经营单位应认真填写隐患排查记录,形成隐患排查工作台账,包括排查对象或范围、时间、人员、安全技术状况、处理意见等内容,经隐患排查直接责任人签字后妥善保存。对发现或排查出的隐患,应当按照隐患分级判定指南,确定隐患等级,形成隐患清单。对于排查出的隐患,应立即组织整改,隐患整改情况应当依法如实记录,并向从业人员通报。

一般隐患整改完成后,应由生产经营单位组织验收,出具整改验收结论,并由验收主要负责人签字确认。生产经营单位在隐患整改过程中,应当采取相应的安全防范措施,防范发生安全生产事故发生。

生产经营单位应当根据生产经营活动特点,定期组织对本单位隐患治理情况进行统计分析,及时梳理、发现安全生产苗头性问题和规律,形成统计分析报告,改进安全生产工作。

3. 隐患治理表彰激励机制

生产经营单位应当建立隐患治理表彰、激励机制,鼓励从业人员主动参与排查和消除隐患,并将隐患治理责任落实情况作为重要内容纳入员工岗位绩效考核。应当建立隐患治理全员参与机制,畅通投诉、举报渠道,鼓励从业人员对生产经营活动中隐患治理责任不落实,危及生产经营安全的行为和状态进行投诉或举报,并切实保障投诉或举报人合法权益。工会发现生产经营单位存在安全生产隐患时,有权提出解决的建议,生产经营单位应当及时研究答复;对危及从业人员生命安全的隐患,有权向生产经营单位建议组织从业人员撤离危险场所,生产经营单位必须立即作出处理。

四、重大隐患整改

对于重大隐患整改,生产经营单位应制定专项方案,方案应包括以下内容:

(1)整改的目标和任务;

(2)整改技术方案和整改期的安全保障措施;

(3)经费和物资保障措施;

(4)整改责任部门和人员;

(5)整改时限及节点要求;

(6)应急处置措施;

(7)跟踪督办及验收部门和人员。

重大隐患整改完成后,生产经营单位应委托第三方服务机构或成立隐患整改验收组进行专项验收。生产经营单位成立的隐患整改验收组成员应包括生产经营单位负责人、安全生产管理部门负责人、相关业务部门负责人和2名以上相关专业领域具有一定从业经历的专业技术人员。整改验收应根据隐患暴露出的问题,全面评估,出具整改验收结论,并由组长签字确认。

重大隐患整改验收通过的,生产经营单位应将验收结论向属地负有安全生产监督管理职责的交通运输管理部门报备,并申请销号。报备申请材料包括:

(1)重大隐患基本情况及整改方案;

(2)重大隐患整改过程;

(3)验收机构或验收组基本情况;

(4)验收报告及结论;

(5)下一步改进措施。

重大隐患整改验收完成后,生产经营单位应对隐患形成原因及整改工作进行分析评估,及时完善相关制度和措施,依据有关规定和制度对相关责任人进行处理,并开展有针对性的培训教育。

生产经营单位应向属地负有安全生产监督管理职责的管理部门及时报备重大隐患信息,负有直接监督管理责任的交通运输管理部门应审查报备信息的完整性。重大隐患报备信息应包括以下内容:

(1)隐患名称、类型类别、所属生产经营单位及所在行政区划、属地负有安全生产监督管理职责的管理部门;

(2)隐患现状描述及产生原因;

(3)可能导致发生的安全生产事故及后果;

(4)整改方案或已经采取的治理措施,治理效果和可能存在的遗留问题;

(5)隐患整改验收情况、责任人处理结果;

(6)整改期间发生安全生产事故的,还应报送事故及处理结果等信息。

重大隐患报备包括首次报备、定期报备和不定期报备三种方式:

(1)首次报备:应在重大隐患确定后进行报备;

(2)定期报备:报送重大隐患整改的进展情况;

(3)不定期报备:当重大隐患状态发生新的重大变化时,应及时报备相关情况。

生产经营单位的安全生产管理人员在检查中发现重大隐患,应向本单位有关负责人报告,有关负责人不及时处理的,安全生产管理人员应向属地负有安全生产监督管理职责的交通运输管理部门报告。

重大隐患首次报备应在重大隐患确定后5个工作日内报备,定期报备应在每季度结束后次月前10个工作日内报备,不定期报备应在重大隐患状态发生重大变化后5个工作日内进行报备。

生产经营单位应建立重大隐患专项档案,并规范档案管理。

第四章　应急救援管理

第一节　应急救援体系

一、基本任务

事故应急救援的总目标是通过有效的应急救援行动，尽可能地降低事故的后果，包括人员伤亡、财产损失和环境破坏等。事故应急救援的基本任务包括以下几个方面：

（1）立即组织营救受害人员。组织撤离或者采取其他措施保护危害区域内的其他人员。抢救受害人员是应急救援的首要任务。在应急救援行动中，快速、有序、有效地实施现场急救与安全转送伤员，是降低事故伤亡率、减少事故损失的关键。由于重大事故发生突然、扩散迅速、涉及范围广、危害大，因此应及时指导和组织群众采取各种措施进行自我防护，必要时迅速撤离出危险区域或可能受到危害的区域。在撤离过程中，应积极组织群众开展自救和互救工作。

（2）迅速控制事态，并对事故造成的危害进行检测、监测，测定事故的危害区域、危害性质及危害程度。及时控制住造成事故的危险源是应急救援工作的重要任务。只有及时控制住危险源，防止事故继续扩大，才能及时、有效地进行救援。

（3）消除危害后果，做好现场恢复。针对事故对人体、环境等造成的现实危害和可能的危害，迅速采取封闭、隔离、洗消、监测等措施，防止对人体继续造成危害和加剧环境污染。及时清理废墟和恢复基本设施，将事故现场恢复至相对稳定状态。

（4）查清事故原因，评估危害程度。事故发生后，应及时调查事故发生的原因和事故性质，评估事故的危害范围和危险程度，查明人员伤亡情况，做好事故原因调查，并总结救援工作中的经验和教训。

二、应急救援体系的基本构成

由于潜在的重大事故风险多种多样，所以相应每一类事故灾难的应急救援措施可能千差万别，但其基本应急模式是一致的。构建应急救援体系，应贯彻顶层设计和系统论的思想，以事件为中心，以功能为基础，分析和明确应急救援工作的各项需求，在应急能力评估和应急资源统筹安排的基础上，科学地建立规范化、标准化的应急救援体系，保障各级应急救援体系的统一和协调。

一个完整的应急体系应有组织体制、运作机制、法律基础和应急保障系统 4 部分构成，如图 4-1 所示。

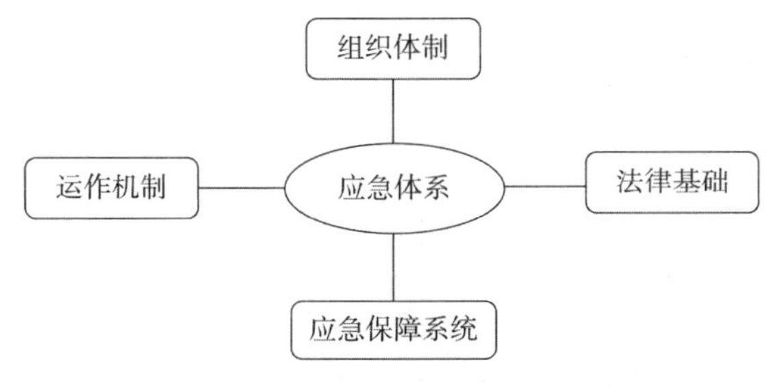

图 4-1　应急体系结构

1. 组织体制

应急救援体系组织体制中的管理机构是指维持应急日常管理的负责部门;功能部门包括与应急活动有关的各类组织机构,如消防、医疗机构等;应急指挥是在应急预案启动后,负责应急救援活动场外与场内指挥系统;而救援队伍则由专业和志愿人员组成。

2. 运作机制

应急救援活动一般划分为应急准备、初级反应、扩大应急和应急恢复 4 个阶段,应急机制与这 4 个阶段的应急活动密切相关。应急运作机制主要有统一指挥、分级响应、属地为主和公众动员 4 种基本机制组成。

统一指挥是应急活动的最基本原则。应急指挥一般可分为集中指挥和现场指挥,或场外指挥与场内指挥等。无论采取哪一种指挥系统,都必须实行统一指挥的模式,无论应急救援活动涉及单位的级别高低和隶属关系不同,但都必须在应急指挥部的统一组织协调下行动,有令则行,有禁则止,统一号令,步调一致。

分级响应是指在初级响应到扩大应急的过程中实行的分级响应的机制。扩大或提高应急级别的主要依据是事故灾难的危害程度、影响范围和控制事态能力。影响范围和控制事态能力是“升级”的最基本条件。扩大应急救援主要是提高指挥级别、扩大应急范围等。

属地为主强调“第一反应”的思想和以现场应急、现场指挥为主的原则。

公众动员机制是应急机制的基础,也是整个应急体系的基础。

3. 法律基础

法制建设是应急体系的基础和保障,也是开展各项应急活动的依据,与应急有关的法律、法规可分为 4 个层次:由立法机关通过的法律,如《中华人民共和国突发事件应对法》;由国务院颁布的法规,如《生产安全事故应急条例》等;以部委令颁布的政府法令、规定,如《交通运输突发事件应急管理规定》(交通运输部令 2011 年第 9 号)等;与应急救援活动直接有关的标准或管理办法,如《生产经营单位安全生产事故应急预案编制导则》(GB/T 29639—2013)等。

4. 保障系统

列于应急保障系统第一位的是信息与通信系统,构筑集中管理的信息通信平台是应急体系最重要的基础建设。应急信息通信系统要保证所有预警、警报、报告、指挥等活动的信息交流快速、顺畅、准确,以及信息资源共享;物资与装备不但要保证有足够的资源,而且还要实现快速、及时供应到位;人力资源保障包括专业队伍的加强、志愿人员以及其他有关人员的培训教育;应急财务保障应建议专项应急科目,如应急基金等,以保障应急管理运行和应急反应中各项活动的开支。

三、应急救援体系响应机制

重大事故应急救援体系应根据事故的性质、严重程度、事态发展趋势和控制能力实行分级响应机制，对不同的响应级别，相应地明确事故的通报范围、应急中心的启动程度、应急力量的出动和设备、物资的调集规模、疏散范围、应急总指挥的职位等。典型的应急响应级别通常分为3级。

1. 一级紧急情况

一级紧急情况是指必须利用所有有关部门及一切资源的紧急情况，或者需要各个部门同外部机构联合处理的个各种紧急情况，通常要宣布进入紧急状态。在该级别中，作出主要决定的职责通常是紧急事故管理部门。现场指挥部可在现场作出保护生命和财产以及控制事态所必需的各种决定。解决整个紧急事件的决定，应由紧急事务管理部门负责。

2. 二级紧急情况

二级紧急情况是指需要两个或更多个部门响应的紧急情况。该事故的救援需要有关部门的协作，并且提供人员、设备或其他资源。该级响应需要成立现场指挥部来统一指挥现场的应急救援行动。

3. 三级紧急情况

三级紧急情况是指能被一个部门正常可利用资源处理的紧急情况。正常可利用的资源指该部门在该部门权利范围内通常可以利用的应急资源，包括人力和物力等。必要时，该部门可以建立一个现场指挥部，所需的后勤支持、人员或其他资源增员由本部门负责解决。

四、应急救援响应程序

事故应急救援系统的应急响应程序按过程可分为接警、响应级别确定、应急启动、救援行动、应急恢复和应急结束6个过程，如图4-2所示。

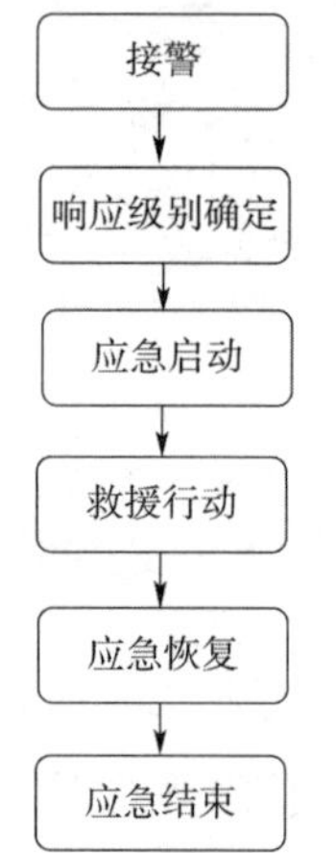

图4-2 应急响应程序

1. 接警与响应级别确定

接到事故报警后，按照应急工作程序，对警情作出判断，初步确定相应的响应级别。如果事故不足以启动应急救援体系的最低响应级别，响应关闭。

2. 应急启动

应急响应级别确定后，按所确定的响应级别启动应急程序，如通知应急中心有关人员到位、开通信息与通信网络、通知调配救援所需的应急资源(包括应急队伍和物资、装备等)、成立现场应急指挥部等。

3. 救援行动

有关应急队伍进入事故现场后，迅速开展事故侦测、疏散、人员救助、工程抢险等有关应急救援工作，专家组为救援决策提供建议和技术支持。当事态超出响应级别无法得到有效控制时，应向应急中心请求实施更高级别的应急响应。

4. 应急恢复

救援行动结束后，进入临时应急恢复阶段。该阶段的主要工作包括现场清理、人员清点和撤离、警戒解除、善后处理和事故调查等。

5. 应急结束

执行应急关闭程序，由事故总指挥宣布应急结束。

第二节　应急预案的编制

一、预案编制的基本要求

应急预案的编制应当符合下列基本要求：

(1)符合有关法律、法规、规章和标准的规定；

(2)结合本地区、本部门、本单位的安全生产实际情况；

(3)结合本地区、本部门、本单位的危险性分析情况；

(4)应急组织和人员的职责分工明确，并有具体的落实措施；

(5)有明确、具体的事故预防措施和应急程序，并与其应急能力相适应；

(6)有明确的应急保障措施，并能满足本地区、本部门、本单位的应急工作要求；

(7)预案基本要素齐全、完整，预案附件提供的信息准确；

(8)预案内容与相关应急预案相互衔接。

完整的应急预案编制应包括以下6个一级关键要素，具体包括：方针与原则、应急策划、应急准备、应急响应、现场恢复、预案管理与评审改进(图4-3)。

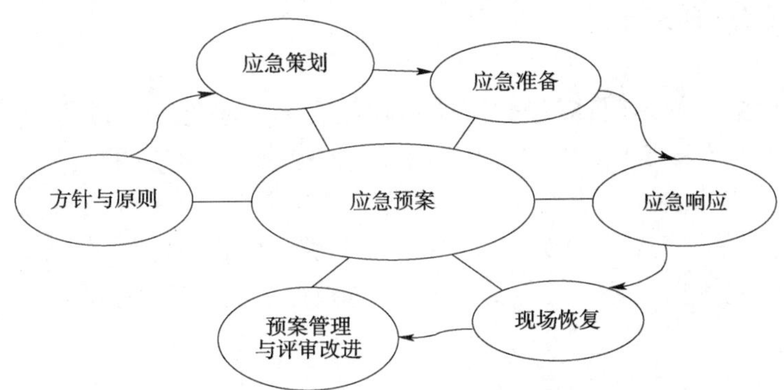

图4-3　应急预案编制要素

6个一级关键要素之间既具有一定的独立性，又紧密联系，从应急的方针、策划、准备、响应、恢复到预案的管理与评审改进，形成了一个有机联系并能够持续改进的应急管理体系。根据一级要素中所包括的任务和功能，应急策划、应急准备和应急响应3个一级关键要素，可进一步划分成若干个二级小要素。所有这些要素构成了重大事故应急预案的核心要素，这些要素是重大事故应急预案编制应当涉及的基本方面。在实际编制时，可根据企业的风险和实际情况的需要，将要素进行合并、增加、重新排列或适当的删减等。编制应急预案时，应在事故风险分析的结果上，大量收集和参阅已有的应急资料，以尽可能地减少工作环节。

(1)方针与原则。

无论是何级或何类型的应急救援体系，首先必须有明确的方针和原则，作为开展应急救援工作的纲领。方针与原则反映了应急救援工作的优先方向、政策、范围和总体目标，应急的策划和准备、应急策略的制定和现场应急救援及恢复，都应当围绕方针和原则开展。

事故应急救援工作是在预防为主的前提下，贯彻统一指挥、分级负责、区域为主、单位自救和社会救援相结合的原则。其中，预防工作是事故应急救援工作的基础，除了平时做好事故的预防工作，避免或减少事故的发生外，还要落实好救援工作的各项准备措施，做到预先有准备，一旦发生事故就能及时实施救援。

(2)应急策划。

应急预案最重要的特点是要有针对性和可操作性。因此，应急策划必须明确预案的对象和可用的应急资源情况，即在全面系统地认识和评价所针对的潜在事故类型的基础上，识别出重要的潜在事故及其性质、区域、分布及事故后果，同时，根据危险分析的结果，分析评估企业中应急救援力量和资源情况，为所需的应急资源准备提供建设性意见。在进行应急策划时，应当列出国家、地方相关的法律法规，作为制定预案和应急工作授权的依据。因此，应急策划包括危险分析、应急能力评估(资源分析)以及法律法规要求 3 个二级要素。

(3)应急准备。

应急准备主要指针对可能发生的应急事件，应做好的各项准备工作。能否成功地在应急救援中发挥作用，取决于应急准备的充分与否。应急准备基于应急策划的结果，明确所需的应急组织及其职责权限、应急队伍的建设和人员培训、应急物资的准备、预案的演习、公众的应急知识培训和签订必要的互助协议等。

(4)应急响应。

企业应急响应能力的体现，应包括需要明确并实施在应急救援过程中的核心功能和任务。这些核心功能具有一定的独立性，又互相联系，构成应急响应的有机整体，共同完成应急救援目的。应急响应的核心功能和任务包括接警与通知、指挥与控制、警报和紧急公告、通信、事态监测与评估、警戒与治安、人群疏散与安置、医疗与卫生、公共关系、应急人员安全、消防和抢险、泄漏物控制等。当然，根据企业风险性质的不同，需要的核心应急功能也可有一些差异。

(5)现场恢复。

现场恢复是事故发生后期的处理，例如泄漏物的污染问题处理、伤员的救助、后期的保险索赔、生产秩序的恢复等一系列问题。

(6)预案管理与评审改进。

预案管理与评审改进强调在事故后(或演练后)的对与预案不符合和不适宜的部分进行不断的修改和完善，使其更加适宜于企业的实际应急工作的需要，但预案的修改和更新需要符合一定的程序和相关评审指标。

二、应急预案的编制程序

生产经营单位应急预案编制程序包括成立应急预案编制工作组、资料收集、风险评估、应急能力评估、编制应急预案和应急预案评审 6 个步骤，如图 4-4 所示。

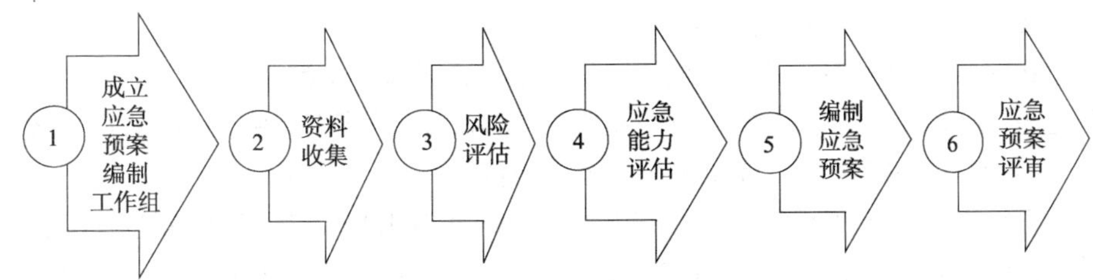

图 4-4　应急预案编制流程图

1. 成立应急预案编制工作组

生产经营单位应结合本单位部门职能和分工，成立以单位主要负责人（或分管负责人）为组长，单位相关部门人员参加的应急预案编制工作组，明确工作职责和任务分工，制定工作计划，组织开展应急预案编制工作。

2. 资料收集

应急预案编制工作组应收集与预案编制工作相关的法律法规、技术标准、应急预案、国内外同行业企业事故资料，同时收集本单位安全生产相关技术资料、周边环境影响、应急资源等有关资料。

3. 风险评估

风险评估的主要内容包括：

(1)分析本单位存在的危险因素，确定事故危险源；

(2)分析可能发生的事故类型及后果，并指出可能产生的次生、衍生事故；

(3)评估事故的危害程度和影响范围，提出风险防控措施。

4. 应急能力评估

在全面调查和客观分析生产经营单位应急队伍、装备、物资等应急资源状况基础上开展应急能力评估，并依据评估结果，完善应急保障措施。

5. 编制应急预案

依据生产经营单位风险评估以及应急能力评估结果，组织编制应急预案。应急预案编制应注重系统性和可操作性，做到可与相关部门和单位应急预案相衔接。

6. 应急预案评审

应急预案编制完成后，应组织评审。评审分为内部评审和外部评审，内部评审由企业主要负责人组织有关部门和人员实施，外部评审由企业组织外部有关专家和人员实施。应急预案评审合格后，由企业主要负责人（或分管负责人）签发实施，并进行备案管理。

三、应急预案的内容

生产经营单位应当根据有关法律、法规和《生产经营单位安全生产事故应急预案编制导则》(GB/T 29639—2013)，结合本单位的危险源状况、危险性分析情况和可能发生的事故特点，制定相应的应急预案。

企业的应急预案体系主要由综合应急预案、专项应急预案和现场处置方案构成。企业应根据本单位组织管理体系、生产规模、危险源的性质以及可能发生的事故类型确定应急预案体系，并可根据本单位的实际情况，确定是否编制专项应急预案。风险因素单一的小微型生产经营单位可只编写现场处置方案。

综合应急预案是生产经营单位应急预案体系的总纲领，主要从总体上阐述事故的应急工作原则，包括生产经营单位的应急组织机构及职责、应急预案体系、事故风险描述、预警及信息报告、应急响应、保障措施、应急预案管理等内容。

专项应急预案是生产经营单位为应对某一类型或某几种类型事故，或者针对重要生产设施、重大危险源、重大活动等内容而定制的应急预案。专项应急预案主要包括事故风险分析、应急指挥机构及职责、处置程序和措施等内容。

现场处置方案是生产经营单位根据不同事故类型，针对具体的场所、装置或设施所制定的应急处置措施，主要包括事故风险分析、应急工作职责、应急处置和注意事项等内容。生产经营单位应根据风险评估、岗位操作规程以及危险性控制措施，组织本单位现场作业人员及安全生产管理人员等专业人员共同编制现场处置方案。

（一）综合应急预案主要内容

1. 总则

(1)编制目的。本部分应简述应急预案编制的目的。

(2)编制依据。本部分应简述应急预案编制所依据的法律、法规、规章、标准和规范性文件以及相关应急预案等。

(3)适用范围。本部分应说明应急预案适用的工作范围和事故类型、级别。

(4)应急预案体系。本部分应说明生产经营单位应急预案体系的构成情况，可用框图形式表述。

(5)应急工作原则。本部分应说明生产经营单位应急工作的原则，内容应简明扼要、明确具体。

2. 事故风险描述

本部分应简述生产经营单位存在或可能发生的事故风险种类、发生的可能性以及严重程度及影响范围等。

3. 应急组织机构及职责

本部分应明确生产经营单位的应急组织形式及组成单位或人员，可用结构图的形式表示，明确构成部门的职责。应急组织机构可根据事故类型和应急工作需要，设置相应的应急工作小组，并明确各小组的工作任务及职责。

4. 预警及信息报告

(1)预警。

本部分应根据生产经营单位监测监控系统数据变化状况、事故险情紧急程度和发展势态或有关部门提供的预警信息进行预警，明确预警的条件、方式、方法和信息发布的程序。

(2)信息报告。

本部分应按照有关规定，明确事故及事故险情信息报告程序，主要包括：

①信息接收与通报。明确24h应急值守电话、事故信息接收、通报程序和责任人。

②信息上报。明确事故发生后向上级主管部门或单位报告事故信息的流程、内容、时限和责任人。

③信息传递。明确事故发生后向本单位以外的有关部门或单位通报事故信息的方法、程序和责任人。

5. 应急响应

(1)响应分级。本部分应针对事故危害程度、影响范围和生产经营单位控制事态的能力,对事故应急响应进行分级,明确分级响应的基本原则。

(2)响应程序。本部分应根据事故级别和发展态势,描述应急指挥机构启动、应急资源调配、应急救援、扩大应急等响应程序。

(3)处置措施。本部分应针对可能发生的事故风险、事故危害程度和影响范围,制定相应的应急处置措施,明确处置原则和具体要求。

(4)应急结束。本部分应明确现场应急响应结束的基本条件和要求。

6. 信息公开

本部分应明确向有关新闻媒体、社会公众通报事故信息的部门、负责人和程序以及通报原则。

7. 后期处置

本部分应主要明确污染物处理、生产秩序恢复、医疗救治、人员安置、善后赔偿、应急救援评估等内容。

8. 保障措施

(1)通信与信息保障。

本部分应明确与可为本单位提供应急保障的相关单位或人员通信联系方式和方法,并提供备用方案。同时,建立信息通信系统及维护方案,确保应急期间信息通畅。

(2)应急队伍保障。

本部分应明确应急响应的人力资源,包括应急专家、专业应急队伍、兼职应急队伍等。

(3)物资装备保障。

本部分应明确生产经营单位的应急物资和装备的类型、数量、性能、存放位置、运输及使用条件、管理责任人及其联系方式等内容。

(4)其他保障。

其他保障是指根据应急工作需求而确定的其他相关保障措施(如经费保障、交通运输保障、治安保障、技术保障、医疗保障、后勤保障等)。

9. 应急预案管理

(1)应急预案培训。

本部分应明确对本单位人员开展的应急预案培训计划、方式和要求,使有关人员了解相关应急预案内容,熟悉应急职责、应急程序和现场处置方案。如果应急预案涉及社区和居民,要向社区和居民做好宣传教育和告知等工作。

(2)应急预案演练。

本部分应明确生产经营单位不同类型应急预案演练的形式、范围、频次、内容以及演练评估、总结等要求。

(3)应急预案修订。

本部分应明确应急预案修订的基本要求,并定期进行评审,实现可持续改进。

(4)应急预案备案。

本部分应明确应急预案的报备部门,并进行备案。

(5)应急预案实施。

本部分应明确应急预案实施的具体时间、负责制定与解释的部门。

(二)专项应急预案主要内容

1. 事故风险分析

针对可能发生的事故风险,分析事故发生的可能性以及严重程度、影响范围等。

2. 应急指挥机构及职责

根据事故类型,明确应急指挥机构总指挥、副总指挥以及各成员单位或人员的具体职责。应急指挥机构可以设置相应的应急救援工作小组,明确各小组的工作任务及主要负责人职责。

3. 处置程序

明确事故及事故险情信息报告程序和内容,报告方式和责任人等内容。根据事故响应级别,具体描述事故接警报告和记录、应急指挥机构启动、应急指挥、资源调配、应急救援、扩大应急等应急响应程序。

4. 处置措施

针对可能发生的事故风险、事故危害程度和影响范围,制定相应的应急处置措施,明确处置原则和具体要求。

(三)现场处置方案主要内容

1. 事故风险分析

事故风险分析主要包括如下内容:

(1)事故类型;

(2)事故发生的区域、地点或装置的名称;

(3)事故发生的可能时间、事故的危害严重程度及其影响范围;

(4)事故前可能出现的征兆;

(5)事故可能引发的次生、衍生事故。

2. 应急工作职责

根据现场工作岗位、组织形式及人员构成,明确各岗位人员的应急工作分工和职责。

3. 应急处置

应急处置主要包括如下内容:

(1)事故应急处置程序。根据可能发生的事故及现场情况,明确事故报警、各项应急措施启动、应急救护人员的引导、事故扩大及同生产经营单位应急预案的衔接的程序。

(2)现场应急处置措施。针对可能发生的火灾、爆炸、危险化学品泄漏、坍塌、水患、机动车辆伤害等,从人员救护、工艺操作、事故控制、消防、现场恢复等方面制定明确的应急处置措施。

(3)明确报警负责人以及报警电话及上级管理部门、相关应急救援单位联系方式和联系人员,事故报告基本要求和内容。

4. 注意事项

进行现场处置时，需要特别关注如下事项：

(1)佩戴个人防护器具方面的注意事项；

(2)使用抢险救援器材方面的注意事项；

(3)采取救援对策或措施方面的注意事项；

(4)现场自救和互救的注意事项；

(5)现场应急处置能力确认和人员安全防护等事项；

(6)应急救援结束后的注意事项；

(7)其他需要特别警示的事项。

(四)附件

1. 有关应急部门、机构或人员的联系方式

应列出应急工作中需要联系的部门、机构或人员的多种联系方式，当发生变化时及时进行更新。

2. 应急物资装备的名录或清单

应列出应急预案涉及的主要物资和装备名称、型号、性能、数量、存放地点、运输和使用条件、管理责任人和联系方式等。

3. 规范化格式文本

本部分主要包括应急信息接报、处理、上报等规范化格式文本。

4. 关键的路线、标识和图纸

本部分主要包括如下内容：

(1)警报系统分布及覆盖范围；

(2)重要防护目标、危险源一览表及分布图；

(3)应急指挥部位置及救援队伍行动路线；

(4)疏散路线、警戒范围、重要地点等的标识；

(5)相关平面布置图纸、救援力量的分布图纸等。

5. 有关协议或备忘录

应列出与相关应急救援部门签订的应急救援协议或备忘录。

四、应急预案的修订

生产经营单位制定的应急预案应当至少每3年修订一次，应对预案修订情况做好记录并归档。有下列情形之一的，应急预案应当及时修订：

(1)生产经营单位因兼并、重组、转制等导致隶属关系、经营方式、法定代表人发生变化的；

(2)生产经营单位生产工艺和技术发生变化的；

(3)周围环境发生变化，形成新的重大危险源的；

(4)应急组织指挥体系或者职责已经调整的；

(5)依据的法律、法规、规章和标准发生变化的；

(6)应急预案演练评估报告要求修订的；

(7)应急预案管理部门要求修订的。

应急预案修订涉及组织指挥体系与职责、应急处置程序、主要处置措施、应急响应分级等内容变更的,修订工作应当按规定的应急预案编制程序进行,并按照有关应急预案报备程序重新备案。

五、应急预案的评审、公布与备案

1. 应急预案评审

地方各级安全生产监督管理部门应当组织有关专家对本部门编制的部门应急预案进行评审;必要时,可以召开听证会,听取社会有关方面的意见。矿山、金属冶炼、建筑施工企业和易燃易爆物品、危险化学品的生产、经营、储存企业,以及使用危险化学品达到国家规定数量的化工企业、烟花爆竹生产、批发经营企业和中型规模以上的其他生产经营单位,应当对本单位编制的应急预案进行评审,并形成书面评审纪要。其他生产经营单位应当对本单位编制的应急预案进行论证。参加应急预案评审的人员应当包括有关安全生产及应急管理方面的专家。评审人员与所评审应急预案的生产经营单位有利害关系的,应当回避。应急预案的评审或者论证应当注重基本要素的完整性、组织体系的合理性、应急处置程序和措施的针对性、应急保障措施的可行性、应急预案的衔接性等内容。

2. 应急预案发布

生产经营单位的应急预案经评审或者论证后,由本单位主要负责人签署公布,并及时发放到本单位有关部门、岗位和相关应急救援队伍。事故风险可能影响周边其他单位、人员的,生产经营单位应当将有关事故风险的性质、影响范围和应急防范措施告知周边的其他单位和人员。

地方各级安全生产监督管理部门的应急预案,应当报同级人民政府备案,并抄送上一级安全生产监督管理部门。其他负有安全生产监督管理职责的部门的应急预案,应当抄送同级安全生产监督管理部门。

3. 预案备案

生产经营单位应当在应急预案公布之日起 20 个工作日内,按照分级属地原则,向安全生产监督管理部门和有关部门进行告知性备案。

中央企业总部(上市公司)的应急预案,应报国务院主管的负有安全生产监督管理职责的部门备案,并抄送应急管理部;其所属单位的应急预案报所在地的省(自治区、直辖市)或者设区的市级人民政府主管的负有安全生产监督管理职责的部门备案,并抄送同级安全生产监督管理部门。

非煤矿山、金属冶炼和危险化学品生产、经营、储存企业,以及使用危险化学品达到国家规定数量的化工企业、烟花爆竹生产、批发经营企业的应急预案,按照隶属关系报所在地县级以上地方人民政府安全生产监督管理部门备案;其他生产经营单位应急预案的备案,由省(自治区、直辖市)人民政府负有安全生产监督管理职责的部门确定。

油气输送管道运营单位的应急预案,除按照规定备案外,还应当抄送所跨行政区域的县级安全生产监督管理部门。煤矿企业的应急预案除按照规定备案外,还应当抄送所在地的煤矿安全监察机构。

生产经营单位申报应急预案备案,应当提交下列材料:

(1)应急预案备案申报表;

(2)应急预案评审或者论证意见;

(3)应急预案文本及电子文档;

(4)风险评估结果和应急资源调查清单。

受理备案登记的负有安全生产监督管理职责的部门应当在5个工作日内对应急预案材料进行核对,材料齐全的,应当予以备案并出具应急预案备案登记表;材料不齐全的,不予备案并一次性告知需要补齐的材料。逾期不予备案又不说明理由的,视为已经备案。

对于实行安全生产许可的生产经营单位,已经进行应急预案备案的,在申请安全生产许可证时,可以不提供相应的应急预案,仅提供应急预案备案登记表。

各级安全生产监督管理部门应当建立应急预案备案登记建档制度,指导、督促生产经营单位做好应急预案的备案登记工作。

六、预案的实施

1. 宣传培训

安全生产监督管理部门、各类生产经营单位应当采取多种形式开展应急预案的宣传教育,普及生产安全事故避险、自救和互救知识,提高从业人员和社会公众的安全意识与应急处置技能。

各级安全生产监督管理部门应当将本部门应急预案的培训纳入安全生产培训工作计划,并组织实施本行政区域内重点生产经营单位的应急预案培训工作。

生产经营单位应当组织开展本单位的应急预案、应急知识、自救互救和避险逃生技能的培训活动,使有关人员了解应急预案内容,熟悉应急职责、应急处置程序和措施。

应急培训的时间、地点、内容、师资、参加人员和考核结果等情况应当如实记入本单位的安全生产教育和培训档案。

2. 应急演练

各级安全生产监督管理部门应当定期组织应急预案演练,提高本部门、本地区生产安全事故应急处置能力。生产经营单位应当制定本单位的应急预案演练计划,根据本单位的事故风险特点,每年至少组织一次综合应急预案演练或者专项应急预案演练,每半年至少组织一次现场处置方案演练。

应急预案演练结束后,应急预案演练组织单位应当对应急预案演练效果进行评估,撰写应急预案演练评估报告,分析存在的问题,并对应急预案提出修订意见。

应急预案编制单位应当建立应急预案定期评估制度,对预案内容的针对性和实用性进行分析,并对应急预案是否需要修订给出结论。矿山、金属冶炼、建筑施工企业和易燃易爆物品、危险化学品等危险物品的生产、经营、储存企业,使用危险化学品达到国家规定数量的化工企业、烟花爆竹生产、批发经营企业和中型规模以上的其他生产经营单位,应当每3年进行一次应急预案评估。

应急预案评估可以邀请相关专业机构或者有关专家、有实际应急救援工作经验的人员参加,必要时可以委托安全生产技术服务机构实施。

3. 应急预案的启动

生产经营单位应当按照应急预案的规定,落实应急指挥体系、应急救援队伍、应急物资及装备,建立应急物资、装备配备及其使用档案,并对应急物资、装备进行定期检测和维护,使其处于适用状态。

生产经营单位发生事故时,应当第一时间启动应急响应,组织有关力量进行救援,并按照规定将事故信息及应急响应启动情况报告安全生产监督管理部门和其他负有安全生产监督管理职责的部门。生产安全事故应急处置和应急救援结束后,事故发生单位应当对应急预案实施情况进行总结评估。

七、交通运输应急管理要求

在《交通运输突发事件应急管理规定》中,交通运输部对于交通运输企业预案实施与管理提出了明确意见,包括如下几个方面:

(1)交通运输企业应当组织开展企业内交通运输突发事件危险源辨识、评估工作,采取相应安全防范措施,加强危险源监控与管理,并按规定及时向交通运输主管部门报告。

(2)交通运输企业应当建立应急值班制度,根据交通运输突发事件的种类、特点和实际需要,配备必要值班设施和人员。

(3)交通运输企业应当加强对本单位应急设备、设施、队伍的日常管理,保证应急处置工作及时、有效开展。

(4)交通运输突发事件应急处置过程中,交通运输企业应当接受交通运输主管部门的组织、调度和指挥。

从企业层面来看,交通运输企业应急预案的实施与管理主要涉及以下几个方面的具体工作:

(1)建立组织,明确职责。

企业应明确本企业应急组织形式,如领导小组、专家小组、现场处置小组等。应指明各级应急指挥机构的构成部门(单位)或人员,并明确每一级机构负责单位或人员和每一具体行动的负责人及替代关系,尽可能以结构图的形式表示出来。

明确应急指挥机构的主要职责,以及总指挥和副总指挥的相应职责。企业视情可建立应急抢险专家库,以便指挥机构在必要时成立专家小组,为现场应急工作提供应急救援建议和技术支持。指挥机构的职责主要包括:研究政策、落实措施、批准预案、启动和终止预案、协调和指挥抢险、发布信息和组织演练等。应急指挥机构可根据事故类型和应急工作需要,设置相应的专项应急处置工作小组,并明确各小组负责人和各小组的工作任务及职责。

(2)严密监控,科学预警,及时响应。

应明确本企业对危险源监测监控的方式、方法,以及采取的预防措施。企业应针对可能发生的各类突发事件,完善预防与预警机制,开展安全风险评估,做到早发现、早报告、早处置,并制定有效的预防措施。按时开展安全监督、检查,坚决制止"三违"行为。对可能引发各类突发事件的预测、预警信息要及时上报,明确事故预警的条件、方式、方法和信息的发布程序。企业可通过搜集和研究可能导致安全生产突发事件的内部信息和外部信息,及早提示、预警并采取有效的应对措施,预防事件的发生。

当突发事件发生时，应密切跟踪事态发展，做好应急准备工作，并向有关单位发布预警信息。当事件发展符合本级预案启动条件时，立即发出启动本预案指令，按照预案程序和规定通知相关机构或部门立即进入应急工作状态。当事态发展认为需要支持时，应及时请求上一级应急救援指挥机构协调和指导。

应根据本企业的组织结构、职能分配和所属单位情况，明确已划分各级别突发事件响应程序，包括明确各级别事件应急预案的启动条件、响应的基本原则、突发事件响应等级递进规定和响应过程的联系方式等，以及各响应等级的应急指挥、应急行动、资源调配、应急避险等响应程序。在制定响应程序时应当注意，如果超出本级应急处置能力，要及时请求上一级应急指挥机构启动应急预案实施救援。

(3)及时上报，信息通畅。

各企业要建立、完善先进的应急通信系统，并做好平时的管理和维护工作，确保应急通信24h畅通。企业应明确24h应急值守电话、事故信息接收和通报程序，包括公示企业全天候值班电话，员工报警的标准、方式、信号，相互认可的报告，报警形式和内容（避免误解），应急反应人员向外求援的方式，以及信息在事发企业与上一级企业和事发企业内部各级应急机构间的传递和处置等。报告内容包括常规信息、事件信息、人员信息、措施信息等。

企业应明确事故发生后向上级主管部门和地方人民政府，以及有关单位报告事故信息的流程、内容和时限。当突发事件发生后，企业在视情启动应急预案的同时，应按照有关规定及时、如实向上一级企业和当地政府或主管部门报告，不得迟报、谎报、瞒报和漏报。报告内容主要包括时间、地点、信息来源、事件性质、危害程度、事件发展趋势和已经采取的措施等。

(4)合理配员，保障物资及经费。

企业应明确各类应急响应的人力资源，包括专业应急队伍、兼职应急队伍的组织与保障方案。企业应按照各行业有关规定配备应急救援队伍，以专职和兼职应急救援队伍为基础，加强应急队伍业务培训和演练，强化全员应急能力建设。加强对外交流和与合作，不断提高本企业应急队伍综合素质。

企业应明确应急救援需要使用的应急物资和装备的类型、数量、性能、存放位置、管理责任人及其联系方式等内容，明确应急专项经费来源、使用范围、数量和监督管理措施，保障应急状态时企业应急经费的及时到位。

(5)强化训练，及时更新。

企业应明确对本企业人员开展的应急培训计划、方式和要求。企业每年应按照有关规定，结合本单位实际情况制定应急培训计划，对全体员工进行应急培训教育（包括应急预防、避险、避灾、自救、互救等有关应急综合素质培训）。应急指挥机构负责制定专职或兼职应急人员培训计划，并列入各级行政管理培训课程计划。如果预案涉及社区和居民，要做好对社区和居民的宣传教育和告知等工作。

企业应明确应急演练的规模、方式、频次、范围、内容、组织、评估、总结等内容。企业各级应急指挥机构应结合本单位的实际情况按照国际公约、法规及有关规定，定期或不定期组织应急演习以保证各级应急预案的有效实施，如规定每年应至少进行一次专项应急演练。要做好应急演练的组织、策划、实施工作，并做好演练结束后的总结评估及改进等各项工作。演练的总结和评估情况要向上一级单位报告。

企业应明确应急预案维护和更新的基本要求,定期进行评审,实现可持续改进。应急预案所依据的公约、法律法规、所涉及的机构和人员发生重大改变或在执行中发现存在重大缺陷时,本企业应及时组织修订,定期组织对应急预案进行评审,并将预案纳入企业的日常管理规章,接受有关机构的监督、审核和检查,不断自我改进。当应急预案有变动时,应重新向上一级单位和主管机构报备。

此外,在应急预案的实施过程中,企业应明确事故应急救援工作中奖励和处罚的条件和内容。企业突发事件的应急处置工作,应实行行政领导负责制和责任追究制。对在突发事件应急管理工作中作出突出贡献的先进集体和个人要给予表彰和奖励,对迟报、谎报、瞒报和漏报突发事件重要情况或者应急管理工作中有其他失职、渎职行为的,应按照企业有关规定对有关责任人给予行政处分,构成犯罪的应移送司法机关,依法追究其刑事责任。

第三节　应急预案演练

一、应急队伍

(一)应急队伍设置

生产经营单位应按照实际情况,设施安全生产应急管理机构,设置专职或兼职应急管理人员,建立由本单位职工组成的专职或兼职应急救援队伍,建立应急管理工作制度。

应急救援队伍建设应按照“统一指挥,协同作战,分级负责”的原则,纳入行业应急救援体系统一调度、作战和训练,做到“三定一有”,即定指挥、定人员、定制度,有保障。

1. 定指挥

选择责任心强、业务精的分管领导担任应急救援指挥,具体负责救援队伍的日常培训、演练等工作。

2. 定人员

选择综合素质高、身体条件好、反应速度快、适应能力强的人员作为企业专业应急救援队伍成员,做到人员相对固定,并登记在册。

3. 定制度

从应急管理、应急指挥的实际需要出发,就应急救援队伍的责任主体、组建形式、人员构成、工作程序和综合保障等作出明确规定,保证应急管理工作步入制度化、规范化轨道。

4. 有保障

要加强安全保障方面的投入,配备必要的安全防护器材和设备,最大限度保护各类应急行动参与人员的安全。主动为一线专业应急人员购置必要的人员伤害保险,解决其参与应急救援活动的后顾之忧。

(二)应急救援人员培训管理

生产经营单位应定期对应急队伍开展应急救援相关培训和训练,提高其应急反应和应急救援能力。

1. 应急培训的原则和范围

为提高应急救援人员的技术水平与应急救援队伍的整体能力,以便在道路运输事故应急救援行动中达到快速、有序、有效的效果,经常性地开展应急救援培训或演习应成为应急救援队伍的一项重要的日常性工作。应急救援培训与演习应以加强基础、突出重点、边练边战、逐步提高为原则。

应急培训与演习的基本任务是锻炼和提高道路运输应急救援队伍在突发事故情况下的快速抢险、及时营救伤员能力,正确指导和帮助群众防护或撤离,有效消除危害后果、开展现场急救和伤员转送等应急救援技能和应急反应综合素质,有效降低事故危害,减少事故损失。

应急培训的范围应包括企业全员的培训和专业应急救援队伍的培训。

2. 应急培训的基本内容

应急培训的目的是使应急人员了解和掌握如何识别危险、如何采取必要的应急措施、如何启动紧急情况警报系统、如何安全疏散人群等基本操作,尤其要加强火灾应急培训以及危险物质事故应急的培训,主要包括以下几方面:

(1)报警培训;

(2)疏散培训;

(3)火灾应急培训;

(4)不同水平应急者培训。

3. 应急演习的分类

应急演习可以根据不同的标准分类。根据演习规模不同,可以分为桌面演习、功能演习和全面演习;根据演习的基本内容不同,可以分为基础训练、专业训练、战术训练和自选科目训练。

(1)基础训练。基础训练是应急队伍的基本训练内容之一,是确保完成各种应急救援任务的基础。基础训练主要包括队列训练、体能训练、防护装备和通信设备的使用训练等内容。基础训练的目的是使应急人员具备良好的战斗意志和作风,熟练掌握个人防护装备的穿戴规则,以及通信设备的使用方法等。

(2)专业训练。专业技术关系应急队伍的实战水平,专业技术高是应急队伍能够顺利执行应急救援任务的关键,也是训练的重要内容,主要包括专业常识、疏散、抢运、现场急救等。通过专业训练,可使救援队伍具备一定的救援专业技术,有效地发挥救援作用。

(3)战术训练。战术训练是救援队伍综合训练的重要内容和各项专业技术的综合运用,是提高救援队伍实战能力的必要措施。战术训练可分为班(组)战术训练和分队战术训练。通过战术训练,可使各级指挥员和救援人员具备良好的组织指挥能力和实际应变能力。

(4)自选科目训练。自选科目训练可根据各自的实际情况,选择开展如火灾、交通事故、综合演练等项目的训练,进一步提高救援队伍的救援水平。救援队伍的训练可采取自训与互训相结合、岗位训练与脱产训练相结合、分散训练与集中训练相结合的方法,在时间安排上也应有明确的要求和规定。此外,为保证训练有素,在训练前应制定训练计划,在训练中应组织考核,在演习完毕后应总结经验,编写演习评估报告,对发现的问题和不足应予以改进并跟踪。

二、应急装备

生产经营单位应当按照有关规划和应急预案的要求,根据应急工作的实际需要,建立健全应急装备和应急物资储备、维护、管理和调拨制度，储备必需的应急物资和运力，配备必要的专用应急指挥交通工具和应急通信装备，并定期对应急物资装备进行检查和维护，确保其处于能够正常使用的状态。

三、应急预案演练

生产经营单位应当制定本单位的应急预案演练计划，根据本单位的事故预防重点，每年至少组织一次综合应急预案演练或者专项应急预案演练，每半年至少组织一次现场处置方案演练。

1. 应急演练的定义

应急演练指针对情景事件，按照应急预案而组织实施的预警、应急响应、指挥与协调、现场处置与救援、评估总结等活动。情景事件指针对生产经营过程中存在的危险源或危险、有害因素而设定的突发事件。

应急演练是对实际突发事件应急救援过程的模拟，包括常规的应急处置流程和设定的关键事件等，其目的是检验应急预案、应急装备、应急基础设施、后勤保障等。通过演练，一是检验预案的实用性、可用性、可靠性；二是取得实战经验以修改应急预案的缺陷与不足，提高预案可操作性；三是检验员工是否明确自己的职责和应急行动程序，以及反应应急队伍的协同反应水平和实战能力；四是提高人们避免事故、防止事故、抵抗事故的能力，提高对事故的警惕性。

2. 应急演练分类

按照应急演练的内容不同，可将应急演练分为综合演练和专项演练；按照演练的形式不同，可将应急演练分为现场演练和桌面演练；按照演练的目的不同，可将应急演练分为检验性演练和研究性演练。

(1)综合演练。

综合演练是指根据情景事件要素，按照应急预案检验包括预警、应急响应、指挥与协调、现场处置与救援、保障与恢复等应急行动和应对措施的全部应急功能的演练活动。

(2)专项演练。

专项演练是指根据情景事件要素，按照应急预案检验某项或数项应对措施或应急行动的部分应急功能的演练活动。

(3)现场演练。

现场演练是指选择(或模拟)生产建设某个工艺流程或场所，现场设置情景事件要素，并按照应急预案组织实施预警、应急响应、指挥与协调、现场处置与救援等应急行动和应对措施的演练活动。

(4)桌面演练。

桌面演练是指设置情景事件要素，在室内会议桌面(图纸、沙盘、计算机系统)上，按照应急预案模拟实施预警、应急响应、指挥与协调、现场处置与救援等应急行动和应对措施的演练活动。

(5)检验性演练。

检验性演练是指不预先告知情景事件，由应急演练的组织者随机控制，参演人员根据演练设置的突发事件信息，按照应急预案组织实施预警、应急响应、指挥与协调、现场处置与救援等应急行动和应对措施的演练活动。

(6)研究性演练。

研究性演练是指为验证突发事件发生的可能性、波及范围、风险水平以及检验应急预案的可操作性、实用性等而进行的预警、应急响应、指挥与协调、现场处置与救援等应急行动和应对措施的演练活动。

3. 应急演练的基本内容

(1)预警与通知。

接警人员接到报警后，按照应急预案规定的时间、方式、方法和途径，迅速向可能受到突发事件波及区域的相关部门和人员发出预警通知，同时报告上级主管部门或当地政府有关部门、应急机构，以便采取相应的应急行动。

(2)决策与指挥。

根据应急预案规定的响应级别，建立统一的应急指挥、协调和决策机构，迅速有效地实施应急指挥，合理高效地调配和使用应急资源，控制事态发展。

(3)应急通信。

保证参与预警、应急处置与救援的各方，特别是上级与下级、内部与外部相关人员通信联络的畅通。

(4)应急监测。

对突发事件现场及可能波及区域的气象、有毒有害物质等进行有效监控并进行科学分析和评估，合理预测突发事件的发展态势及影响范围，避免发生次生或衍生事故。

(5)警戒与管制。

建立合理警戒区域，维护现场秩序，防止无关人员进入应急处置与救援现场，保障应急救援队伍、应急物资运输和人群疏散等的交通畅通。

(6)疏散与安置。

合理确定突发事件可能波及区域，及时、安全、有效的撤离、疏散、转移、妥善安置相关人员。

(7)医疗与卫生保障。

调集医疗救护资源对受伤人员合理验伤并分级，及时采取有效的现场急救及医疗救护措施，做好卫生监测和防疫工作。

(8)现场处置。

现场处置包括在应急处置与救援过程中，按照应急预案规定及相关行业技术标准采取的有效技术与安全保障措施。

(9)公众引导。

公众引导是指及时召开新闻发布会，客观、准确地公布有关信息，通过新闻媒体与社会公众建立良好的沟通。

(10)现场恢复。

应急处置与救援结束后，应在确保安全的前提下，实施有效洗消、现场清理和基本设施恢复等工作。

(11)总结与评估。

对应急演练组织实施中发现的问题和应急演练效果进行评估总结,以便不断改进和完善应急预案,提高应急响应能力和应急装备水平。

(12)其他。

本部分是指根据相关行业(领域)安全生产特点所包含的其他应急功能。

4. 应急演练计划

(1)应急演练计划的内容。

应针对生产经营单位安全生产特点对应急演练活动进行整体规划,编写应急演练年度计划,内容通常包括演练的目的、类型、形式、时间、地点、内容、参与演练的部门、人员、演练经费预算等。

(2)应急演练计划的要求。

应急演练计划应以生产经营单位安全生产应急预案为基本依据,针对可能发生的突发事件,着重提高初期应急处置和协同救援的能力。演练频率应满足应急预案的规定,演练范围应保证有一定的覆盖面。

5. 应急演练的实施

(1)熟悉演练方案。由应急演练领导小组正、副组长或成员召开会议,重点介绍有关应急演练的计划安排,了解应急预案和演练方案,做好各项准备工作。

(2)安全措施检查。确认演练所需的工具、设备、设施以及参演人员到位。对应急演练安全保障方案以及设备、设施进行检查确认,确保安全保障方案的可行性,安全设备、设施的完好性。

(3)组织协调。应在控制人员中指派必要数量的组织协调员,对应急演练过程进行必要的引导,以防出现发生意外事故。应在应急演练方案中对组织协调员的工作位置和任务作出明确的规定。

(4)紧张有序开展应急演练。应急演练总指挥下达演练开始指令后,参演人员针对情景事件,根据应急预案的规定,紧张有序地实施必要的应急行动和应急措施,直至完成全部演练工作。

6. 应急演练的评估和总结

应急预案演练结束后,生产经营单位应当对应急预案演练效果进行评估,撰写应急预案演练评估报告,分析存在的问题,并对应急预案提出修订意见。

(1)应急演练评估。

应急演练的评估必须在应急演练结束后立即进行。应急演练组织者、控制人员和评估人员以及主要演练人员应参加评估。

评估人员对应急演练目标的实现情况、参演队伍及人员的表现、应急演练中暴露的主要问题等进行讲评,并出具评估报告。对于规模较小的应急演练,评估也可以采用口头点评的方式。

(2)应急演练总结。

应急演练结束后,评估组汇总评估人员的评估总结,撰写评估总结报告,重点对应急演练组织实施中发现的问题和应急演练效果进行评估总结,也可对应急演练准备、策划等工作进行简要总结分析。

应急演练评估总结报告通常包括以下内容：

①本次应急演练的背景信息；

②对应急演练准备的评估；

③对应急演练策划与应急演练方案的评估；

④对应急演练组织、预警、应急响应、决策与指挥、处置与救援、应急演练效果的评估；

⑤对应急预案的改进建议；

⑥对应急救援技术、装备方面的改进建议。

第四节　突发事件应急处置

一、突发事件的定义

突发事件，是指突然发生，造成或者可能造成严重社会危害，需要采取应急处置措施予以应对的自然灾害、事故灾难、公共卫生事件和社会安全事件。

突发事件一般依据突发事件可能造成的危害程度、波及范围、影响力大小、人员及财产损失等情况，由高到低划分为特别重大（Ⅰ级）、重大（Ⅱ级）、较大（Ⅲ级）、一般（Ⅳ级）四个级别，并依次采用红色、橙色、黄色、蓝色来加以表示。

突发事件具有如下共同特征：

(1)突发性。突发性是突发事件的主要特征，突发事件能否发生，于何时、何地、以何种方式爆发以及爆发的程度等情况，人们都始料未及，难以准确把握。突发事件从始至终都处于不断变化过程当中，往往毫无规则，不能事先准确预测和确定，使突发事件预防机制的建立困难重重。

(2)紧迫性。突发事件的发生突如其来或者只有短时预兆，事态发展迅速，必须立即采取非常态的紧急措施加以处置和控制，否则将会造成更大的危害和损失。

(3)严重性。突发事件的发生往往会导致人员伤亡、财产损失和环境破坏，具有较大危害，而且这种危害还体现在社会公众领域，事件本身会迅速引起公众关注，进而渗入社会的各个层面，造成公众心理恐慌和社会秩序混乱。突发事件的危害范围和破坏力越大，造成的影响和后果就越严重。

(4)社会性。突发事件起因千差万别，如地震、火灾、瘟疫、暴乱等，但其作用对象不是个人，而是社会公众，至少是一个特定单位或区域内的一群人。因此，防范突发事件需要公众支持和参与。

在道路运输企业中，突发事件一般有道路运输事故、自然灾害和公共卫生事件、火灾事故、社会治安事件、危险化学品道路运输事故、客运站旅客滞留等。

二、突发事件应对要求

应对突发事件，应遵从“以人为本，减轻危害；统一领导，分级负责；社会动员，协调联动；属地先期处置；依靠科学，专业处置；鼓励创新，迅速高效”的原则。

1. 健全落实应急制度

道路运输企业要加快应急管理制度的制定。由于突发事件具有不确定性,因此要把应急管理纳入规范化、制度化、法制化轨道,跟上突发事件的发展要求,确保突发事件应急人员、装备、资源、通信、应急预案的落实。

2. 提高员工危机意识和应急能力

加强员工应急知识和相关法律法规的培训学习,提高安全意识和自救、互救能力。

3. 应急队伍建设

建立专业的或兼职的应急救援队伍,联合培训、联合演练,提高协同应急能力。

4. 应急装备保障

应急装备是用于应急管理与应急救援的工具、器材、服装、技术力量等,如消防车、监测仪、防化服、隔热服等。应急装备是应急救援的有力武器与重要保障,利用应急装备可以高效处置事故、保障相关人员生命安全、减少财产损失、维护社会稳定。

5. 应对保障

突发事件应对保障主要包括物资储备保障、经费保障和通信保障。

6. 隐患、危险源调查和监控

突发事件发生前的预防是突发事件管理的重点,预防是突发事件管理中最简便、成本最低的方法。做好监测、预测工作,及时收集各种信息,并对这些信息进行分析、辨别,有效觉察潜伏的危机,对危机的后果事先加以估计和准备,预先制定科学而周密的危机应变计划,对危机采取果断措施,为危机处理赢得主动,是预防和减少自然灾害、事故灾难、公共卫生和社会安全事件及其造成的损失,人民群众生命财产安全,维护社会稳定发展的重要保障。

7. 应急预案

应针对各级各类可能发生的事故和所有危险源制定专项应急预案和现场应急处置方案,并明确事前、事发、事中、事后的各个过程中相关部门和有关人员的职责。完善的应急预案对应急管理工作有着重要指导作用,能指导人员以最快的速度发挥最大的效能,有序实施救援,尽快控制事态发展,降低紧急事件造成的危害程度,减少事故损失和人员伤亡。

8. 应急演练

应急演练是指针对情景事件,按照应急预案而组织实施的预警、应急响应、指挥与协调、现场处置与救援、评估总结等活动。通过应急演练,能够检验预案的实用性、可用性、可靠性;取得实战经验以修改应急预案的缺陷与不足,提高预案可操作性;检验员工是否明确自己的职责和应急行动程序,以及反映应急队伍的协同反应水平和实战能力;提高人们避免事故、防止事故、抵抗事故的能力,提高对事故的警惕性。

9. 加强协调

加强协调,积极配合,对突发事件迅速作出反应。道路运输企业应该建立突发事件应急反应机制,明确各部门的职责,将部门协调行动制度化,以保障各部门和领导能在第一时间对危机作出判断,迅速反应,政令畅通,各部门协调配合,临危不乱。各部门要树立大局意识和责任意识,不仅要加强本部门的应急管理,落实好自己责任范围内的专项预案,还要按照总体应急预案的要求,做好纵向和横向的协同配合工作。

三、突发事件应急处置流程

突发事件的应急处置一般遵从以下流程：

(1)首要任务是控制和遏制事故,防止事故扩大,减少人员伤害或财产损失。

(2)将突发的事件情况或紧急状态迅速通知企业相关安全人员。

(3)及时向上级部门和当地人民政府报告,取得政府主管部门和专业救援机构的指导和支持,积极配合专业的应急救援机构的工作,尽量减少人员伤亡和财产损失。

(4)关闭、转移、隔离相关的危险设施设备或系统。

(5)紧急状态关键时期,授权披露有关信息,指定一名高级管理人员作为该信息的唯一出处,防止发生信息误导。

四、道路运输企业突发事件应急处置措施

1. 道路运输事故应急处置

(1)事故发生后,事故现场有关人员应当立即向本单位负责人报案;单位负责人接到报案后,应当立即向相关主管机关报告事故情况。

(2)同时配合救援机构,开展救援工作,尽量减少人员伤亡和财产损失。

(3)企业指派相关负责人处理事故。

(4)在公安、行业主管部门的指导下,同受害人沟通,依照国家相关规定进行赔偿。

(5)向保险公司索赔。

2. 自然灾害和公共卫生事件应急处置

(1)报告上级有关部门,配合组织营救和救治受害人员,疏散、撤离,并妥善安置受到威胁的人员以及采取其他救助性措施。

(2)迅速控制危险源,标明危险区域,封锁危险场所,划定警戒区,以及采取其他控制措施。

(3)禁止或者限制使用有关设备、设施,关闭或者限制使用有关场所,中止人员密集的活动或者可能导致危害扩大的生产经营活动以及采取其他保护措施等。

3. 火灾事故应急处置

(1)及时通知企业领导,拨打 119 报警电话。

(2)及时接通火灾报警装置或火灾事故广播,组织疏散人员、车辆等,在安全条件下转移、隔离重大危险源。

(3)停止运行相关装置(风机、防火阀等),防止火灾扩大。

(4)选择正确有效的方法灭火或配合专业消防人员灭火。

(5)火扑灭后,将消防装置恢复到正常运行状态。

4. 社会治安事件应急处置

(1)报告上级有关部门,强制隔离使用器械相互对抗或者以暴力行为参与冲突的当事人,妥善解决现场纠纷和争端,控制事态发展。

(2)对特定区域内的建筑物、交通工具、设备、设施以及燃料、燃气、电力、水的供应进行控制。

(3)封锁有关场所、道路、查验现场人员的身份证件,限制公共场所内的有关活动等。

第五章　职业危害预防与管理

第一节　职业健康概述

一、基本概念

1. 职业病

职业病是指企业、事业单位和个体经济组织等用人单位的劳动者在职业活动中,因接触粉尘、放射性物质和其他有毒、有害因素而引起的疾病。

2. 职业病危害

职业病危害是指生产过程、劳动过程或作业环境中产生或存在的,可能导致作业人员罹患职业病的不良因素或条件。

3. 职业健康检查

职业健康检查是指医疗卫生机构按照国家有关规定,对从事接触职业病危害作业的劳动者进行的上岗前、在岗期间、离岗时的健康检查。

4. 职业健康监护

职业健康监护以预防为目的,根据劳动者的职业接触史,通过定期或不定期的医学健康检查和健康相关资料的收集,连续性地检测劳动者的健康状况,分析劳动者健康变化与所接触的职业病危害因素的关系,并及时地将健康检查和资料分析结果报告给用人单位和劳动者本人,以便及时采取干预措施,保护劳动者健康。职业健康监护主要包括职业健康检查、离岗后健康检查、应急健康检查和职业健康监护档案管理等内容。

5. 职业禁忌症

职业禁忌症是指劳动者从事特定职业或接触特定职业性危害因素时,比一般职业人群更易于遭受职业病危害和罹患职业病或者可能导致原有自身疾病病情加重,或者在作业过程中诱发可能导致对他人生命健康构成危险的疾病的个人特殊生理和病理状态。

二、职业性危害因素

职业性有害因素又称职业性危害因素或职业危害因素,是指在生产过程中、劳动过程中、作业环境中存在的各种有害的化学、物理、生物因素以及在作业过程中产生的其他危害劳动者健康、能导致职业病的有害因素。

(一)职业性有害因素分类

1. 按来源分类

各种职业性有害因素按其来源不同,可分为以下三类:

(1)生产过程中产生的有害因素。

①化学因素,包括生产性粉尘和化学有毒物质。其中,生产性粉尘,包括矽尘、煤尘、石棉尘、电焊烟尘等;化学有毒物质,包括铅、汞、锰、苯、一氧化碳、硫化氢、甲醛、甲醇等。

②物理因素,包括异常气象条件(高温、高湿、低温)、异常气压、噪声、振动、辐射等。

③生物因素,包括附着于皮毛上的炭疽杆菌、真菌,医务工作者可能接触到的生物传染性病原物等。

(2)劳动过程中的有害因素。

①劳动组织和制度不合理,劳动作息制度不合理等。

②精神性职业紧张。

③劳动强度过大或生产定额不当。

④个别器官或系统过度紧张,如视力紧张等。

⑤体位长时间处于不良状态或使用不合理的工具等。

(3)生产环境中的有害因素。

①自然环境中的因素,例如炎热季节的太阳辐射。

②作业场所建筑卫生学设计缺陷因素,例如照明不良、换气不足等。

2. 按有关规定分类

2013 年,国家卫生计生委、人力资源社会保障部、安全监管总局、全国总工会联合颁布的《职业病分类和目录》(国卫疾控发〔2013〕48 号)将职业病分为十大类(详见附件 1):

(1)职业性尘肺病及其他呼吸系统疾病,共 19 种;

(2)职业性皮肤病,共 9 种;

(3)职业性眼病,共 3 种;

(4)职业性耳鼻喉口腔疾病,共 4 种;

(5)职业性化学中毒,共 60 种;

(6)物理因素所致职业病,共 7 种;

(7)职业性放射性疾病,共 11 种;

(8)职业性传染病,共 5 种;

(9)职业性肿瘤,共 11 种;

(10)其他职业病,共 3 种。

(二)职业接触限值

职业接触限值是指职业性有害因素的接触限值量值,即劳动者在职业活动过程中长期反复接触对绝大多数接触者的健康不引起有害作用的容许接触水平。其中,化学有害因素的职业接触限值包括时间加权平均容许浓度、最高容许浓度、短时间接触容许浓度、超限倍数四类。

(1)时间加权平均容许浓度(PC-TWA),指以时间为权数规定的 8h 工作日、40h 工作周的平均容许接触浓度。

(2)最高容许浓度(MAC),指在一个工作班内,任何时间有毒化学物质均不应超过的浓度。

(3)短时间接触容许浓度(PC-STEL),指在遵守时间加权平均容许浓度前提下容许短时间(15min)接触的浓度。

(4)超限倍数,指对未制定 PC-STEL 的化学有害因素,在符合 8h 时间加权平均容许浓度的情况下,任何一次短时间(15min)接触的浓度均不应超过的 PC-TWA 的倍数值。

三、职业防治方针和原则

我国职业病防治工作坚持预防为主、防治结合的方针,建立用人单位负责、行政机关监管、行业自律、职工参与和社会监督的机制,实行分类管理、综合治理。

用人单位的主要负责人对本单位的职业病防治工作全面负责。用人单位应当为劳动者创造符合国家职业卫生标准和卫生要求的工作环境和条件,并采取措施保障劳动者获得职业卫生保护。用人单位应当建立、健全职业病防治责任制,加强对职业病防治的管理,提高职业病防治水平,对本单位产生的职业病危害承担责任。

工会组织依法对职业病防治工作进行监督,维护劳动者的合法权益。用人单位制定或者修改有关职业病防治的规章制度,应当听取工会组织的意见。

国家鼓励和支持研制、开发、推广、应用有利于职业病防治和保护劳动者健康的新技术、新工艺、新设备、新材料,加强对职业病的机理和发生规律的基础研究,提高职业病防治科学技术水平;积极采用有效的职业病防治技术、工艺、设备、材料;限制使用或者淘汰职业病危害严重的技术、工艺、设备、材料。

四、职业卫生监督

国家实行职业卫生监督制度。国务院安全生产监督管理部门、卫生行政部门、劳动保障行政部门依照本法和国务院确定的职责,负责全国职业病防治的监督管理工作。国务院有关部门在各自的职责范围内负责职业病防治的有关监督管理工作。

县级以上地方人民政府安全生产监督管理部门、卫生行政部门、劳动保障行政部门依据各自职责,负责本行政区域内职业病防治的监督管理工作。县级以上地方人民政府有关部门在各自的职责范围内负责职业病防治的有关监督管理工作。

国务院和县级以上地方人民政府应当制定职业病防治规划,将其纳入国民经济和社会发展计划,并组织实施。县级以上地方人民政府统一负责、领导、组织、协调本行政区域的职业病防治工作,建立健全职业病防治工作体制、机制,统一领导、指挥职业卫生突发事件应对工作;加强职业病防治能力建设和服务体系建设,完善、落实职业病防治工作责任制。

县级以上人民政府职业卫生监督管理部门应当加强对职业病防治的宣传教育,普及职业病防治的知识,增强用人单位的职业病防治观念,提高劳动者的职业健康意识、自我保护意识和行使职业卫生保护权利的能力。

第二节　职业危害识别、评价与控制

一、职业危害因素分类

职业危害是职工生产劳动过程所发生的对人身的威胁和伤害。职业危害源于人们所从事的职业或职业环境中所特有的危险性、潜在危险因素、有害因素及人的不安全行为所造成的危害，具体包括两个方面：

（1）职业意外事故，即在职业活动中所发生的一种不可预期的偶发事故。

（2）职业病，即在生产劳动及其他职业活动中接触职业性有害因素引起的疾病。职业病与职业危害因素有直接联系，并且具有因果关系和某些规律性。

职业危害因素是造成职业病的原因。2015 年，国家卫生计生委、国家安全生产监督管理总局、人力资源社会保障部和全国总工会联合发布了《职业病危害因素分类目录》（国卫疾控发〔2015〕92 号），将主要的职业危害因素分为 6 类：

（1）粉尘；

（2）化学因素；

（3）物理因素；

（4）放射性因素；

（5）生物因素；

（6）其他因素。

上述 6 类职业危害因素的具体名目参见附件 2。

二、职业危害因素识别

职业病危害因素识别的方法很多，常用的有经验法、类比法、检查表法、资料复用法、工程分析法、实测法和理论推算法等。事实上，不同的方法有不同的优缺点，不同的项目具有各自的特点，应根据实际情况综合运用、扬长避短，方可取得较好的效果。

1. 经验法

经验法是依据其掌握的相关专业知识和实际工作经验，借助自身经验和判断能力对工作场所可能存在的职业病危害因素进行识别的方法。经验法主要适用于一些传统行业中采用传统工艺的工作场所的识别。经验法的优点是简便易行，缺点是识别准确性受评价人员知识面、经验和资料的限制，易出现遗漏和偏差。为弥补上述不足，可采用召开专家座谈会的方式交流意见、集思广益，使职业病危害因素识别结果更加全面、可靠。

2. 类比法

类比法是利用与拟建项目类型相同的现有项目的职业病危害因素资料进行类推的识别方法。采用此法时，应重点关注识别对象与类比对象之间的相似性，如：

（1）工程一般特征的相似性，包括工艺路线、生产方法、原辅材料、产品结构等；

（2）职业卫生防护设施的相似性，包括有害因素产生途径、浓度（强度）与防护措施等；

（3）环境特征的相似性，主要包括气象条件、地理条件等。

类比法是建设项目职业病危害预评价工作中最常用的识别方法，其优点是通过对类比企业进行现场调查和实际检测后，可对职业病危害因素作出直观定性和定量描述；缺点是识别对象与类比对象之间因可能存在的生产规模、工艺路线、生产设备等差别，导致职业病危害因素的种类和危害程度出现差异。目前，我们所遇到的评价项目多数为新技术、新材料的应用，很难在本地找到理想的类比对象。为此，应倡议成立全国性的建设项目职业病危害评价专业协会，利用因特网技术，建立“建设项目职业病危害评价专业网站”。实行会员制，将每个单位完成的职业病危害控制效果评价资料分类上传,建立"类比资料数据信息库",实现资源共享。

此外,在实际工作中,完全相同的类比对象是十分难找的。因此在进行类比定量识别时,应根据生产规模等工程与卫生防护特征、生产管理以及其他因素等实际情况进行必要的修正。

3. 检查表法

为了系统地识别工厂、车间、工段或装置、设备以及生产环境和劳动过程中产生的职业病危害因素,事先将要检查的内容以提问方式编制成表,以便进行系统检查,这种方法被称为检查表法。检查表法能够克服其他方法不系统、不全面、重点不突出等缺点,因而作为一种定性识别的方法有着广泛的用途。但其缺点是检查表的通用性差,对于不同行业、不同工艺的项目需要编制不同内容的检查表,且编制一张完整有效的检查表技术难度较大。该法适用于对传统行业传统工艺项目的识别,并应结合经验法一同使用。

4. 资料复用法

资料复用法是利用已完成的同类建设项目或从文献中检索到的同类建设项目的职业病危害资料进行类比分析、定量和定性识别的方法。该法属于文献资料类比的范畴,具有简便易行等优点,但可靠性和准确性难以控制。

5. 工程分析法

工程分析法是对识别对象的生产工艺流程、生产设备布局、化学反应原理、所选原材料及其所含有毒杂质的名称、含量等进行分析,推测可能存在的职业病危害因素。在应用新技术、新工艺的建设项目找不到类比对象与类比资料时,利用工程分析法来识别职业病危害因素最具有说服力。

6. 实测法

实测法是采用仪器对工作场所可能存在的职业病危害因素进行现场采样分析的方法。实测法可用于对职业病危害因素进行定量识别,也可用于对职业病危害因素进行定性识别;可用于建设项目职业病危害控制效果评价和工作场所职业病危害因素的定期监测与评价,同样也可用于建设项目职业病危害预评价。在建设项目职业病危害控制效果评价、工作场所职业病危害因素的定期监测与评价以及建设项目职业病危害预评价类比调查等工作中,通常要对已知职业病危害因素进行采样测定,这属于定量识别范畴;而采用先进仪器设备对工作场所可能存在的职业病危害因素进行定性分析,则属于定性识别范畴。例如,使用气相色谱质谱分析仪对工作场所空气中有害物质进行定量与定性分析,可以识别出来一些运用工程分析法、经验法等难以发现的有害因素。

目前一些工业化学品供货商为推销产品,常常打出"环保产品""绿色产品"的旗号,或出于配方保密的目的仅提供商品名和产品代号,导致使用部门对这些化学品组分并不了解,对可能产生的职业病危害认识不足。对于这类危害因素,实测法就能发挥较大的优势。因此,该法对识别生产与使用含混合有机溶剂的涂料、胶黏剂等工作场所的职业病危害因素十分有效。实测法所得结果客观真实,往往是建设项目职业病危害评价结论和卫生监督结论的重要依据,但其缺点是投入的人力、物力大,时间长,测定项目不全或检测结果出现偏差时易导致识别结论错误或出现遗漏。

7. 理论推算法

理论推算法是一种职业病危害因素定量识别的方法。利用有害物扩散的物理化学原理或噪声、电磁场等物理因素传播与叠加原理定量推算有害物存在浓度(强度)。如利用毒物扩散数学模型可预测与毒物散发源一定距离的某工作地点的毒物浓度,可利用噪声叠加原理预测工房内增加噪声源后噪声强度的变化。

三、职业危害因素评价

新建、扩建、改建建设项目和技术改造、技术引进项目(以下统称建设项目)可能产生职业病危害的,建设单位在可行性论证阶段应当向安全生产监督管理部门提交职业病危害预评价报告。安全生产监督管理部门应当自收到职业病危害预评价报告之日起 30 日内,作出审核决定并书面通知建设单位。未提交预评价报告或者预评价报告未经安全生产监督管理部门审核同意的,有关部门不得批准该建设项目。

职业病危害预评价报告应当对建设项目可能产生的职业病危害因素及其对工作场所和劳动者健康的影响作出评价,确定危害类别和职业病防护措施。

《工作场所职业卫生监督管理规定》(国家安全生产监督管理总局令第 47 号)第十九条规定,存在职业病危害的用人单位,应当实施由专人负责的工作场所职业病危害因素日常监测,确保监测系统处于正常工作状态。第二十条规定,存在职业病危害的用人单位,应当委托具有相应资质的职业卫生技术服务机构,每年至少进行一次职业病危害因素检测。职业病危害严重的用人单位,除遵守前款规定外,应当委托具有相应资质的职业卫生技术服务机构,每三年至少进行一次职业病危害现状评价。检测、评价结果应当存入本单位职业卫生档案,并向安全生产监督管理部门报告和劳动者公布。

第二十一条规定存在职业病危害的用人单位,有下述情形之一的,应当及时委托具有相应资质的职业卫生技术服务机构进行职业病危害现状评价:

(1)初次申请职业卫生安全许可证,或者职业卫生安全许可证有效期届满申请换证的;

(2)发生职业病危害事故的;

(3)国家安全生产监督管理总局规定的其他情形。

用人单位应当落实职业病危害现状评价报告中提出的建议和措施,并将职业病危害现状评价结果及整改情况存入本单位职业卫生档案。

职业病危害因素检测、评价由依法设立的取得国务院安全生产监督管理部门或者设区的市级以上地方人民政府安全生产监督管理部门按照职责分工给予资质认可的职业卫生技术服务机构进行。职业卫生技术服务机构所做检测、评价应当客观、真实。

用人单位在日常的职业病危害监测或者定期检测、现状评价过程中,发现工作场所职业病危害因素不符合国家职业卫生标准和卫生要求时,应当立即采取相应治理措施,确保其符合职业卫生环境和条件的要求;仍然达不到国家职业卫生标准和卫生要求的,必须停止存在职业病危害因素的作业;职业病危害因素经治理后,符合国家职业卫生标准和卫生要求的,方可重新作业。

四、职业危害因素控制

实施职业病危害控制措施,应遵循优先工程措施、后管理措施和个体防护的原则。职业病危害控制措施应符合国家职业卫生的法律、法规、标准、规范的要求。当职业病危害控制措施与经济效益发生矛盾时,在具有针对性、可操作性和经济合理性的原则下,优先考虑实施控制措施。在实际操作过程中,应根据职业病危害因素产生的特点和产生工艺条件的限制等情况,依次考虑替代、隔离或封闭、局部通风、全面通风(稀释)、清洁生产、减少接触时间、健康教育与培训、个人防护、医疗保健措施等。

(1)替代:用无毒或低毒原料代替高毒原料,用先进的工艺方法代替落后的工艺方法,用自动化生产线代替手工操作,用低噪声设备代替高噪声设备等替代技术与措施,是从源头消除或减弱职业病危害最根本的措施。在项目设计过程中应优先考虑。

(2)隔离或封闭:在职业病危害难用替代技术与手段进行治理时,可采用重新布置工艺流程或设备、对危害因素发生源进行隔离或物理屏蔽等措施。

(3)局部通风:局部通风包括局部抽风和局部送风。局部抽风是在有害气体散发的源头附近,安装抽风系统将其吸入抽风罩后排出,防止其扩散污染工作岗位的方法。局部抽风系统的有效性与气罩的设计形状、尺寸、气流速度、与污染源间的距离及污染物散发物理特性等密切相关。局部送风是将净化后的清洁空气直接送往工作岗位劳动者呼吸带的通风系统。

(4)全面通风:对整个工房进行通风换气称为全面通风。全面通风一般用于改善车间的微小气候条件和作为控制有害气体的局部通风系统的辅助措施。只有在通风区域内有害气体散发量很小且毒性低、散发不集中的情况下才可单独考虑使用全面通风。根据通风方式不同,全面通风可分为自然通风、机械通风和空调循环通风三大类。

(5)清洁生产:实践经验证明,贯彻清洁文明生产,避免生产过程中物料的跑、冒、滴、漏,可有效地降低职业病危害程度。

(6)减少接触时间:合理安排生产和作业制度,可有效地减少劳动者每个工作班的接触总量,达到降低职业病危害程度的目的。需要特别注意的是,在有害物毒性较大、浓度很高的情况下,即使短时间接触,也可能造成严重的职业病伤害。

(7)健康教育与培训:加强健康教育与职业安全培训,使劳动者养成较好的生活习惯和保持良好的个人职业卫生习惯,提高自我保护能力,如定时洗涤和使用清洁的个体防护用具等,可以减小接触有害物质的危害,增进劳动者抵御职业病危害的能力。

(8)个人防护:个体防护措施一般只作为其他控制措施的辅助预防手段。如在采取上述各项控制措施后,还不能充分控制职业病危害风险,使用个人防护用品就是一种有效的防护办法。

(9)医疗保健:通过上岗前体检可以发现职业禁忌证;通过定期体检可以早期发现健康损害,并得到及时的治疗和调离岗位;配备足够应急救援设施,可使急性中毒病人得到及时的救治。

第三节　生产经营单位职业健康管理

一、建立职业健康规章制度、操作规程和档案材料

(1)存在职业病危害的用人单位应当制定职业病危害防治计划和实施方案,建立、健全

下列职业卫生管理制度和操作规程：

①职业病危害防治责任制度；

②职业病危害警示与告知制度；

③职业病危害项目申报制度；

④职业病防治宣传教育培训制度；

⑤职业病防护设施维护检修制度；

⑥职业病防护用品管理制度；

⑦职业病危害监测及评价管理制度；

⑧建设项目职业卫生“三同时”管理制度；

⑨劳动者职业健康监护及其档案管理制度；

⑩职业病危害事故处置与报告制度；

⑪职业病危害应急救援与管理制度；

⑫岗位职业卫生操作规程；

⑬法律、法规、规章规定的其他职业病防治制度。

(2)存在职业病危害的用人单位应建立健全下列职业卫生档案资料：

①职业病防治责任制文件；

②职业卫生管理规章制度、操作规程；

③工作场所职业病危害因素种类清单、岗位分布以及作业人员接触情况等资料；

④职业病防护设施、应急救援设施基本信息，以及其配置、使用、维护、检修与更换等记录；

⑤工作场所职业病危害因素检测、评价报告与记录；

⑥职业病防护用品配备、发放、维护与更换等记录；

⑦主要负责人、职业卫生管理人员和职业病危害严重工作岗位的劳动者等相关人员职业卫生培训资料；

⑧职业病危害事故报告与应急处置记录；

⑨劳动者职业健康检查结果汇总资料，存在职业禁忌证、职业健康损害或者职业病的劳动者处理和安置情况记录；

⑩建设项目职业卫生“三同时”有关技术资料，以及其备案、审核、审查或者验收等有关回执或者批复文件；

⑪职业卫生安全许可证申领、职业病危害项目申报等有关回执或者批复文件；

⑫其他有关职业卫生管理的资料或者文件。

二、机构和人员配备

职业病危害严重的用人单位，应当设置或者指定职业卫生管理机构或者组织，配备专职卫生管理人员。

其他存在职业病危害的用人单位，劳动者超过100人的，应当设置或指定职业卫生管理机构或者组织，配备专职职业卫生管理人员；劳动者在100人以下的，应当配备专职或者兼职的职业卫生管理人员，负责本单位的职业病防治工作。

三、培训教育

用人单位的主要负责人和职业卫生管理人员应当具备与本单位所从事的生产经营活动相适应的职业卫生知识和管理能力，并接受职业卫生培训。对主要负责人、职业卫生管理人员的职业卫生培训，应当包括下列主要内容：

(1)职业卫生相关法律、法规、规章和国家职业卫生标准；

(2)职业病危害预防和控制的基本知识；

(3)职业卫生管理相关知识；

(4)中华人民共和国应急管理部规定的其他内容。

用人单位应当对劳动者进行上岗前的职业卫生培训和在岗期间的定期职业卫生培训，普及职业卫生知识，督促劳动者遵守职业病防治的法律、法规、规章、国家职业卫生标准和操作规程，对职业病危害严重的岗位的劳动者，进行专门的职业卫生培训，经培训合格后方可上岗作业。因变更工艺、技术、设备、材料，或者岗位调整导致劳动者接触的职业病危害因素发生变化的，用人单位应当重新对劳动者进行上岗前的职业卫生培训。

四、职业危害告知、公示

用人单位与劳动者订立劳动合同(含聘用合同，下同)时，应当将工作过程中可能产生的职业病危害及其后果、职业病防护措施和待遇等如实告知劳动者，并在劳动合同中写明，不得隐瞒或者欺骗。劳动者在履行劳动合同期间因工作岗位或者工作内容变更，从事与所订立劳动合同中未告知的存在职业病危害的作业时，用人单位应当依照前款规定，向劳动者履行如实告知的义务，并协商变更原劳动合同相关条款。

用人单位违反职业卫生有关法律法规、标准规定的，劳动者有权拒绝从事存在职业病危害的作业，用人单位不得因此解除与劳动者所订立的劳动合同。

产生职业病危害的用人单位，应当在醒目位置设置公告栏，公布有关职业病防治的规章制度、操作规程、职业病危害事故应急救援措施和工作场所职业病危害因素检测结果。

存在或者产生职业病危害的工作场所、作业岗位、设备、设施，应当按照《工作场所职业病危害警示标识》(GBZ 158—2003)的规定，在醒目位置设置图形、警示线、警示语句等警示标识和中文警示说明。警示说明应当载明产生职业病危害的种类、后果、预防和应急处置措施等内容。存在或产生高毒物品的作业岗位，应当按照《高毒物品作业岗位职业病危害告知规范》(GBZ/T 203—2007)的规定，在醒目位置设置高毒物品告知卡，告知卡应当载明高毒物品的名称、理化特性、健康危害、防护措施及应急处理等告知内容与警示标识。

五、职业危害申报

用人单位工作场所存在职业病目录所列职业病的危害因素的，应当按照《职业病危害项目申报管理办法》(国家安全生产监督管理总局令第48号)的规定，及时、如实向所在地安全生产监督管理部门申报职业病危害项目，并接受安全生产监督管理部门的监督检查。

职业病危害项目申报工作实行属地分级管理的原则。中央企业、省属企业及其所属用人单位的职业病危害项目，向其所在地设区的市级人民政府安全生产监督管理部门申报。其他用人单位的职业病危害项目，向其所在地县级人民政府安全生产监督管理部门申报。

用人单位申报职业病危害项目时，应当提交《职业病危害项目申报表》和下列文件、资料：

(1)用人单位的基本情况；

(2)工作场所职业病危害因素种类、分布情况以及接触人数；

(3)法律、法规和规章规定的其他文件、资料。

职业病危害项目申报同时采取电子数据和纸质文本两种方式。

用人单位应当首先通过“职业病危害项目申报系统”进行电子数据申报，同时将《职业病危害项目申报表》加盖公章并由本单位主要负责人签字后，连同有关文件、资料一并上报所在地设区的市级、县级安全生产监督管理部门。受理申报的安全生产监督管理部门应当自收到申报文件、资料之日起5个工作日内，出具《职业病危害项目申报回执》。

用人单位有下列情形之一的，应当按照相关规定向原申报机关申报变更职业病危害项目内容：

(1)进行新建、改建、扩建、技术改造或者技术引进建设项目的，自建设项目竣工验收之日起30日内进行申报；

(2)因技术、工艺、设备或者材料等发生变化导致原申报的职业病危害因素及其相关内容发生重大变化的，自发生变化之日起15日内进行申报；

(3)用人单位工作场所、名称、法定代表人或者主要负责人发生变化的，自发生变化之日起15日内进行申报；

(4)经过职业病危害因素检测、评价，发现原申报内容发生变化的，自收到有关检测、评价结果之日起15日内进行申报。

六、职业健康检查

(一)职业健康检查要求

对从事接触职业病危害因素作业的劳动者，用人单位应当按照《用人单位职业健康监护监督管理办法》(国家安全生产监督管理总局令第49号)、《放射工作人员职业健康管理办法》(卫生部令第55号)、《职业健康监护技术规范》(GBZ 188—2014)、《放射工作人员职业健康监护技术规范》(GBZ 235—2011)等有关规定组织上岗前、在岗期间、离岗时的职业健康检查，并将检查结果书面如实告知劳动者。

用人单位不得安排未成年工从事接触职业病危害的作业，不得安排有职业禁忌的劳动者从事其所禁忌的作业，不得安排孕期、哺乳期女职工从事对本人和胎儿、婴儿有危害的作业。

1. 职业健康检查的种类

(1)上岗前的职业健康检查。

上岗前职业健康检查的主要目的是发现有无职业禁忌症，建立接触职业病危害因素人

员的基础健康档案。上岗前检查均为强制性职业健康检查,应在开始从事有害作业前完成,下列人员应进行上岗前检查:

①拟从事接触职业病危害因素作业的新录用人员,包括转岗到改作业岗位的人员;

②拟从事有特殊健康要求作业的人员,如高处作业、电工作业、职业机动车驾驶作业等。

(2)在岗期间职业健康检查。

长期从事规定的需要开展健康监护的职业病危害因素作业的劳动者,应进行在岗期间的定期健康检查。定期健康检查的目的主要是早期发现职业病病人或疑是职业病病人或劳动者的其他健康异常改变;及时发现有职业禁忌的劳动者;通过动态观察劳动者群体健康变化,评价工作场所职业病危害因素的控制效果,定期检查检查的周期应根据不同职业病危害因素性质、工作场所有害因素的浓度或强度、目标疾病的潜伏期和防护措施等因素决定。

(3)离岗时职业健康检查。

劳动者准备调离或脱离所从事的职业病危害作业或岗位前,应进行离岗时职业健康检查,主要目的是确定其在停止接触职业病危害因素时的健康状况。如最后一次的在岗期间健康检查是在离岗前的90日内,可视为离岗时检查。

2. 离岗后的健康检查

(1)劳动者接触的职业病危害具有慢性健康影响,所致职业病或职业肿瘤常有较长的潜伏期,故脱离接触后仍有可能发生职业病;

(2)离岗后健康检查的长短应根据有害因素致病的流行病学及临床特点、劳动者从事该行业的时间长短、工作场所职业危害因素的浓度等因素综合考虑确定。

3. 应急职业健康检查

(1)当发生急性职业病危害事故时,根据事故处理的要求,对遭受或可能遭受急性职业病危害的劳动者,应及时组织健康检查。根据检查结果和现场劳动卫生学调查,确定危害因素,为急救和治疗提供依据,控制职业病危害的继续蔓延和发展。应急健康检查应在事故发生后立即开始。

(2)对从事可能产生职业病传染病的作业的劳动者,以及在疫情流行期或近期密切接触传染源者,应及时开展应急健康检查,随时监测疫情动态。

(二)职业病诊断

1. 职业病诊断

劳动者可以在用人单位所在地、本人户籍所在地或者经常居住地依法承担职业病诊断的医疗卫生机构进行职业病诊断。

进行职业病诊断时,应当综合分析下列因素:

(1)病人的职业史;

(2)职业病危害接触史和工作场所职业病危害因素情况;

(3)临床表现以及辅助检查结果等。

没有证据否定职业病危害因素与病人临床表现之间的必然联系的,应当诊断为职业病。

承担职业病诊断的医疗卫生机构在进行职业病诊断时,应当组织三名以上取得职业病诊断资格的执业医师集体诊断。在职业病诊断、鉴定过程中,职业病诊断证明书应当由参与诊断的医师共同签署,并经承担职业病诊断的医疗卫生机构审核盖章。医疗卫生机构发现疑似职业病病人时,应当告知劳动者本人并及时通知用人单位。

用人单位应当如实提供职业病诊断、鉴定所需的劳动者职业史和职业病危害接触史、工作场所职业病危害因素检测结果等资料;安全生产监督管理部门应当监督检查和督促用人单位提供上述资料;劳动者和有关机构也应当提供与职业病诊断、鉴定有关的资料。用人单位不提供工作场所职业病危害因素检测结果等资料的,诊断、鉴定机构应当结合劳动者的临床表现、辅助检查结果和劳动者的职业史、职业病危害接触史,并参考劳动者的自述、安全生产监督管理部门提供的日常监督检查信息等,作出职业病诊断、鉴定结论。

职业病诊断、鉴定机构需要了解工作场所职业病危害因素情况时,可以对工作场所进行现场调查,也可以向安全生产监督管理部门提出要进行现场调查。安全生产监督管理部门应当在10日内组织现场调查,用人单位不得拒绝、阻挠。

劳动者对用人单位提供的工作场所职业病危害因素检测结果等资料有异议,或者因劳动者的用人单位解散、破产,无用人单位提供上述资料的,诊断、鉴定机构应当提请安全生产监督管理部门进行调查,安全生产监督管理部门应当自接到申请之日起30日内对存在异议的资料或者工作场所职业病危害因素情况作出判定,有关部门应当配合。

当事人对职业病诊断有异议的,可以向作出诊断的医疗卫生机构所在地地方人民政府卫生行政部门申请鉴定。当事人对设区的市级职业病诊断鉴定委员会的鉴定结论不服的,可以向省(自治区、直辖市)人民政府卫生行政部门申请再鉴定。

用人单位和医疗卫生机构发现职业病病人或者疑似职业病病人时,应当及时向所在地卫生行政部门和安全生产监督管理部门报告。确诊为职业病的,用人单位还应当向所在地劳动保障行政部门报告。接到报告的部门应当依法作出处理。

2. 职业病病人保障

用人单位应当及时安排对疑似职业病病人进行诊断;在疑似职业病病人诊断或者医学观察期间,不得解除或者终止与其订立的劳动合同;疑似职业病病人在诊断、医学观察期间的费用,由用人单位承担;保障职业病病人依法享受国家规定的职业;应当按照国家有关规定,安排职业病病人进行治疗、康复和定期检查;对不适宜继续从事原工作的职业病病人,应当调离原岗位,并妥善安置;对从事接触职业病危害的作业的劳动者,应当给予适当岗位津贴。

职业病病人的诊疗、康复费用,伤残以及丧失劳动能力的职业病病人的社会保障,按照国家有关工伤保险的规定执行。职业病病人除依法享有工伤保险外,依照有关民事法律,尚有获得赔偿的权利的,有权向用人单位提出赔偿要求。

劳动者被诊断患有职业病,但用人单位没有依法参加工伤保险的,其医疗和生活保障由该用人单位承担。

职业病病人变动工作单位,其依法享有的待遇不变。

用人单位在发生分立、合并、解散、破产等情形时,应当对从事接触职业病危害的作业的劳动者进行健康检查,并按照国家有关规定妥善安置职业病病人。用人单位已经不存在或者无法确认劳动关系的职业病病人,可以向地方人民政府民政部门申请医疗救助和生活等方面的救助。

(三)职业健康监护档案

用人单位应当按照《用人单位职业健康监护监督管理办法》的规定,为劳动者建立职业健康监护档案,并按照规定的期限妥善保存。职业健康监护档案应当包括劳动者的职业史、职业病危害接触史、职业健康检查结果、处理结果和职业病诊疗等有关个人健康资料。劳动者离开用人单位时,有权索取本人职业健康监护档案复印件,用人单位应当如实、无偿提供,并在所提供的复印件上盖章。

劳动者健康出现损害需要进行职业病诊断、鉴定的,用人单位应当如实提供职业病诊断、鉴定所需的劳动者职业史和职业病危害接触史、工作场所职业病危害因素检测结果和放射工作人员个人剂量监测结果等资料。

(1)劳动者职业健康监护档案包括:

①劳动者职业史、既往史和职业病危害接触史。

②职业健康检查结果及处理情况。

③职业病诊疗等健康资料。

(2)用人单位职业健康监护档案包括:

①用人单位职业卫生管理组织组成、职责。

②职业健康监护制度和年度职业健康监护计划。

③历次职业健康检查的文书,包括委托协议书、健康检查总结和评价报告。

④工作场所职业病危害因素检测结果。

⑤职业病诊断证明书和职业病告知卡。

⑥用人单位对职业病患者、患有职业禁忌症者和已出现职业相关健康损害劳动者的处理和安置记录。

⑦用人单位在职业健康监护中提供的其他资料。

⑧主管机关要求的其他资料。

(3)职业健康监护档案管理包括以下内容:

①用人单位应依法建立职业健康监护档案,并按规定妥善保存。劳动者或劳动者委托代理人有权查阅劳动者个人的职业健康监护档案,用人单位不得拒绝或者提供虚假材料;劳动者离开用人单位时,有权索取本人职业健康监护档案复印件,用人单位应当如实、无偿提供,并在所提供的复印件上盖章;

②职业健康监护档案应由专人管理,管理人员应保证档案只能用于保护劳动者健康的目的,并保证档案的保密性。

七、职业卫生防护设施

存在职业病危害因素的用人单位应当为劳动者提供符合国家职业卫生标准的职业病防护用品,并督促、指导劳动者按照使用规则正确佩戴、使用,不得以发放钱物的方式替代发放职业病防护用品。用人单位应对职业病防护用品进行经常性的维护,确保防护用品有效,不得使用不符合国家职业卫生标准或者已经失效的职业病防护用品。在可能发生急性职业损伤的有毒、有害工作场所，用人单位应当设置报警装置，配置现场急救用品、冲洗设备、应急撤离通道和必要的泄险区。现场急救用品、冲洗设备等应当设在可能发生急性职业损伤的工作场所或者临近地点，并在醒目位置设置清晰的标识。在可能突然泄漏或者逸出大量有害物质的密闭或者半密闭工作场所，还应当安装事故通风装置以及与事故排风系统相连锁的泄漏报警装置。

生产、销售、使用、储存放射性同位素和射线装置的场所，应当按照国家有关规定设置明显的放射性标志，其入口处应当按照国家有关安全和防护标准的要求，设置安全和防护设施以及必要的防护安全联锁、报警装置或者工作信号。放射性装置的生产调试和使用场所，应当具有防止误操作、防止工作人员受到意外照射的安全措施。用人单位必须配备与辐射类型和辐射水平相适应的防护用品和监测仪器，包括个人剂量测量报警、固定式和便携式辐射监测、表面污染监测、流出物监测等设备，并保证可能接触放射线的工作人员佩戴个人剂量计。

用人单位应当对职业病防护设备、应急救援设施进行经常性的维护和检修，定期检测其性能和效果，确保其处于正常状态，不得擅自拆除或者停止使用。

第四节　劳动防护用品管理

劳动防护用品是指由生产经营单位为从业人员配备的，使其在劳动过程中免遭或者减轻事故伤害及职业危害的个人防护装备。使用劳动防护用品，是保障从业人员人身安全与健康的重要措施，也是生产经营单位安全生产日常管理的重要工作内容。

一、劳动防护用品分类

2018 年 1 月 15 日，国家安全生产监督管理总局办公厅印发的《关于修改用人单位劳动防护用品管理规范的通知》（安监总厅安健〔2018〕3 号）中，将劳动防护用品分为以下十大类：

（1）防御物理、化学和生物危险、有害因素对头部伤害的头部防护用品；

（2）防御缺氧空气和空气污染物进入呼吸道的呼吸防护用品；

（3）防御物理和化学危险、有害因素对眼面部伤害的眼面部防护用品；

（4）防噪声危害及防水、防寒等的听力防护用品；

（5）防御物理、化学和生物危险、有害因素对手部伤害的手部防护用品；

（6）防御物理和化学危险、有害因素对足部伤害的足部防护用品；

（7）防御物理、化学和生物危险、有害因素对躯干伤害的躯干防护用品；

（8）防御物理、化学和生物危险、有害因素损伤皮肤或引起皮肤疾病的护肤用品；

（9）防止高处作业劳动者坠落或者高处落物伤害的坠落防护用品；

（10）其他防御危险、有害因素的劳动防护用品。

二、劳动防护用品的配置

《安全生产法》第四十二条规定：“生产经营单位必须为从业人员提供符合国家标准或

者行业标准的劳动防护用品，并监督、教育从业人员按照使用规则佩戴、使用。”《中华人民共和国职业病防治法》第二十三条规定：“用人单位必须采用有效的职业病防护设施，并为劳动者提供个人使用的职业病防护用品。”

（一）选用原则和依据

（1）用人单位应按照识别、评价、选择的程序（图 5-1），结合劳动者作业方式和工作条件，并考虑其个人特点及劳动强度，选择防护功能和效果适用的劳动防护用品。

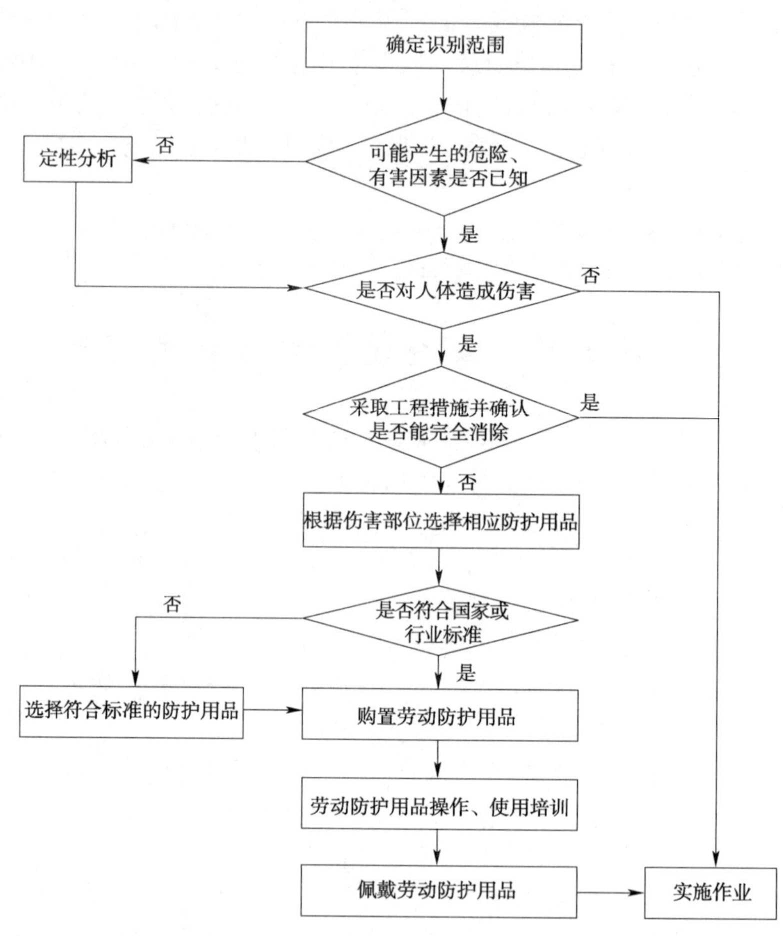

图 5-1　劳动防护用品选择程序

①接触粉尘、有毒、有害物质的劳动者应当根据不同粉尘种类、粉尘浓度及游离二氧化硅含量和毒物的种类及浓度配备相应的呼吸器（表 5-1）、防护服、防护手套和防护鞋等，具体可参照《呼吸防护用品——自吸过滤式防颗粒物呼吸器》（GB 2626—2006）、《呼吸防护用品的选择、使用与维护》（GB/T 18664—2002）、《防护服装　化学防护服的选择、使用和维护》（GB/T 24536—2009）、《手部防护　防护手套的选择、使用和维护指南》（GB/T 29512—2013）和《个体防护装备　足部防护鞋（靴）的选择、使用和维护指南》（GB/T 28409—2012）等标准。

呼吸器和护听器选用标准 表 5-1

危害因素	分类	要求
颗粒物	一般粉尘,如煤尘、水泥尘、木粉尘、云母尘、滑石尘及其他粉尘	过滤效率至少满足《呼吸防护用品——自吸过滤式防颗粒物呼吸器》(GB 2626—2006)规定的 KN90 级别的防颗粒物呼吸器
	石棉	可更换式防颗粒物半面罩或全面罩,过滤效率至少满足《呼吸防护用品——自吸过滤式防颗粒物呼吸器》(GB 2626—2006)规定的 KN95 级别的防颗粒物呼吸器
	矽尘、金属粉尘(如铅尘、镉尘)、砷尘、烟(如焊接烟、铸造烟)	过滤效率至少满足《呼吸防护用品——自吸过滤式防颗粒物呼吸器》(GB 2626—2006)规定的 KN95 级别的防颗粒物呼吸器
	放射性颗粒物	过滤效率至少满足《呼吸防护用品——自吸过滤式防颗粒物呼吸器》(GB 2626—2006)规定的 KN100 级别的防颗粒物呼吸器
	致癌性油性颗粒物(如焦炉烟、沥青烟等)	过滤效率至少满足《呼吸防护用品——自吸过滤式防颗粒物呼吸器》(GB 2626—2006)规定的 KP95 级别的防颗粒物呼吸器
化学物质	窒息气体	隔绝式正压呼吸器
	无机气体、有机蒸气	工作场所毒物浓度超标不大于 10 倍,使用送风或自吸过滤半面罩;工作场所毒物浓度超标不大于 100 倍,使用送风或自吸过滤全面罩;工作场所毒物浓度超标大于 100 倍,使用隔绝式或送风过滤式全面罩
	酸、碱性溶液、蒸气	防酸碱面罩、防酸碱手套、防酸碱服、防酸碱鞋
噪声	劳动者暴露于工作场所 80dB≤LEX,8h<85dB 的	用人单位应根据劳动者需求为其配备适用的护听器
	劳动者暴露于工作场所 LEX,8h≥85dB 的	用人单位应为劳动者配备适用的护听器,并指导劳动者正确佩戴和使用。劳动者暴露于工作场所 85dB≤LEX,8h<95dB 的应选用护听器 SNR 为 17～34dB 的耳塞或耳罩;劳动者暴露于工作场所 LEX,8h≥95dB 的应选用护听器 SNR≥34dB 的耳塞、耳罩或者同时佩戴耳塞和耳罩,耳塞和耳罩组合使用时的声衰减值,可按二者中较高的声衰减值增加 5dB 估算

②接触噪声的劳动者,当暴露于 80dB≤LEX,8h<85dB 的工作场所时,用人单位应当根据劳动者需求为其配备适用的护听器;当暴露于 LEX,8h≥85dB 的工作场所时,用人单位必须为劳动者配备适用的护听器,并指导劳动者正确佩戴和使用(表 5-1),具体可参照《护听器的选择指南》(GB/T 23466—2009)。

③工作场所中存在电离辐射危害的，经危害评价确认劳动者需佩戴劳动防护用品的，用人单位可参照电离辐射的相关标准及《个体防护装备配备基本要求》（GB/T 29510—2013）为劳动者配备劳动防护用品，并指导劳动者正确佩戴和使用。

④从事存在物体坠落、碎屑飞溅、转动机械和锋利器具等作业的劳动者，用人单位还可参照《个体防护装备选用规范》（GB/T 11651—2008）、《头部防护　安全帽选用规范》（GB/T 30041—2013）和《坠落防护装备安全使用规范》（GB/T 23468—2009）等标准，为劳动者配备适用的劳动防护用品。

（2）同一工作地点存在不同种类的危险、有害因素的，应当为劳动者同时提供防御各类危害的劳动防护用品。需要同时配备的劳动防护用品，还应考虑其可兼容性。

劳动者在不同地点工作，并接触不同的危险、有害因素，或接触不同的危害程度的有害因素的，为其选配的劳动防护用品应满足不同工作地点的防护需求。

（3）劳动防护用品的选择还应当考虑其佩戴的合适性和基本舒适性，根据个人特点和需求选择适合号型、式样。

（4）用人单位应当在可能发生急性职业损伤的有毒、有害工作场所配备应急劳动防护用品，放置于现场临近位置并有醒目标识。

用人单位应当为巡检等流动性作业的劳动者配备随身携带的个人应急防护用品。

（二）配备责任和要求

2000年，国家经济贸易委员会颁布了《劳动防护用品配备标准（试行）》（国经贸安全〔2000〕189号），规定了国家工种分类目录中的116个典型工种的劳动防护用品配备标准。用人单位应当按照有关标准和《个体防护装备选用规范》（GB/T 11651—2008），根据不同工种和劳动条件发给职工个人劳动防护用品。

生产经营单位发放、配备劳动防护用品的责任和要求：

（1）用人单位应当健全管理制度，加强劳动防护用品配备、发放、使用等管理工作，不得以劳动防护用品替代工程防护设施和其他技术、管理措施。

（2）用人单位应当安排专项经费用于配备劳动防护用品，不得以货币或者其他物品替代。该项经费计入生产成本，据实列支。

（3）用人单位应当为劳动者提供符合国家标准或者行业标准的劳动防护用品。使用进口的劳动防护用品，其防护性能不得低于我国相关标准。

（4）用人单位应当根据劳动者工作场所中存在的危险、有害因素种类及危害程度、劳动环境条件、劳动防护用品有效使用时间制定适合本单位的劳动防护用品配备标准（表5-2）。

用人单位劳动防护用品配备标准　　表5-2

岗位/工种	作业者数量	危险、有害因素类别	危险、有害因素浓度/强度	配备的防护用品种类	防护用品型号/级别	防护用品发放周期	呼吸器过滤元件更换周期

(5)用人单位使用的劳务派遣工、接纳的实习学生应当纳入本单位人员统一管理,并配备相应的劳动防护用品。对处于作业地点的其他外来人员,必须按照与进行作业的劳动者相同的标准,正确佩戴和使用劳动防护用品。

三、劳动防护用品的采购、发放、培训、使用管理

(1)用人单位应当根据劳动防护用品配备标准制定采购计划,购买符合标准的合格产品。

(2)用人单位应当查验并保存劳动防护用品检验报告等质量证明文件的原件或复印件。

(3)用人单位应当按照本单位制定的配备标准发放劳动防护用品,并做好登记(表5-3)。

劳动防护用品发放登记表

表5-3

单位/车间:×××

序号	岗位/工种	员工姓名	防护用品名称	型号	数量	领用人签字	备注

发放人:××

日期:××年××月××日

(4)用人单位应当对劳动者进行劳动防护用品的使用、维护等专业知识的培训。

(5)用人单位应当督促劳动者在使用劳动防护用品前,对劳动防护用品进行检查,确保外观完好、部件齐全、功能正常。

(6)用人单位应当定期对劳动防护用品的使用情况进行检查,确保劳动者能够正确使用。

(7)劳动防护用品应当按照要求妥善保存,及时更换,保证其在有效期内。公用的劳动防护用品应当由车间或班组统一保管,定期维护。

(8)用人单位应当对应急劳动防护用品进行经常性的维护、检修,定期检测劳动防护用品的性能和效果,保证其完好有效。

(9)用人单位应当按照劳动防护用品发放周期定期发放,对工作过程中损坏的,用人单位应及时更换。

(10)安全帽、呼吸器、绝缘手套等安全性能要求高、易损耗的劳动防护用品,应当按照有效防护功能最低指标和有效使用期,到期强制报废。

(11)劳动者在作业过程中,应当按照规章制度和劳动防护用品使用规则,正确佩戴和使用劳动防护用品。

第五节 职业健康监督管理

一、监督检查

安全生产监督管理部门依法对生产经营单位执行有关职业危害防治的法律、法规、规章和国家标准、行业标准的下列情况进行监督检查：

(1)职业健康管理机构设置、人员配备情况；

(2)职业危害防治制度和规程的建立、落实及公布情况；

(3)主要负责人、职业健康管理人员、从业人员的职业健康教育培训情况；

(4)作业场所职业危害因素申报情况；

(5)作业场所职业危害因素监测、检测及结果公布情况；

(6)职业危害防护设施的设置、维护情况，以及个体防护用品的发放、管理及从业人员佩戴使用情况；

(7)职业危害因素及危害后果告知情况；

(8)职业危害事故报告情况；

(9)依法应当监督检查的其他情况。

安全生产监督管理部门履行监督检查职责时，有权采取下列措施：

(1)进入被检查单位及作业场所，进行职业危害检测，了解有关情况，调查取证；

(2)查阅、复制被检查单位有关职业危害防治的文件、资料，采集有关样品；

(3)对有根据认为不符合职业危害防治的国家标准、行业标准的设施、设备、器材予以查封或者扣押，并应当在15日内依法作出处理决定。

发生职业病危害事故或者有证据证明危害状态可能导致职业病危害事故发生时，安全生产监督管理部门可以采取下列临时控制措施：

(1)责令暂停导致职业病危害事故的作业；

(2)封存造成职业病危害事故或者可能导致职业病危害事故发生的材料和设备；

(3)组织控制职业病危害事故现场。

在职业病危害事故或者危害状态得到有效控制后，安全生产监督管理部门应当及时解除控制措施。

二、安全监管职责

安全生产监督管理部门职业健康监管职责如下：

(1)安全生产监督管理部门应当建立健全职业危害的监督检查制度，加强行政执法人员职业健康知识的培训，提高行政执法人员的业务素质。

(2)安全生产监督管理部门应当建立健全职业危害防护设施"三同时"的备案管理制度，加强职业危害相关资料的档案管理。

(3)安全生产监督管理部门对从事职业危害防治工作的职业健康技术服务机构实行登记备案管理制度。依法取得相应资质的职业健康技术服务机构，应当向安全生产监督管理部门登记备案。

(4)安全生产监督管理部门应当加强对职业健康技术服务机构的监督检查,发现存在违法违规行为的,及时向有关部门通报。

(5)安全生产监督管理部门行政执法人员依法履行监督检查职责时,应当出示有效的执法证件。

(6)行政执法人员应当忠于职守,秉公执法,严格遵守执法规范;对涉及被检查单位的技术秘密和业务秘密的,应当为其保密。

(7)安全生产监督管理部门及其职业卫生监督执法人员履行职责时,不得有下列行为:

①对不符合法定条件的,发给建设项目有关证明文件、资质证明文件或者予以批准;

②对已经取得有关证明文件的,不履行监督检查职责;

③发现用人单位存在职业病危害的,可能造成职业病危害事故,不及时依法采取控制措施;

④其他违反法律法规的其他行为。

(8)发生职业危害事故的,安全生产监督管理部门应当并依照国家有关规定报告事故和组织事故的调查处理。

(9)从事作业场所职业危害检测、评价等工作的中介技术服务机构应当客观、真实、准确地开展检测、评价工作,并对其检测、评价的结果负责。

三、法律责任

(1)生产经营单位有下列情形之一的,给予警告,责令限期改正;逾期未改正的,处2万元以下的罚款:

①未按照规定设置或者指定职业健康管理机构,或者未配备专职或者兼职的职业健康管理人员的;

②未按照规定建立职业危害防治制度和操作规程的;

③未按照规定公布有关职业危害防治的规章制度和操作规程的;

④生产经营单位主要负责人、职业健康管理人员未按照规定接受职业健康培训的;

⑤生产经营单位未按照规定组织从业人员进行职业健康培训的;

⑥作业场所职业危害因素监测、检测和评价结果未按照规定存档、报告和公布的。

(2)生产经营单位有下列情形之一的,责令限期改正,给予警告,可以并处2万元以上5万元以下的罚款:

①未按照规定及时、如实申报职业危害因素的;

②未按照规定设有专人负责作业场所职业危害因素日常监测,或者监测系统不能正常监测的;

③订立或者变更劳动合同时,未告知从业人员职业危害真实情况的;

④未按照规定组织从业人员进行职业健康检查、建立职业健康监护档案,或者未将检查结果如实告知从业人员的。

(3)生产经营单位有下列情形之一,给予警告,责令限期改正;逾期未改正的,处5万元以上20万元以下的罚款;情节严重的,责令停止产生职业危害的作业,或者提请有关人民政府按照国务院规定的权限责令关闭：

①作业场所职业危害因素的强度或者浓度超过国家标准、行业标准的；

②未提供职业危害防护设施和从业人员使用的职业危害防护用品，或者提供的职业危害防护设施和从业人员使用的职业危害防护用品不符合国家标准、行业标准的；

③未按照规定对职业危害防护设施和从业人员职业危害防护用品进行维护、检修、检测，并保持正常运行、使用状态的；

④未按照规定对作业场所职业危害因素进行检测、评价的；

⑤作业场所职业危害因素经治理仍然达不到国家标准、行业标准的；

⑥发生职业危害事故，未采取有效措施，或者未按照规定及时报告的；

⑦未按照规定在产生职业危害的作业岗位醒目位置公布操作规程、设置警示标识和中文警示说明的；

⑧拒绝安全生产监督管理部门依法履行监督检查职责的。

(4)生产经营单位有下列情形之一的，责令限期改正，并处5万元以上30万元以下的罚款；情节严重的，责令停止产生职业危害的作业，或提请有关人民政府按照国务院规定的权限责令关闭：

①隐瞒技术、工艺、材料所产生的职业危害而采用的；

②使用国家明令禁止使用的可能产生职业危害的设备或者材料的；

③将产生职业危害的作业转移给没有职业危害防护条件的单位和个人，或者没有职业危害防护条件的单位和个人接受产生职业危害作业的；

④擅自拆除、停止使用职业危害防护设施的；

⑤安排未经职业健康检查的从业人员、有职业禁忌的从业人员、未成年工或者孕期、哺乳期女职工从事接触产生职业危害作业或者禁忌作业的。

(5)生产经营单位违反有关职业危害防治法律、法规、规章和国家标准、行业标准的规定，已经对从业人员生命健康造成严重损害的，责令其停止产生职业危害的作业，或者提请有关人民政府按照国务院规定的权限责令关闭，并处10万元以上30万元以下的罚款。

(6)建设项目职业危害预评价报告、职业危害防治专篇、职业危害控制效果评价报告和职业危害防护设施验收批复文件未按照规定要求备案的，给予警告，并处3万元以下的罚款。

(7)向生产经营单位提供可能产生职业危害的设备或者材料，未按照规定提供中文说明书或者设置警示标识和中文警示说明的，责令限期改正，给予警告，并处5万元以上20万元以下的罚款。

(8)安全生产监督管理部门及其行政执法人员未按照规定报告职业危害事故的，依照有关规定给予处理；构成犯罪的，依法追究刑事责任。

第六章　生产安全事故调查处理和统计分析

生产安全事故调查处理和统计分析是安全生产管理的一项重要工作，通过对事故的调查和分析，能够获取事故发生过程和原因的相关资料和信息，找出事故发生的根本原因和安全生产管理中的缺陷，为防止同类事故的发生，制定相应的防范和整改措施，提高和完善安全生产管理水平。通过事故处理，一方面可避免事故的进一步扩大，另一方面能够对责任人员起到震慑和警示作用，同时使相关责任人员和广大从业人员受到深刻的安全教育，提升人员的安全责任意识和事故预防意识。

第一节　生产安全事故等级和分类

一、事故等级划分

生产安全事故是指在生产经营活动中发生的造成人身伤亡或者直接经济损失的事件，根据《生产安全事故报告和调查处理条例》，按照人员伤亡和造成的直接经济损失，安生产全事故分为4个等级：

(1)特别重大事故，是指造成30人以上死亡，或者100人以上重伤(包括急性工业中毒，下同)，或者1亿元以上直接经济损失的事故；

(2)重大事故，是指造成10人以上30人以下死亡，或者50人以上100人以下重伤，或者5000万元以上1亿元以下直接经济损失的事故；

(3)较大事故，是指造成3人以上10人以下死亡，或者10人以上50人以下重伤，或者1000万元以上5000万元以下直接经济损失的事故；

(4)一般事故，是指造成3人以下死亡，或者10人以下重伤，或者1000万元以下直接经济损失的事故。

上述所称的“以上”包括本数，所称的“以下”不包括本数。

二、事故分类

按照《企业职工伤亡事故分类标准》，综合考虑起因物、引起事故的诱导性原因、致害物、伤害方式等导致事故发生的原因，可以将生产安全事故分为20类，分别为：物体打击事故、车辆伤害事故、机械伤害事故、起重伤害事故、触电事故、淹溺事故、灼烫事故、火灾事故、高处坠落事故、坍塌事故、冒顶片帮事故、透水事故、放炮事故、瓦斯爆炸事故、火药爆炸事故、锅炉爆炸事故、容器爆炸事故、其他爆炸事故、中毒和窒息事故及其他伤害事故。

生产安全事故按照行业领域不同，又可分为工矿商贸企业生产安全事故、火灾事故、交通事故、农机事故和水上交通事故等。

第二节　生产安全事故调查

一、事故调查的目的

事故调查的目的主要包括以下几方面：一是通过事故调查，找出事故发生的原因，发现存在的问题和缺陷，提出针对性整改措施，防止同类事故再次发生；二是对事故责任人员进行处理，尤其对重特大事故调查，事故责任人员涉及违反国家有关法律法规的行为，或者渎职行为的，应追究相关行政责任和刑事责任；三是通过调查事故的直接原因和间接原因，积累事故发生原因的相关资料信息，为事故统计和事故数据运用分析提供基础信息，为安全生产管理工作的宏观决策提供重要依据。

二、事故调查组织主体

不同等级的生产安全事故，应由不同级别的人民政府机关或管理部门组织进行调查。

特别重大事故由国务院或者国务院授权有关部门组织事故调查组进行调查。重大事故、较大事故、一般事故分别由事故发生地省级人民政府、设区的市级人民政府、县级人民政府负责调查。省级人民政府、设区的市级人民政府、县级人民政府可以直接组织事故调查组进行调查，也可以授权或者委托有关部门组织事故调查组进行调查。上级人民政府认为必要时，可以调查由下级人民政府负责调查的事故。未造成人员伤亡的一般事故，县级人民政府也可以委托事故发生单位组织事故调查组进行调查。

特别重大事故以下等级事故，事故发生地与事故发生单位不在同一个县级以上行政区域的，由事故发生地人民政府负责调查，事故发生单位所在地人民政府应当派人参加。

三、事故调查组

事故调查组的组建应当遵循精简、效能的原则。根据事故的具体情况，事故调查组由有关人民政府、安全生产监督管理部门、负有安全生产监督管理职责的有关部门、监察机关、公安机关以及工会派人组成，并应当邀请人民检察院派人参加，事故调查组可以聘请有关专家参与调查。

事故调查组组长由负责事故调查的人民政府指定并主持事故调查组的工作。事故调查组成员应当具有事故调查所需要的知识和专长，并与所调查的事故没有直接利害关系，在事故调查工作中应当诚信公正、恪尽职守，遵守事故调查组的纪律，保守事故调查的秘密，未经事故调查组组长允许，事故调查组成员不得擅自发布有关事故的信息。

事故调查组应履行下列职责：

(1)查明事故发生的经过、原因、人员伤亡情况及直接经济损失；

(2)认定事故的性质和事故责任；

(3)提出对事故责任者的处理建议；

(4)总结事故教训，提出防范和整改措施；

(5)提交事故调查报告。

事故调查组有权向有关单位和个人了解与事故有关的情况，并要求其提供相关文件、资料，有关单位和个人不得拒绝。事故调查中发现涉嫌犯罪的，事故调查组应当及时将有关材料或者其复印件移交司法机关处理。事故调查中需要进行技术鉴定的，事故调查组应当委托具有国家规定资质的单位进行技术鉴定。必要时，事故调查组可以直接组织专家进行技术鉴定。技术鉴定所需时间不计入事故调查期限。事故调查组应当自事故发生之日起60日内提交事故调查报告，特殊情况下，经负责事故调查的人民政府批准，提交事故调查报告的期限可以适当延长，但延长的期限最长不超过60日。

四、事故调查报告

事故报告是事故调查分析研究成果的文字归纳和总结，其结论对事故处理及事故预防都起着非常重要的作用。因此，调查报告的撰写一定要在掌握大量实际调查材料并对其进行研究的基础上完成。事故调查报告应包括下列内容：

(1)事故发生单位概况；

(2)事故发生经过和事故救援情况；

(3)事故造成的人员伤亡和直接经济损失；

(4)事故发生的原因和事故性质；

(5)事故责任的认定以及对事故责任者的处理建议；

(6)事故防范和整改措施。

事故调查报告应当附具有关证据材料。事故调查组成员应当在事故调查报告上签名。

第三节　生产安全事故分析

一、生产安全事故分析的作用

事故分析是根据事故调查所取得的证据，进行事故原因分析和责任分析的过程。事故的原因分析包括事故的直接原因、间接原因和主要原因分析，事故责任分析包括事故的直接责任人和主要责任人分析。

事故分析包括现场分析和事后分析两部分，现场分析又称为临场分析或现场讨论，是在现场实地勘察和现场询问结束后，由所有现场勘察人员全面汇总现场实地勘察和现场询问所得的资料信息，并在此基础上，对事故相关情况进行分析研究和确定对现场进行处置。现场分析是现场勘察活动必不可少的环节，也是现场结束后，进行事后深入分析的基础。事后分析是在充分掌握事故相关资料信息和现场分析的基础上，进行全面深入细致的分析，其目的不仅在于找出事故的责任人进行处理，更重要的是发现事故的根本原因，并制定针对性的预防、控制和整改的措施和方法，避免事故的再次发生，这也是实施事故调查和分析的最终目的。

二、事故现场分析

1. 事故分析的原则和要求

为保证现场分析结果的正确性，现场分析过程应遵守以下原则和要求：

(1)必须把现场勘察中收集的材料作为分析的基础,同时,在分析前对已收集的材料甄别真伪。

(2)既要以同类现场的一般规律作指导,又要从个别案件的实际出发。

(3)充分发挥民主,综合各方面意见,得出科学结论。

2. 事故现场分析的步骤

事故现场分析的步骤如下:

(1)汇集材料,汇集材料一般采用分门别类的方法进行。

(2)分别分析,对全部材料逐一分析,单独考虑,从而查明事故发生的全部情况。其中,包括对各访问材料的分析和痕迹、物证的分析等。

(3)综合分析。在对各方面情况已有初步了解的基础上,将所有材料集中起来,找出能共同证明某一问题的材料,从而判断引起事故的原因。

3. 事故分析的方法

事故分析的方法主要有以下四种:

(1)比较方法。比较方法是将分别收集的两个以上的现场勘察材料加以对比,是确定其真实性和相互补充、印证的一种方法。比较的内容通常有比较现场实地勘察所见现场情况和现场目击者、操作者等的所述材料,不同类询问人的所述材料;提取痕迹、物证与尸体或伤情检验材料,收集的有关规章制度与实地勘察所见执行情况等。

(2)综合方法。综合方法是将现场勘察材料汇集起来,然后就事故事实的各个方面加以分析,由局部到整体,由个别到全面的认识过程。

(3)假设方法。假设方法是根据现场有关情况推测某一事实的存在,然后用汇总的现场材料和有关科学知识加以证实或否定。

(4)推理方法。推理方法是从已知的现场材料推断未知事故发生有关情况的思维活动,其要求现场分析人员运用逻辑推理方法,对事故发生的原因、过程、直接责任人等进行推论,而这也是揭示案件本质的必经途径。

三、事后深入分析

对于较为严重或复杂的事故,尤其是重特大事故,仅仅依赖于现场分析是远远不够的,大多数事故都应在现场分析及所收集的材料基础上进行进一步的深入分析,只有这样才能找出事故的根本原因和预防控制事故的最佳手段措施。一般来说,这类事故的分析方法可分为综合分析法、个别案例技术分析法和系统安全分析法三大类。

1. 综合分析法

综合分析法是针对大量事故案例进行事故分析的一种方法,通过总结是事故发生、发展的规律,有针对性地提出普遍适用的预防措施。

2. 个别案例技术分析法

个别案例技术分析法是针对某个事故案例,特别是典型重特大事故,从技术方面进行事故分析的方法,即应用工程技术知识、生产工艺原理及系统安全工程原理等多学科知识,对个别案例研究事故的影响因素和组合管理,或根据某些现象推断事故过程的分析方法。

第四节　生产安全事故报告

一、事故报告程序和要求

事故报告应当及时、准确、完整,任何单位和个人对事故不得迟报、漏报、谎报或者瞒报。

生产安全事故发生后,事故现场有关人员应当立即向本单位负责人报告,单位负责人接到报告后,应于1h内向事故发生地县级以上人民政府安全生产监督管理部门和负有安全生产监督管理职责的有关部门报告。情况紧急时,事故现场有关人员可以直接向事故发生地县级以上人民政府安全生产监督管理部门和负有安全生产监督管理职责的有关部门报告。

安全生产监督管理部门和负有安全生产监督管理职责的有关部门接到事故报告后,应当依照下列规定上报事故情况,并通知公安机关、劳动保障行政部门、工会和人民检察院:

(1)特别重大事故、重大事故逐级上报至国务院安全生产监督管理部门和负有安全生产监督管理职责的有关部门;

(2)较大事故逐级上报至省、自治区、直辖市人民政府安全生产监督管理部门和负有安全生产监督管理职责的有关部门;

(3)一般事故上报至设区的市级人民政府安全生产监督管理部门和负有安全生产监督管理职责的有关部门。

安全生产监督管理部门和负有安全生产监督管理职责的有关部门依照上述规定上报事故情况,应当同时报告本级人民政府。国务院安全生产监督管理部门和负有安全生产监督管理职责的有关部门以及省级人民政府接到发生特别重大事故、重大事故的报告后,应当立即报告国务院。必要时,安全生产监督管理部门和负有安全生产监督管理职责的有关部门可以越级上报事故情况。

安全生产监督管理部门和负有安全生产监督管理职责的有关部门逐级上报事故情况,每级上报的时间不得超过2h。

事故报告后出现新情况的,应当及时补报。自事故发生之日起30日内,事故造成的伤亡人数发生变化的,应当及时补报。道路交通事故、火灾事故自发生之日起7日内,事故造成的伤亡人数发生变化的,应当及时补报。

二、事故报告内容

报告事故应当包括下列内容:

(1)事故发生单位概况;

(2)事故发生的时间、地点以及事故现场情况;

(3)事故的简要经过;

(4)事故已经造成或者可能造成的伤亡人数(包括下落不明的人数)和初步估计的直接经济损失;

(5)已经采取的措施;

(6)其他应当报告的情况。

第五节　生产安全事故处理

一、事故现场处置

事故发生单位负责人接到事故报告后,应当立即启动事故相应应急预案,或者采取有效措施,组织抢救,防止事故扩大,减少人员伤亡和财产损失。事故发生地有关地方人民政府、安全生产监督管理部门和负有安全生产监督管理职责的有关部门接到事故报告后,其负责人应当立即赶赴事故现场,组织事故救援。事故发生后,有关单位和人员应当妥善保护事故现场以及相关证据,任何单位和个人不得破坏事故现场、毁灭相关证据。因抢救人员、防止事故扩大以及疏通交通等原因,需要移动事故现场物件的,应当做好标记,绘制现场简图并做出书面记录,妥善保存现场重要痕迹、物证。

二、事故处理

对于重大事故、较大事故、一般事故,负责事故调查的人民政府应当自收到事故调查报告之日起 15 日内做出批复;对于特别重大事故,应在收到事故调查报告之日起 30 日内做出批复;特殊情况下,批复时间可以适当延长,但延长的时间最长不超过 30 日。

有关机关应当按照人民政府的批复,依照法律、行政法规规定的权限和程序,对事故发生单位和有关人员进行行政处罚,对负有事故责任的国家工作人员进行处分。

事故发生单位应当按照负责事故调查的人民政府的批复,对本单位负有事故责任的人员进行处理。负有事故责任的人员涉嫌犯罪的,依法追究刑事责任。

事故发生单位应当认真吸取事故教训,落实防范和整改措施,防止事故再次发生,防范和整改措施的落实情况应当接受工会和职工的监督。

安全生产监督管理部门和负有安全生产监督管理职责的有关部门应当对事故发生单位落实防范和整改措施的情况进行监督检查。

事故处理的情况由负责事故调查的人民政府或者其授权的有关部门、机构向社会公布,依法应当保密的除外。

三、事故责任处罚

事故发生单位主要负责人有下列行为之一的,处上一年年收入 40% ~80% 的罚款;属于国家工作人员的,并依法给予处分;构成犯罪的,依法追究刑事责任:

(1)不立即组织事故抢救的;

(2)迟报或者漏报事故的;

(3)在事故调查处理期间擅离职守的。

事故发生单位及其有关人员有下列行为之一的,对事故发生单位处 100 万元以上 500 万元以下的罚款;对主要负责人、直接负责的主管人员和其他直接责任人员处上一年年收入 60% ~100% 的罚款;属于国家工作人员的,并依法给予处分;构成违反治安管理行为的,由

公安机关依法给予治安管理处罚;构成犯罪的,依法追究刑事责任:

(1)谎报或者瞒报事故的;

(2)伪造或者故意破坏事故现场的;

(3)转移、隐匿资金、财产,或者销毁有关证据、资料的;

(4)拒绝接受调查或者拒绝提供有关情况和资料的;

(5)在事故调查中作伪证或者指使他人作伪证的;

(6)事故发生后逃匿的。

事故发生单位对事故发生负有责任的,依照下列规定处以罚款:

(1)发生一般事故的,处10万元以上20万元以下的罚款;

(2)发生较大事故的,处20万元以上50万元以下的罚款;

(3)发生重大事故的,处50万元以上200万元以下的罚款;

(4)发生特别重大事故的,处200万元以上500万元以下的罚款。

事故发生单位主要负责人未依法履行安全生产管理职责,导致事故发生的,依照下列规定处以罚款;属于国家工作人员的,并依法给予处分;构成犯罪的,依法追究刑事责任:

(1)发生一般事故的,处上一年年收入30%的罚款;

(2)发生较大事故的,处上一年年收入40%的罚款;

(3)发生重大事故的,处上一年年收入60%的罚款;

(4)发生特别重大事故的,处上一年年收入80%的罚款。

有关地方人民政府、安全生产监督管理部门和负有安全生产监督管理职责的有关部门有下列行为之一的,对直接负责的主管人员和其他直接责任人员依法给予处分;构成犯罪的,依法追究刑事责任:

(1)不立即组织事故抢救的;

(2)迟报、漏报、谎报或者瞒报事故的;

(3)阻碍、干涉事故调查工作的;

(4)在事故调查中作伪证或者指使他人作伪证的。

事故发生单位对事故发生负有责任的,由有关部门依法暂扣或者吊销其有关证照;对事故发生单位负有事故责任的有关人员,依法暂停或者撤销其与安全生产有关的执业资格、岗位证书;事故发生单位主要负责人受到刑事处罚或者撤职处分的,自刑罚执行完毕或者受处分之日起,5年内不得担任任何生产经营单位的主要负责人。

为发生事故的单位提供虚假证明的中介机构,由有关部门依法暂扣或者吊销其有关证照及其相关人员的执业资格;构成犯罪的,依法追究刑事责任。

参与事故调查的人员在事故调查中有下列行为之一的,依法给予处分;构成犯罪的,依法追究刑事责任:

(1)对事故调查工作不负责任,致使事故调查工作有重大疏漏的;

(2)包庇、袒护负有事故责任的人员或者借机打击报复的。

有关地方人民政府或者有关部门故意拖延或者拒绝落实经批复的对事故责任人的处理意见的,由监察机关对有关责任人员依法给予处分。

第六节　生产安全事故统计与报表

一、统计基础知识

（一）法律法规依据

统计学就是研究数据及其存在规律的一门科学。我国于1984年颁布施行了《中华人民共和国统计法》（以下简称《统计法》），后经多次修订，目前施行的是由中华人民共和国第十一届全国人民代表大会常务委员会第九次会议于2009年6月27日修订通过，自2010年1月1日起施行的《统计法》。2017年4月12日，国务院第168次常务会议通过了《中华人民共和国统计法实施条例》（以下简称《统计法实施条例》），由中华人民共和国国务院于2017年5月28日发布，自2017年8月1日起施行。

我国各级人民政府、县级以上人民政府统计机构和有关部门组织实施的统计活动依据《统计法》和《统计法实施条例》实施。

统计的基本任务是对经济社会发展情况进行统计调查、统计分析，提供统计资料和统计咨询意见，实行统计监督。

国家建立集中统一的统计系统，实行统一领导、分级负责的统计管理体制；加强统计科学研究，健全科学的统计指标体系，不断改进统计调查方法，提高统计的科学性；有计划地加强统计信息化建设，推进统计信息搜集、处理、传输、共享、存储技术和统计数据库体系的现代化。

国家机关、企业事业单位和其他组织以及个体工商户和个人等统计调查对象，必须依照《统计法》和国家有关规定，真实、准确、完整、及时地提供统计调查所需的资料，不得提供不真实或者不完整的统计资料，不得迟报、拒报统计资料。统计工作应当接受社会公众的监督。任何单位和个人有权检举统计中弄虚作假等违法行为。对检举有功的单位和个人应当给予表彰和奖励。统计机构和统计人员对在统计工作中知悉的国家秘密、商业秘密和个人信息，应当予以保密。

统计调查项目包括国家统计调查项目、部门统计调查项目和地方统计调查项目。国家统计调查项目是指全国性基本情况的统计调查项目，部门统计调查项目是指国务院有关部门的专业性统计调查项目，地方统计调查项目是指县级以上地方人民政府及其部门的地方性统计调查项目。国家统计调查项目、部门统计调查项目、地方统计调查项目应当明确分工，互相衔接，不得重复。

制定统计调查项目，应当同时制定该项目的统计调查制度，统计调查制度应当对调查目的、调查内容、调查方法、调查对象、调查组织方式、调查表式、统计资料的报送和公布等作出规定。统计调查应当按照统计调查制度组织实施。变更统计调查制度的内容，应当报经原审批机关批准或者原备案机关备案。统计调查表应当标明表号、制定机关、批准或者备案文号、有效期限等标志。对未标明前款规定的标志或者超过有效期限的统计调查表，统计调查对象有权拒绝填报，县级以上人民政府统计机构应当依法责令停止有关统计调查活动。

搜集、整理统计资料，应当以周期性普查为基础，以经常性抽样调查为主体，综合运用全面调查、重点调查等方法,并充分利用行政记录等资料。国家制定统一的统计标准,保障统计调查采用的指标含义、计算方法、分类目录、调查表式和统计编码等的标准化。

国家统计标准由国家统计局制定,或者由国家统计局和国务院标准化主管部门共同制定。

国务院有关部门可以制定补充性的部门统计标准,报国家统计局审批。部门统计标准不得与国家统计标准相抵触。

(二)统计工作的基本步骤

完整的统计工作一般包括设计、收集资料(现场调查)、整理资料、统计分析4个基础步骤。

(1)设计。制定统计计划,对整个统计过程进行安排。

(2)收集资料(现场调查)。根据计划取得可靠、完整的资料,同时要注重资料的真实性。收集资料的方法有三种:统计报表、日常性工作、专题调查。

(3)整理资料。原始资料的整理、清理、核实、查对,使其条理化、系统化,便于计算和分析,可借助计算机软件进行核对管理。

(4)统计分析。运用统计学的基本原理和方法,分析计算机有关的指标和数据,揭示事务内部的规律。

(三)统计学基础知识

统计资料或统计数据分为三种类型:计量资料、技术资料和等级资料。

1. 计量资料

计量资料是指通过度量衡的方法,测量每一个观察单位的某项研究指标的量的大小,得到的一系列数据的资料,例如质量和长度。计量资料的特点是有度量衡单位、可通过测量得到、多为连续性资料。

2. 计数资料

计数资料是指将全体观测单位按照某种性质或特征分组,然后再分别清点各组观察单位的个数。其特点是没有度量衡单位,通过枚举或记录得来,多为间断性资料。

3. 等级资料

等级资料是指介于计量资料和计数资料之间的一种资料,通过半定量方法测量得到。其特点是每一个观察单位没有确切值,各组之间有性质上的差别或程度上的不同。

(四)统计学中的重要概念

1. 变量

研究者对每个观察单位的某项特征进行观察和测量,这种特征称为变量,变量测量值称为变量值。

2. 变异

变异是指同类(同质)事物个体间的差异。变异来源于一些未加控制或无法控制的甚至不明原因的因素,变异是统计学存在的基础,从本质上说统计学就是研究变异的科学。

3. 总体和样本

总体是指根据研究目的确定的研究对象的全体。当研究有具体而明确的指标时,总体时指该项变量体的全体。

样本是指总体中有代表性的一部分。

4. 随机抽样

随机抽样是指按随机的原则从总体中获取样本的方法,以避免研究者有意或无意地选择样本而带来偏性和局限性。随机抽样是统计工作中常用的抽样方法。

5. 概率

概率是指描述随机事件发生的可能性的大小的数值,常用 P 来表示。概率的大小在0和1之间,越接近1说明可能性越大;越接近0,说明发生的可能性越小。统计学中的许多结论是带有概率性质的,通常一个事件的发生概率小于5%,就称为小概率事件。

6. 误差

统计学上所说的误差泛指测量值与真值之差,样本指标与总体指标之差,主要有以下两种:

(1)系统误差。

系统误差是指数据搜集和测量过程中由于仪器不准确、标准不规范等原因,造成观察结果呈倾向性的偏大或偏小的误差,系统误差具有累加性。

(2)随机误差。

随机误差是指由于一些非人为的偶然因素使得结果或大或小,不确定或不可预知的误差,其特点是随测量次数的增加而减小。

二、统计图表编制

统计表和统计图是统计描述的重要工具,在日常工作报告、科研论文等文件资料中,通常将统计分析的结果以图表的形式表现出来。

(一)统计表

1. 概念

统计表是将要统计分析的事物、数据或指标以表格的形式列出来,以代替文字描述的一种表现形式。

2. 统计表的组成

(1)标题:标题即统计表的名称。

(2)标目:横标目说明每一行要表达的内容,相当于句子的主语;纵标目说明每一列要表达的内容,相当于句子的谓语。

3. 统计表的种类

(1)简单表:表格中只有一个中心意思,即二维以下的表格。

(2)复合表:表格中有多个中心意思,即三维以上的表格。

4. 制表原则和基本要求

制表原则是重点突出,简单明了,主谓分明,层次清晰。制表的基本要求如下:

(1)标题:位置在表格的最上方,应包括时间、地点和要表达的主要内容。

(2)标目:标目所表达的性质相当于“变量名称”,要有单位。

(3)线条:不宜过多,一般三根横线条,不用竖线条。

(4)数字:小数点要上下对齐,缺失时用“-”代替。

(5)备注:表中用“ * ”标出,再在表的下方注出。

(二)统计图

统计图是一种形象的统计描述工具,它是用直线的升降、直条的长短、面积的大小、颜色的深浅等各种图形来表示资料的分析结果。

1. 概念

统计图是指用点、线、面的位置、升降或大小来表达统计资料数量关系的一种阵列形式。

2. 统计图的类型

(1)条形图,又称为直条图,表示独立指标在不同阶段的情况,有两维或多维的形式,图例位于右上方。

(2)饼图或百分比图。描述百分比的大小,用颜色或各种图形将不同比例表达出来。

(3)线形图。用线条的升降表示事物的发展变化趋势,主要用于计量资料,描述两个变量间的关系。

(4)半对数线形图。纵轴用对数尺度,描述一组连续性资料的变化速度及趋势。

(5)散点图。描述两种现象的相关关系。

(6)直方图。描述计量资料的频数分布。

(7)统计地图。描述某种现象的地域分布。

3. 制图的原则和基本要求

(1)按资料的性质和分析目的选用适合的图形,统计图一般的选用原则见表 6-1。

统计图一般选用原则 表 6-1

资料的性质和分析目的	宜选用的统计图
比较分类资料各类别数值大小	条形图
分析事物内部各组成部门所占比重(构成比)	饼图或百分比图
描述事物随时间变化趋势或描述两现象相互变化趋势	线形图、半对数线形图
描述双变量资料的相互关系的密切程度或相互关系的方向	散点图
描述连续性变量的频数分布	直方图
描述某现象的数量的地域上的分布	统计地图

(2)标题。标题要概括图形所要表达的主要内容,一般位于图形的下端中央。

(3)统计图一般由横轴和纵轴组成。用横轴标目说明横轴和纵轴的指标的度量轴,刻度从下到上。纵横轴的比例一般为 5:7。

(4)统计图要用不同线条和颜色表达不同事物或对象的统计指标时,需要在图的右上角空隙处或图的下方或图标题中间位置附图例加以说明。

三、事故统计与报表

(一)事故统计的基本任务

事故统计的内容主要包括事故发生单位的基本情况、事故造成的死亡人数、受伤人数(含急性工业中毒人数)、单位经济类型、事故类别等。

事故统计的基本任务包括以下几个方面:

(1)对每起事故进行统计调查,明确事故发生的情况和原因。

(2)对一定时间内、一定范围内事故发生的情况进行测定。

(3)根据大量统计资料,借助数理统计手段,对一定时间内、一定范围内事故发生的情况、趋势以及事故参数的分布进行分析、归纳和推断。

事故统计的任务和事故调查是一致的,统计建立在事故调查的基础上,没有成功的事故调查,就没有正确的统计。事故调查从已发生的事故中得到预防相同或类似事故的发生经验,是直接的、局部性的;而事故调查统计对预防作用既有直接性,又有间接性,是总体性的。

(二)事故统计分析的目的

事故统计分析的目的是通过合理地收集与事故相关的资料、数据,并运用科学的统计方法,对大量数据进行整理、加工、分析和推断,找出事故发生的规律和事故发生的原因,为制定法律法规、标准规范,加强工作决策,制定预防控制措施,防止事故发生提供重要依据和指导作用。

(三)事故统计的分类

生产安全事故分为“依法登记注册单位事故”和“其他事故”两类进行统计。

(1)依法登记取得营业执照的生产经营单位发生的生产安全事故,纳入“依法登记注册单位事故”统计。

(2)从事运输、捕捞等生产经营活动,不需办理营业执照的,以行业准入许可为准,按照“依法登记注册单位事故”进行统计。

(3)不属于以上情形的生产安全事故,纳入“其他事故”统计。

(4)没有造成人员伤亡且直接经济损失小于100万元(不含)的生产安全事故,暂不纳入统计。

(四)事故统计的步骤

事故统计一般分为资料搜集、资料整理、综合分析三个步骤。

1. 资料搜集

资料搜集有称为统计调查,是根据统计分析的目的,对大量零星的原始材料进行技术分组,是整个事故统计工作的前提和基础。资料搜集是根据事故统计的目的和任务,制定调查方案,确定调查对象和单位,拟定调查项目和表格,并按照事故统计工作的性质,选定方法的过程。

2. 资料整理

资料整理又称为统计汇总,是将搜集的事故资料进行审核、汇总,并根据事故统计的目的和要求计算有关数值的过程。资料整理的关键是统计分组,就是按一定的统计标志,将分组研究的对象划分为性质相同的组(如按事故类别、事故原因等分组),然后按组进行统计计算。

3. 综合分析

综合分析是将汇总整理的资料及有关数值,填入统计表或绘制统计图的过程,使大量的零星资料系统化、条理化、科学化,是统计工作的结果。

事故统计结果可以用统计指标、统计表和统计图等形式表现。

（五）事故统计指标体系

我国安全生产事故指标体系分为四大类。

1. 综合类伤亡事故统计指标体系

综合类伤亡事故统计指标体系包括事故起数、死亡事故起数、死亡人数、受伤人数、直接经济损失、重大事故起数、重大事故死亡人数、特别重大事故起数、特别重大事故死亡人数、事故率、重大事故率、特别重大事故率等。

2. 工矿企业类伤亡事故统计指标体系

工矿企业类伤亡事故统计指标体系包括煤矿企业伤亡事故统计指标、金属和非金属矿山企业伤亡事故指标、工商企业伤亡事故统计指标、建筑业伤亡事故统计指标、危险化学品伤亡事故统计指标、烟花爆竹伤亡事故统计指标。

3. 行业类统计指标体系

行业类统计指标包括：

(1)道路交通统计指标；

(2)火灾事故统计指标；

(3)水上交通事故统计；

(4)铁路交通事故统计；

(5)民航飞行事故统计；

(6)农机事故统计指标；

(7)渔业船舶事故统计指标。

4. 地区安全评价类统计指标体系

地区安全评价类统计指标体系包括死亡事故起数、死亡人数、直接经济损失、重大事故起数、重大事故死亡人数、特别重大事故起数、特别重大事故死亡人数、亿元国内生产总值(GDP)死亡率、十万人死亡率。

（六）安全生产事故报表制度

1. 事故统计报告

生产安全事故统计与报表应按照《生产安全事故统计报告制度》相关规定执行。

生产安全事故发生地县级以上安全生产监督管理部门对发生的每起生产安全事故按照生产安全事故登记表、生产安全事故伤亡人员登记表，在规定时限内通过“安全生产综合统计信息直报系统”填报。

县级以上安全生产监督管理部门接到生产安全事故报告后，除了应按照《生产安全事故报告和调查处理条例》规定的时限，向上级人民政府安全生产监督管理部门和负有安全生产监督管理职责的有关部门报告外，应在接到生产安全事故报告后24h内通过“安全生产综合统计信息直报系统”填报事故统计信息；生产安全事故发生7日内，应及时补充完善相关信息，并纳入生产安全事故统计；每月7日前，完成上月生产安全事故统计数据汇总，生产安全事故发生之日起30日内(火灾、道路运输事故自发生之日起7日内)伤亡人员发生变化的，应及时补报伤亡人员变化情况。个别事故信息因特殊原因无法及时掌握的，应在事故调查结束后予以完善。

经查实的瞒报、漏报的生产安全事故，应在接到生产安全事故信息通报后24h内，在“安全生产综合统计信息直报系统”中进行填报。

2. 事故统计一般原则

(1)跨地区进行生产经营活动单位发生的生产安全事故，由生产安全事故发生地的安全生产监督管理部门负责统计。

(2)甲单位人员参加乙单位生产经营活动中发生的生产安全事故，纳入乙单位统计。

(3)两个以上单位交叉作业时发生的生产安全事故，纳入主要责任单位统计。

(4)分承包工程单位在施工过程中发生的生产安全事故，凡分承包单位为独立核算单位的，纳入分承包单位统计；非独立核算单位的，纳入总承包单位统计；凡未签订分包合同或分包单位的建设活动与分包合同不一致的，不管是否为独立核算单位，都纳入总承包单位统计。同时，应在表中填写建设单位名称及其所属行业。

(5)从事煤矿、金属非金属矿山以及石油天然气外包工程施工与技术服务活动发生的生产安全事故，纳入发包单位统计。

(6)乙单位在甲单位中租赁场地开展生产经营活动发生的生产安全事故，若乙单位为独立核算单位，纳入乙单位统计；否则纳入甲单位统计。

(7)因设备、产品不合格或安装不合格等因素造成使用单位发生的生产安全事故，不论其责任在哪一方，均纳入使用单位统计。

(8)生产经营单位人员参加社会抢险救灾时发生的生产安全事故，纳入事故发生单位统计。

(9)非正式雇佣人员(临时雇佣人员、劳务派遣人员、实习生、志愿者等)、其他公务人员、外来救护人员以及生产经营单位以外的居民、行人等由于单位生产安全事故受到伤害的，纳入生产安全事故统计。

(10)正式雇佣人员在单位所属宿舍、浴室、更衣室、厕所、食堂、临时休息室等场所由于非不可抗拒因素导致的事故受到伤害的，纳入生产安全事故统计。

(11)各类景区、商场、宾馆、歌舞厅、网吧等人员密集场所，因自身管理不善或安全防护措施不健全造成的旅客、游客及顾客人身伤亡的，纳入生产安全事故统计。

(12)由建筑施工单位(包括不具有施工资质、营业执照，但属于有组织的经营建设活动)承包的城镇、农村新建、改建、修缮及拆除房屋过程中导致的生产安全事故，造成人员伤亡或直接经济损失的，纳入生产安全事故统计。

(13)生产经营单位存放在地面(或井下)(包括违反民用爆炸物品安全管理规定)用于生产经营建设所购买的炸药、雷管等爆炸物品意外爆炸造成的人员伤亡或直接经济损失的，纳入生产安全事故统计。

(14)服刑人员在劳动生产过程中发生的生产安全事故纳入统计。

(15)国家机关、事业单位、人民团体在执行公务过程中发生的生产安全事故纳入统计。

(16)公立或私立医院、学校等机构发生的生产安全事故纳入统计。

(17)专业救护队救援人员、生产经营单位所属非专业救援人员或者其他公民参加生产安全事故抢险救灾造成人员伤亡的纳入生产安全事故统计(解放军、武警官兵，公安干警因参加事故抢险救援时发生的人身伤亡，不计入统计报表制度规定的生产安全事故等级统计范围,仅作为事故伤亡总人数另行统计)。

(18)急性工业中毒按照《生产安全事故报告和调查处理条例》有关规定,作为受伤事故的一种类型进行统计,其人数统计为重伤人数。

3. 报送时间

生产安全事故行业统计表、生产安全事故地区统计表为累计报表,各级安全生产监督管理部门应在次月 7 日前(当年 12 月份报表,报于次年 1 月 10 日前)填报,报上一级安全生产监督管理部门。

附　　件

附件1　职业病分类和目录

一、职业性尘肺病及其他呼吸系统疾病

（一）尘肺病

(1)矽肺；
(2)煤工尘肺；
(3)石墨尘肺；
(4)炭黑尘肺；
(5)石棉肺；
(6)滑石尘肺；
(7)水泥尘肺；
(8)云母尘肺；
(9)陶工尘肺；
(10)铝尘肺；
(11)电焊工尘肺；
(12)铸工尘肺；
(13)根据《尘肺病诊断标准》和《尘肺病理诊断标准》可以诊断的其他尘肺病。

（二）其他呼吸系统疾病

(1)过敏性肺炎；
(2)棉尘病；
(3)哮喘；
(4)金属及其化合物粉尘肺沉着病(锡、铁、锑、钡及其化合物等)；
(5)刺激性化学物所致慢性阻塞性肺疾病；
(6)硬金属肺病。

二、职业性皮肤病

(1)接触性皮炎；
(2)光接触性皮炎；
(3)电光性皮炎；
(4)黑变病；

(5)痤疮;
(6)溃疡;
(7)化学性皮肤灼伤;
(8)白斑;
(9)根据《职业性皮肤病的诊断总则》可以诊断的其他职业性皮肤病。

三、职业性眼病

(1)化学性眼部灼伤;
(2)电光性眼炎;
(3)白内障(含放射性白内障、三硝基甲苯白内障)。

四、职业性耳鼻喉口腔疾病

(1)噪声聋;
(2)铬鼻病;
(3)牙酸蚀病;
(4)爆震聋。

五、职业性化学中毒

(1)铅及其化合物中毒(不包括四乙基铅);
(2)汞及其化合物中毒;
(3)锰及其化合物中毒;
(4)镉及其化合物中毒;
(5)铍病;
(6)铊及其化合物中毒;
(7)钡及其化合物中毒;
(8)钒及其化合物中毒;
(9)磷及其化合物中毒;
(10)砷及其化合物中毒;
(11)铀及其化合物中毒;
(12)砷化氢中毒;
(13)氯气中毒;
(14)二氧化硫中毒;
(15)光气中毒;
(16)氨中毒;
(17)偏二甲基肼中毒;
(18)氮氧化合物中毒;
(19)一氧化碳中毒;
(20)二硫化碳中毒;

(21)硫化氢中毒;
(22)磷化氢、磷化锌、磷化铝中毒;
(23)氟及其无机化合物中毒;
(24)氰及腈类化合物中毒;
(25)四乙基铅中毒;
(26)有机锡中毒;
(27)羰基镍中毒;
(28)苯中毒;
(29)甲苯中毒;
(30)二甲苯中毒;
(31)正己烷中毒;
(32)汽油中毒;
(33)一甲胺中毒;
(34)有机氟聚合物单体及其热裂解物中毒;
(35)二氯乙烷中毒;
(36)四氯化碳中毒;
(37)氯乙烯中毒;
(38)三氯乙烯中毒;
(39)氯丙烯中毒;
(40)氯丁二烯中毒;
(41)苯的氨基及硝基化合物(不包括三硝基甲苯)中毒;
(42)三硝基甲苯中毒;
(43)甲醇中毒;
(44)酚中毒;
(45)五氯酚(钠)中毒;
(46)甲醛中毒;
(47)硫酸二甲酯中毒;
(48)丙烯酰胺中毒;
(49)二甲基甲酰胺中毒;
(50)有机磷中毒;
(51)氨基甲酸酯类中毒;
(52)杀虫脒中毒;
(53)溴甲烷中毒;
(54)拟除虫菊酯类中毒;
(55)铟及其化合物中毒;
(56)溴丙烷中毒;
(57)碘甲烷中毒;
(58)氯乙酸中毒;

(59)环氧乙烷中毒;
(60)上述条目未提及的与职业有害因素接触之间存在直接因果联系的其他化学中毒。

六、物理因素所致职业病

(1)中暑;
(2)减压病;
(3)高原病;
(4)航空病;
(5)手臂振动病;
(6)激光所致眼(角膜、晶状体、视网膜)损伤;
(7)冻伤。

七、职业性放射性疾病

(1)外照射急性放射病;
(2)外照射亚急性放射病;
(3)外照射慢性放射病;
(4)内照射放射病;
(5)放射性皮肤疾病;
(6)放射性肿瘤(含矿工高氡暴露所致肺癌);
(7)放射性骨损伤;
(8)放射性甲状腺疾病;
(9)放射性性腺疾病;
(10)放射复合伤;
(11)根据《职业性放射性疾病诊断标准(总则)》可以诊断的其他放射性损伤。

八、职业性传染病

(1)炭疽;
(2)森林脑炎;
(3)布鲁氏菌病;
(4)艾滋病(限于医疗卫生人员及人民警察);
(5)莱姆病。

九、职业性肿瘤

(1)石棉所致肺癌、间皮瘤;
(2)联苯胺所致膀胱癌;
(3)苯所致白血病;
(4)氯甲醚、双氯甲醚所致肺癌;
(5)砷及其化合物所致肺癌、皮肤癌;

(6)氯乙烯所致肝血管肉瘤；
(7)焦炉逸散物所致肺癌；
(8)六价铬化合物所致肺癌；
(9)毛沸石所致肺癌、胸膜间皮瘤；
(10)煤焦油、煤焦油沥青、石油沥青所致皮肤癌；
(11)β-萘胺所致膀胱癌。

十、其他职业病

(1)金属烟热；
(2)滑囊炎(限于井下工人)；
(3)股静脉血栓综合征、股动脉闭塞症或淋巴管闭塞症(限于刮研作业人员)。

附件2 职业危害因素名录

一、粉尘类职业危害因素

粉尘类职业危害因素见附表2-1。

职业危害因素——粉尘类

附表2-1

序号	名称	CAS号
1	矽尘(游离 SiO_2 含量≥10%)	14808-60-7
2	煤尘	
3	石墨粉尘	7782-42-5
4	炭黑粉尘	1333-86-4
5	石棉粉尘	1332-21-4
6	滑石粉尘	14807-96-6
7	水泥粉尘	
8	云母粉尘	12001-26-2
9	陶土粉尘	
10	铝尘	7429-90-5
11	电焊烟尘	
12	铸造粉尘	
13	白炭黑粉尘	112926-00-8
14	白云石粉尘	
15	玻璃钢粉尘	
16	玻璃棉粉尘	65997-17-3
17	茶尘	
18	大理石粉尘	1317-65-3

续上表

序　号	名　称	CAS 号
19	二氧化钛粉尘	13463-67-7
20	沸石粉尘	
21	谷物粉尘(游离 SiO_2 含量＜10%)	
22	硅灰石粉尘	13983-17-0
23	硅藻土粉尘(游离 SiO_2 含量＜10%)	61790-53-2
24	活性炭粉尘	64365-11-3
25	聚丙烯粉尘	9003-07-0
26	聚丙烯腈纤维粉尘	
27	聚氯乙烯粉尘	9002-86-2
28	聚乙烯粉尘	9002-88-4
29	矿渣棉粉尘	
30	麻尘(亚麻、黄麻和苎麻)(游离 SiO_2 含量＜10%)	
31	棉尘	
32	木粉尘	
33	膨润土粉尘	1302-78-9
34	皮毛粉尘	
35	桑蚕丝尘	
36	砂轮磨尘	
37	石膏粉尘(硫酸钙)	10101-41-4
38	石灰石粉尘	1317-65-3
39	碳化硅粉尘	409-21-2
40	碳纤维粉尘	
41	稀土粉尘(游离 SiO_2 含量＜10%)	
42	烟草尘	
43	岩棉粉尘	
44	萤石混合性粉尘	
45	珍珠岩粉尘	93763-70-3
46	蛭石粉尘	
47	重晶石粉尘(硫酸钡)	7727-43-7
48	锡及其化合物粉尘	7440-31-5(锡)
49	铁及其化合物粉尘	7439-89-6(铁)
50	锑及其化合物粉尘	7440-36-0(锑)
51	硬质合金粉尘	
52	以上未提及的可导致职业病的其他粉尘	

二、化学类职业危害因素

化学类职业危害因素见附表 2-2。

职业危害因素——化学类

附表 2-2

序　　号	名　　称	CAS 号
1	铅及其化合物(不包括四乙基铅)	7439-92-1(铅)
2	汞及其化合物	7439-97-6(汞)
3	锰及其化合物	7439-96-5(锰)
4	镉及其化合物	7440-43-9(镉)
5	铍及其化合物	7440-41-7(铍)
6	铊及其化合物	7440-28-0(铊)
7	钡及其化合物	7440-39-3(钡)
8	钒及其化合物	7440-62-6(钒)
9	磷及其化合物(磷化氢、磷化锌、磷化铝、有机磷单列)	7723-14-0(磷)
10	砷及其化合物(砷化氢单列)	7440-38-2(砷)
11	铀及其化合物	7440-61-1(铀)
12	砷化氢	7784-42-1
13	氯气	7782-50-5
14	二氧化硫	7446-9-5
15	光气(碳酰氯)	75-44-5
16	氨	7664-41-7
17	偏二甲基肼(1,1-二甲基肼)	57-14-7
18	氮氧化合物	
19	一氧化碳	630-08-0
20	二硫化碳	75-15-0
21	硫化氢	7783-6-4
22	磷化氢、磷化锌、磷化铝	7803-51-2、1314-84-7、20859-73-8
23	氟及其无机化合物	7782-41-4(氟)
24	氰及其腈类化合物	460-19-5(氰)
25	四乙基铅	78-00-2
26	有机锡	
27	羰基镍	13463-39-3
28	苯	71-43-2
29	甲苯	108-88-3
30	二甲苯	1330-20-7

续上表

序　　号	名　　称	CAS 号
31	正己烷	110-54-3
32	汽油	
33	一甲胺	74-89-5
34	有机氟聚合物单体及其热裂解物	
35	二氯乙烷	1300-21-6
36	四氯化碳	56-23-5
37	氯乙烯	1975-1-4
38	三氯乙烯	1979-1-6
39	氯丙烯	107-05-1
40	氯丁二烯	126-99-8
41	苯的氨基及硝基化合物(不含三硝基甲苯)	
42	三硝基甲苯	118-96-7
43	甲醇	67-56-1
44	酚	108-95-2
45	五氯酚及其钠盐	87-86-5(五氯酚)
46	甲醛	50-00-0
47	硫酸二甲酯	77-78-1
48	丙烯酰胺	1979-6-1
49	二甲基甲酰胺	1968-12-2
50	有机磷	
51	氨基甲酸酯类	
52	杀虫脒	19750-95-9
53	溴甲烷	74-83-9
54	拟除虫菊酯	
55	铟及其化合物	7440-74-6(铟)
56	溴丙烷(1-溴丙烷;2-溴丙烷)	106-94-5;75-26-3
57	碘甲烷	74-88-4
58	氯乙酸	1979-11-8
59	环氧乙烷	75-21-8
60	氨基磺酸铵	7773-06-0
61	氯化铵烟	12125-02-9(氯化铵)
62	氯磺酸	7790-94-5
63	氢氧化铵	1336-21-6
64	碳酸铵	506-87-6
65	α-氯乙酰苯	532-27-4

续上表

序　　号	名　　称	CAS 号
66	对特丁基甲苯	98-51-1
67	二乙烯基苯	1321-74-0
68	过氧化苯甲酰	94-36-0
69	乙苯	100-41-4
70	碲化铋	1304-82-1
71	铂化物	
72	1,3-丁二烯	106-99-0
73	苯乙烯	100-42-5
74	丁烯	25167-67-3
75	二聚环戊二烯	77-73-6
76	邻氯苯乙烯(氯乙烯苯)	2039-87-4
77	乙炔	74-86-2
78	1,1-二甲基-4,4′-联吡啶鎓盐二氯化物(百草枯)	1910-42-5
79	2-N-二丁氨基乙醇	102-81-8
80	2-二乙氨基乙醇	100-37-8
81	乙醇胺(氨基乙醇)	141-43-5
82	异丙醇胺(1-氨基-2-二丙醇)	78-96-6
83	1,3-二氯-2-丙醇	96-23-1
84	苯乙醇	60-12-18
85	丙醇	71-23-8
86	丙烯醇	107-18-6
87	丁醇	71-36-3
88	环已醇	108-93-0
89	已二醇	107-41-5
90	糠醇	98-00-0
91	氯乙醇	107-07-3
92	乙二醇	107-21-1
93	异丙醇	67-63-0
94	正戊醇	71-41-0
95	重氮甲烷	334-88-3
96	多氯萘	70776-03-3
97	蒽	120-12-7
98	六氯萘	1335-87-1
99	氯萘	90-13-1
100	萘	91-20-3

续上表

序　号	名　称	CAS 号
101	萘烷	91-17-8
102	硝基萘	86-57-7
103	蒽醌及其染料	84-65-1(蒽醌)
104	二苯胍	102-06-7
105	对苯二胺	106-50-3
106	对溴苯胺	106-40-1
107	卤化水杨酰苯胺(N-水杨酰苯胺)	
108	硝基萘胺	776-34-1
109	对苯二甲酸二甲酯	120-61-6
110	邻苯二甲酸二丁酯	84-74-2
111	邻苯二甲酸二甲酯	131-11-3
112	磷酸二丁基苯酯	2528-36-1
113	磷酸三邻甲苯酯	78-30-8
114	三甲苯磷酸酯	1330-78-5
115	1,2,3-苯三酚(焦棓酚)	87-66-1
116	4,6-二硝基邻苯甲酚	534-52-1
117	N,N-二甲基-3-氨基苯酚	99-07-0
118	对氨基酚	123-30-8
119	多氯酚	
120	二甲苯酚	108-68-9
121	二氯酚	120-83-2
122	二硝基苯酚	51-28-5
123	甲酚	1319-77-3
124	甲基氨基酚	55-55-0
125	间苯二酚	108-46-3
126	邻仲丁基苯酚	89-72-5
127	萘酚	1321-67-1
128	氢醌(对苯二酚)	123-31-9
129	三硝基酚(苦味酸)	88-89-1
130	氰氨化钙	156-62-7
131	碳酸钙	471-34-1
132	氧化钙	1305-78-8
133	锆及其化合物	7440-67-7(锆)
134	铬及其化合物	7440-47-3(铬)
135	钴及其氧化物	7440-48-4

续上表

序号	名称	CAS号
136	二甲基二氯硅烷	75-78-5
137	三氯氢硅	10025-78-2
138	四氯化硅	10026-04-7
139	环氧丙烷	75-56-9
140	环氧氯丙烷	106-89-8
141	柴油	
142	焦炉逸散物	
143	煤焦油	8007-45-2
144	煤焦油沥青	65996-93-2
145	木馏油(焦油)	8001-58-9
146	石蜡烟	
147	石油沥青	8052-42-4
148	苯肼	100-63-0
149	甲基肼	60-34-4
150	肼	302-01-2
151	聚氯乙烯热解物	7647-01-0
152	锂及其化合物	7439-93-2(锂)
153	联苯胺(4,4′-二氨基联苯)	92-87-5
154	3,3-二甲基联苯胺	119-93-7
155	多氯联苯	1336-36-3
156	多溴联苯	59536-65-1
157	联苯	92-52-4
158	氯联苯(54%氯)	11097-69-1
159	甲硫醇	74-93-1
160	乙硫醇	75-08-1
161	正丁基硫醇	109-79-5
162	二甲基亚砜	67-68-5
163	二氯化砜(磺酰氯)	7791-25-5
164	过硫酸盐(过硫酸钾、过硫酸钠、过硫酸铵等)	
165	硫酸及三氧化硫	7664-93-9
166	六氟化硫	2551-62-4
167	亚硫酸钠	7757-83-7
168	2-溴乙氧基苯	589-10-6
169	苄基氯	100-44-7
170	苄基溴(溴甲苯)	100-39-0

续上表

序　号	名　称	CAS 号
171	多氯苯	
172	二氯苯	106-46-7
173	氯苯	108-90-7
174	溴苯	108-86-1
175	1,1-二氯乙烯	75-35-4
176	1,2-二氯乙烯(顺式)	540-59-0
177	1,3-二氯丙烯	542-75-6
178	二氯乙炔	7572-29-4
179	六氯丁二烯	87-68-3
180	六氯环戊二烯	77-47-4
181	四氯乙烯	127-18-4
182	1,1,1-三氯乙烷	71-55-6
183	1,2,3-三氯丙烷	96-18-4
184	1,2-二氯丙烷	78-87-5
185	1,3-二氯丙烷	142-28-9
186	二氯二氟甲烷	75-71-8
187	二氯甲烷	75-09-2
188	二溴氯丙烷	35407
189	六氯乙烷	67-72-1
190	氯仿(三氯甲烷)	67-66-3
191	氯甲烷	74-87-3
192	氯乙烷	75-00-3
193	氯乙酰氯	79-40-9
194	三氯一氟甲烷	75-69-4
195	四氯乙烷	79-34-5
196	四溴化碳	558-13-4
197	五氟氯乙烷	76-15-3
198	溴乙烷	74-96-4
199	铝酸钠	1302-42-7
200	二氧化氯	10049-04-4
201	氯化氢及盐酸	7647-01-0
202	氯酸钾	3811-04-9
203	氯酸钠	7775-09-9
204	三氟化氯	7790-91-2
205	氯甲醚	107-30-2

续上表

序　　号	名　　称	CAS 号
206	苯基醚(二苯醚)	101-84-8
207	二丙二醇甲醚	34590-94-8
208	二氯乙醚	111-44-4
209	二缩水甘油醚	
210	邻茴香胺	90-04-0
211	双氯甲醚	542-88-1
212	乙醚	60-29-7
213	正丁基缩水甘油醚	2426-08-6
214	钼酸	13462-95-8
215	钼酸铵	13106-76-8
216	钼酸钠	7631-95-0
217	三氧化钼	1313-27-5
218	氢氧化钠	1310-73-2
219	碳酸钠(纯碱)	3313-92-6
220	镍及其化合物(羰基镍单列)	
221	癸硼烷	17702-41-9
222	硼烷	
223	三氟化硼	7637-07-2
224	三氯化硼	10294-34-5
225	乙硼烷	19287-45-7
226	2-氯苯基羟胺	10468-16-3
227	3-氯苯基羟胺	10468-17-4
228	4-氯苯基羟胺	823-86-9
229	苯基羟胺(苯胲)	100-65-2
230	巴豆醛(丁烯醛)	4170-30-3
231	丙酮醛(甲基乙二醛)	78-98-8
232	丙烯醛	107-02-8
233	丁醛	123-72-8
234	糠醛	98-01-1
235	氯乙醛	107-20-0
236	羟基香茅醛	107-75-5
237	三氯乙醛	75-87-6
238	乙醛	75-07-0
239	氢氧化铯	21351-79-1
240	氯化苄烷胺(洁尔灭)	8001-54-5

续上表

序　　号	名　　称	CAS 号
241	双-(二甲基硫代氨基甲酰基)二硫化物(秋兰姆、福美双)	137-26-8
242	α-萘硫脲(安妥)	86-88-4
243	3-(1-丙酮基苄基)-4-羟基香豆素(杀鼠灵)	81-81-2
244	酚醛树脂	9003-35-4
245	环氧树脂	38891-59-7
246	脲醛树脂	25104-55-6
247	三聚氰胺甲醛树脂	9003-08-1
248	1,2,4-苯三酸酐	552-30-7
249	邻苯二甲酸酐	85-44-9
250	马来酸酐	108-31-6
251	乙酸酐	108-24-7
252	丙酸	79-09-4
253	对苯二甲酸	100-21-0
254	氟乙酸钠	62-74-8
255	甲基丙烯酸	79-41-4
256	甲酸	64-18-6
257	羟基乙酸	79-14-1
258	巯基乙酸	68-11-1
259	三甲基己二酸	3937-59-5
260	三氯乙酸	76-03-9
261	乙酸	64-19-7
262	正香草酸(高香草酸)	306-08-1
263	四氯化钛	7550-45-0
264	钽及其化合物	7440-25-7(钽)
265	锑及其化合物	7440-36-0(锑)
266	五羰基铁	13463-40-6
267	2-己酮	591-78-6
268	3,5,5-三甲基-2-环己烯-1-酮(异佛尔酮)	78-59-1
269	丙酮	67-64-1
270	丁酮	78-93-3
271	二乙基甲酮	96-22-0
272	二异丁基甲酮	108-83-8
273	环己酮	108-94-1
274	环戊酮	120-92-3
275	六氟丙酮	684-16-2

续上表

序　　号	名　　称	CAS 号
276	氯丙酮	78-95-5
277	双丙酮醇	123-42-2
278	乙基另戊基甲酮(5-甲基-3-庚酮)	541-85-5
279	乙基戊基甲酮	106-68-3
280	乙烯酮	463-51-4
281	异亚丙基丙酮	141-79-7
282	铜及其化合物	
283	丙烷	74-98-6
284	环己烷	110-82-7
285	甲烷	74-82-8
286	壬烷	111-84-2
287	辛烷	111-65-9
288	正庚烷	142-82-5
289	正戊烷	109-66-0
290	2-乙氧基乙醇	110-80-5
291	甲氧基乙醇	109-86-4
292	围涎树碱	
293	二硫化硒	56093-45-9
294	硒化氢	7783-07-5
295	钨及其不溶性化合物	7740-33-7(钨)
296	硒及其化合物(六氟化硒、硒化氢单列)	7782-49-2(硒)
297	二氧化锡	1332-29-2
298	N,N-二甲基乙酰胺	127-19-5
299	N-3,4 二氯苯基丙酰胺(敌稗)	709-98-8
300	氟乙酰胺	640-19-7
301	己内酰胺	105-60-2
302	环四次甲基四硝胺(奥克托今)	2691-41-0
303	环三次甲基三硝铵(黑索今)	121-82-4
304	硝化甘油	55-63-0
305	氯化锌烟	7646-85-7(氯化锌)
306	氧化锌	1314-13-2
307	氢溴酸(溴化氢)	10035-10-6
308	臭氧	10028-15-6
309	过氧化氢	7722-84-1
310	钾盐镁矾	

续上表

序　号	名　称	CAS 号
311	丙烯基芥子油	
312	多次甲基多苯基异氰酸酯	57029-46-6
313	二苯基甲烷二异氰酸酯	101-68-8
314	甲苯-2,4-二异氰酸酯(TDI)	584-84-9
315	六亚甲基二异氰酸酯(HDI) (1,6-己二异氰酸酯)	822-06-0
316	萘二异氰酸酯	3173-72-6
317	异佛尔酮二异氰酸酯	4098-71-9
318	异氰酸甲酯	624-83-9
319	氧化银	20667-12-3
320	甲氧氯	72-43-5
321	2-氨基吡啶	504-29-0
322	N-乙基吗啉	100-74-3
323	吖啶	260-94-6
324	苯绕蒽酮	82-05-3
325	吡啶	110-86-1
326	二恶烷	123-91-1
327	呋喃	110-00-9
328	吗啉	110-91-8
329	四氢呋喃	109-99-9
330	茚	95-13-6
331	四氢化锗	7782-65-2
332	二乙烯二胺(哌嗪)	110-85-0
333	1,6-己二胺	124-09-4
334	二甲胺	124-40-3
335	二乙烯三胺	111-40-0
336	二异丙胺基氯乙烷	96-79-7
337	环己胺	108-91-8
338	氯乙基胺	689-98-5
339	三乙烯四胺	112-24-3
340	烯丙胺	107-11-9
341	乙胺	75-04-7
342	乙二胺	107-15-3
343	异丙胺	75-31-0
344	正丁胺	109-73-9
345	1,1-二氯-1-硝基乙烷	594-72-9

续上表

序号	名称	CAS号
346	硝基丙烷	25322-01-4
347	三氯硝基甲烷(氯化苦)	76-06-2
348	硝基甲烷	75-52-5
349	硝基乙烷	79-24-3
350	1,3-二甲基丁基乙酸酯(乙酸仲己酯)	108-84-9
351	2-甲氧基乙基乙酸酯	110-49-6
352	2-乙氧基乙基乙酸酯	111-15-9
353	*n*-乳酸正丁酯	138-22-7
354	丙烯酸甲酯	96-33-3
355	丙烯酸正丁酯	141-32-2
356	甲基丙烯酸甲酯(异丁烯酸甲酯)	80-62-6
357	甲基丙烯酸缩水甘油酯	106-91-2
358	甲酸丁酯	592-84-7
359	甲酸甲酯	107-31-3
360	甲酸乙酯	109-94-4
361	氯甲酸甲酯	79-22-1
362	氯甲酸三氯甲酯(双光气)	503-38-8
363	三氟甲基次氟酸酯	
364	亚硝酸乙酯	109-95-5
365	乙二醇二硝酸酯	628-96-6
366	乙基硫代磺酸乙酯	682-91-7
367	乙酸苄酯	140-11-4
368	乙酸丙酯	109-60-4
369	乙酸丁酯	123-86-4
370	乙酸甲酯	79-20-9
371	乙酸戊酯	628-63-7
372	乙酸乙烯酯	108-05-4
373	乙酸乙酯	141-78-6
374	乙酸异丙酯	108-21-4
375	以上未提及的可导致职业病的其他化学因素	

三、物理类职业危害因素

物理类职业危害因素见附表2-3。

职业危害因素——物理类 附表 2-3

序　号	名　称
1	噪声
2	高温
3	低气压
4	高气压
5	高原低氧
6	振动
7	激光
8	低温
9	微波
10	紫外线
11	红外线
12	工频电磁场
13	高频电磁场
14	超高频电磁场
15	以上未提及的可导致职业病的其他物理因素

四、放射性职业危害因素

放射性职业危害因素见附表 2-4。

职业危害因素——放射性类 附表 2-4

序　号	名　称	备　注
1	密封放射源产生的电离辐射	主要产生 γ、中子等射线
2	非密封放射性物质	可产生 α、β、γ 射线或中子
3	X 射线装置(含 CT 机)产生的电离辐射	X 射线
4	加速器产生的电离辐射	可产生电子射线、X 射线、质子、重离子、中子以及感生放射性等
5	中子发生器产生的电离辐射	主要是中子、γ 射线等
6	氡及其短寿命子体	限于矿工高氡暴露
7	铀及其化合物	
8	以上未提及的可导致职业病的其他放射性因素	

五、生物类职业危害因素

生物类职业危害因素见附表 2-5。

职业危害因素——生物类

附表 2-5

序　　号	名　　称	备　　注
1	艾滋病病毒	限于医疗卫生人员及人民警察
2	布鲁氏菌	
3	伯氏疏螺旋体	
4	森林脑炎病毒	
5	炭疽芽孢杆菌	
6	以上未提及的可导致职业病的其他生物因素	

六、其他类职业危害因素

其他类职业危害因素见附表 2-6。

职业危害因素——其他类

附表 2-6

序　　号	名　　称	备　　注
1	金属烟	
2	井下不良作业条件	限于井下工人
3	刮研作业	限于手工刮研作业人员

参考文献

[1] 李克荣,刘银顺,周建新,等.安全生产管理基础[M].3版.北京:中国大百科全书出版社,2011.